Martin Aigner
Günter M. Ziegler

Das BUCH der Beweise

Springer
*Berlin
Heidelberg
New York
Barcelona
Hongkong
London
Mailand
Paris
Tokio*

Martin Aigner
Günter M. Ziegler

Das BUCH der Beweise

Mit Zeichnungen von Karl H. Hofmann

Martin Aigner
Freie Universität Berlin
Institut für Mathematik II (WE2)
Arnimallee 3
14195 Berlin
email: aigner@math.fu-berlin.de

Günter M. Ziegler
Technische Universität Berlin
Institut für Mathematik, MA 6-2
Straße des 17. Juni 136
10623 Berlin
email: ziegler@math.tu-berlin.de

Die Deutsche Bibliothek – CIP-Einheitsaufnahme

Aigner, Martin:
Das BUCH der Beweise / Martin Aigner; Günter M. Ziegler. Ill. von K. H. Hofmann. –
Berlin; Heidelberg; New York; Barcelona; Hongkong; London; Mailand; Paris; Tokio:
Springer, 2002
ISBN 3-540-42535-7

Mathematics Subject Classification (2000): 00-01 (General)

ISBN 3-540-42535-7 Springer-Verlag Berlin Heidelberg New York

Dieses Werk ist urheberrechtlich geschützt. Die dadurch begründeten Rechte, insbesondere die der Übersetzung, des Nachdrucks, des Vortrags, der Entnahme von Abbildungen und Tabellen, der Funksendung, der Mikroverfilmung oder der Vervielfältigung auf anderen Wegen und der Speicherung in Datenverarbeitungsanlagen, bleiben, auch bei nur auszugsweiser Verwertung, vorbehalten. Eine Vervielfältigung dieses Werkes oder von Teilen dieses Werkes ist auch im Einzelfall nur in den Grenzen der gesetzlichen Bestimmungen des Urheberrechtsgesetzes der Bundesrepublik Deutschland vom 9. September 1965 in der jeweils geltenden Fassung zulässig. Sie ist grundsätzlich vergütungspflichtig. Zuwiderhandlungen unterliegen den Strafbestimmungen des Urheberrechtsgesetzes.

Springer-Verlag Berlin Heidelberg New York
ein Unternehmen der BertelsmannSpringer Science+Business Media GmbH

http://www.springer.de

© Springer-Verlag Berlin Heidelberg 2002
Printed in Germany

Die Wiedergabe von Gebrauchsnamen, Handelsnamen, Warenbezeichnungen usw. in diesem Werk berechtigt auch ohne besondere Kennzeichnung nicht zu der Annahme, daß solche Namen im Sinne der Warenzeichen- und Markenschutz-Gesetzgebung als frei zu betrachten wären und daher von jedermann benutzt werden dürften.

Satz durch die Autoren mit LaTeX
Einbandgestaltung: de'blik, Berlin

Gedruckt auf säurefreiem Papier   SPIN: 10849008   46/3142db - 5 4 3 2 1 0

Vorwort

Paul Erdős erzählte gerne von dem BUCH, in dem Gott die *perfekten* Beweise für mathematische Sätze aufbewahrt, dem berühmten Zitat von G. H. Hardy entsprechend, dass es für hässliche Mathematik keinen dauerhaften Platz gibt. Erdős hat auch gesagt, dass man nicht an Gott zu glauben braucht, aber dass man als Mathematiker an das BUCH glauben sollte. Vor ein paar Jahren haben wir ihm vorgeschlagen, gemeinsam eine erste (und sehr bescheidene) Annäherung an das BUCH aufzuschreiben. Er hat die Idee enthusiastisch aufgenommen und sich, ganz typisch für ihn, sofort an die Arbeit gemacht und Seiten über Seiten mit Notizen und Vorschlägen produziert. Unser Buch sollte ursprünglich im März 1998 erscheinen, als Geschenk zu Erdős' 85stem Geburtstag. Durch seinen Tod im Sommer 1996 konnte er kein Koautor werden. Stattdessen ist dieses Buch seinem Andenken gewidmet.

Paul Erdős

Wir haben keine Definition oder Charakterisierung dafür, was einen Beweis zum BUCH-Beweis macht; anbieten können wir hier nur die Beispiele, die *wir* ausgewählt haben, in der Hoffnung, dass die Leser unseren Enthusiasmus teilen werden über brillante Ideen, schlaues Vorgehen, wunderschöne Einsichten und überraschende Wendungen. Wir hoffen auch, dass unsere Leser dies trotz aller Defizite in unserer Darstellung genießen können. Die Auswahl der Beweise hat Paul Erdős selbst stark beeinflusst. Er hat eine große Zahl der Themen vorgeschlagen, und viele der Beweise gehen direkt auf ihn zurück oder sie entstanden durch sein besonderes Talent dafür, die richtige Frage zu stellen oder die richtige Vermutung zu formulieren. So spiegelt dieses Buch in großem Umfang das wider, was nach Paul Erdős Beweise aus dem BUCH ausmacht.

„DAS BUCH"

Beschränkt wurde unsere Auswahl von Themen dadurch, dass wir für die Lektüre nicht mehr Mathematik voraussetzen wollten, als man im Grundstudium lernt. Ein bisschen Lineare Algebra, ein bisschen Analysis und Zahlentheorie, und ein gerüttelt Maß elementarer Konzepte und Ideen aus der Diskreten Mathematik sollten ausreichen, um alles in diesem Buch zu verstehen und zu genießen.

Wir sind den vielen Menschen unendlich dankbar, die uns bei diesem Projekt geholfen und unterstützt haben — unter ihnen den Studenten aus einem Seminar, in dem eine erste Version des Buches besprochen wurde, wie auch Benno Artmann, Stephan Brandt, Stefan Felsner, Eli Goodman, Hans Mielke und besonders Tom Trotter. Viele Leser der englischen Ausgabe dieses Buches haben uns geschrieben und mit Ihren Anmerkungen und Hinweisen die zweite englische wie auch diese deutsche Ausgabe gefördert, unter ihnen Jürgen Elstrodt, Daniel Grieser, Roger Heath-Brown,

Lee L. Keener, Hanfried Lenz, John Scholes, Bernulf Weißbach und *viele* andere. Mit der Technik und Gestaltung dieses Buches haben uns unter anderem Margrit Barrett, Christian Bressler, Christoph Eyrich, Ewgenij Gawrilow, Michael Joswig und Jörg Rambau immens geholfen. Elke Pose danken wir für den Einsatz und den Enthusiasmus, mit dem sie viele viele kleine verrauschte Diktierkassetten in perfektes LATEX verwandelt hat. Herzlichen Dank schulden wir Ruth Allewelt und Karl-Friedrich Koch vom Springer-Verlag Heidelberg. Besonderer Dank (er weiß wofür) geht an Torsten Heldmann. Karl Heinrich Hofmann danken wir für die wunderbaren Zeichnungen, mit denen wir diesen Band illustrieren dürfen, und dem großen Paul Erdős für seine Inspiration.

Berlin, September 2001 *Martin Aigner · Günter M. Ziegler*

Inhalt

Zahlentheorie _____ 1

1. Sechs Beweise für die Unendlichkeit der Primzahlen 3
2. Das Bertrandsche Postulat 7
3. Binomialkoeffizienten sind (fast) nie Potenzen 15
4. Der Zwei-Quadrate Satz von Fermat 19
5. Jeder endliche Schiefkörper ist ein Körper 27
6. Einige irrationale Zahlen 33

Geometrie _____ 45

7. Hilberts drittes Problem: Zerlegung von Polyedern 47
8. Geraden in der Ebene und Zerlegungen von Graphen 55
9. Wenige Steigungen 61
10. Drei Anwendungen der Eulerschen Polyederformel 67
11. Der Starrheitssatz von Cauchy 75
12. Simplexe, die einander berühren 81
13. Stumpfe Winkel 87
14. Die Borsuk-Vermutung 95

Analysis _____ 103

15. Mengen, Funktionen, und die Kontinuumshypothese 105
16. Ein Lob der Ungleichungen 119
17. Ein Satz von Pólya über Polynome 127
18. Ein Lemma von Littlewood und Offord 137
19. Der Kotangens und der Herglotz-Trick 141
20. Das Nadel-Problem von Buffon 147

Kombinatorik — 151

21. Schubfachprinzip und doppeltes Abzählen 153
22. Drei berühmte Sätze über endliche Mengen 165
23. Gitterwege und Determinanten 171
24. Cayleys Formel für die Anzahl der Bäume 177
25. Vervollständigung von Lateinischen Quadraten 185
26. Das Dinitz-Problem 193

Graphentheorie — 201

27. Ein Fünf-Farben-Satz 203
28. Die Museumswächter 207
29. Der Satz von Turán 211
30. Kommunikation ohne Fehler 217
31. Von Freunden und Politikern 229
32. Die Probabilistische Methode 233

Über die Abbildungen — 244
Stichwortverzeichnis — 245

Zahlentheorie

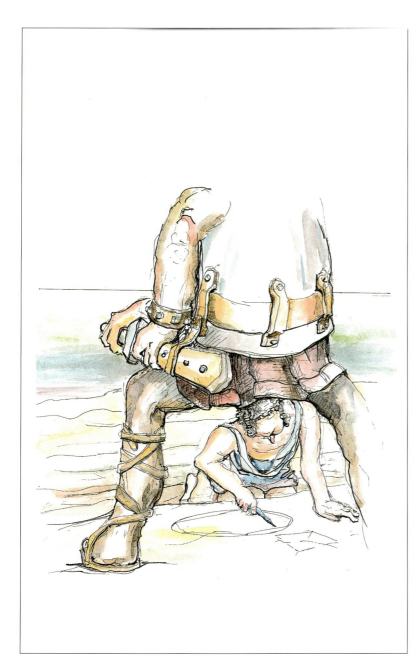

1
Sechs Beweise für die
Unendlichkeit der Primzahlen *3*

2
Das Bertrandsche Postulat *7*

3
Binomialkoeffizienten sind
(fast) nie Potenzen *15*

4
Der Zwei-Quadrate-Satz
von Fermat *19*

5
Jeder endliche Schiefkörper
ist ein Körper *27*

6
Einige irrationale Zahlen *33*

"Irrationalität und π"

Sechs Beweise für die Unendlichkeit der Primzahlen

Kapitel 1

Es liegt nahe, dass wir mit dem wahrscheinlich ältesten Beweis aus dem BUCH beginnen: Euklids Beweis, dass es unendlich viele Primzahlen gibt.

■ **Euklids Beweis.** Für eine beliebige endliche Menge $\{p_1, \ldots, p_r\}$ von Primzahlen sei $n := p_1 p_2 \cdots p_r + 1$ und p ein Primteiler von n. Wir sehen, dass p von allen p_i verschieden ist, da sonst p sowohl die Zahl n als auch das Produkt $p_1 p_2 \cdots p_r$ teilen würde, somit auch die 1, was nicht sein kann. Eine endliche Menge $\{p_1, \ldots, p_r\}$ kann also niemals die Menge *aller* Primzahlen sein. □

Bevor wir fortfahren, wollen wir einige (sehr übliche) Bezeichnungen einführen: so schreiben wir $\mathbb{N} = \{1, 2, 3, \ldots\}$ für die Menge der natürlichen Zahlen, $\mathbb{Z} = \{\ldots, -2, -1, 0, 1, 2, \ldots\}$ ist die Menge der ganzen Zahlen, und $\mathbb{P} = \{2, 3, 5, 7, \ldots\}$ bezeichnet die Menge der Primzahlen.

Im Folgenden werden wir einige weitere Beweise kennenlernen (aus einer viel längeren Liste), die uns und hoffentlich auch den Lesern besonders gefallen. Wenn diese Beweise auch verschiedene Ansätze benutzen, so ist doch allen eine Idee gemeinsam: die natürlichen Zahlen wachsen ins Unendliche, und jede natürliche Zahl $n \geq 2$ hat einen Primteiler. Diese beiden Tatsachen erzwingen, dass die Menge $\mathbb{P}$ unendlich ist. Der nächste Beweis ist von Christian Goldbach (aus einem Brief an Leonhard Euler 1730), der dritte Beweis ist offenbar Folklore, der vierte von Euler selbst, der fünfte wurde von Harry Fürstenberg vorgeschlagen, und der letzte stammt von Paul Erdős.

Der zweite und dritte Beweis benutzt jeweils eine spezielle Zahlenfolge.

■ **Zweiter Beweis.** Betrachten wir zunächst die folgenden *Fermat-Zahlen* $F_n = 2^{2^n} + 1$ für $n = 0, 1, 2, \ldots$. Wir werden zeigen, dass je zwei Fermat-Zahlen relativ prim sind, also muss es unendlich viele Primzahlen geben. Zum Beweis verifizieren wir die Rekursion

$$\prod_{k=0}^{n-1} F_k = F_n - 2 \quad (n \geq 1),$$

woraus die Behauptung unmittelbar folgen wird. Ist nämlich m ein gemeinsamer Teiler von F_k und F_n (mit $k < n$), so folgt aus der Rekursion, dass m auch 2 teilt, das heißt, es ist $m = 1$ oder 2. Der Fall $m = 2$ ist aber ausgeschlossen, da alle Fermat-Zahlen ungerade sind.

Zum Beweis der Rekursion verwenden wir Induktion nach n. Für $n = 1$

$F_0 = 3$
$F_1 = 5$
$F_2 = 17$
$F_3 = 257$
$F_4 = 65537$
$F_5 = 641 \cdot 6700417$

Die ersten Fermat-Zahlen

Der Satz von Lagrange

Ist G eine endliche (multiplikative) Gruppe und U eine Untergruppe, dann ist $|U|$ ein Teiler von $|G|$.

■ **Beweis.** Betrachte die binäre Relation
$$a \sim b :\Longleftrightarrow ba^{-1} \in U.$$
Es folgt aus den Gruppenaxiomen, dass $\sim$ eine Äquivalenzrelation ist. Die Äquivalenzklasse eines Elementes a ist genau die Nebenklasse
$$Ua = \{xa : x \in U\}.$$
Da nun ersichtlich $|Ua| = |U|$ gilt, zerfällt G in Äquivalenzklassen, die alle die Größe $|U|$ haben. Also ist $|U|$ ein Teiler von $|G|$. □

Für den Spezialfall, in dem $U = \{a, a^2, \ldots, a^m\}$ eine zyklische Untergruppe von G ist, besagt dies, dass m (die kleinste positive Zahl mit $a^m = 1$, genannt die *Ordnung* von a) die Gruppengröße $|G|$ teilt.

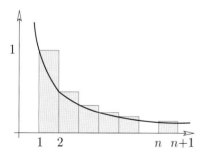

Eine obere Treppenfunktion für $f(t) = \frac{1}{t}$

haben wir $F_0 = 3$ und $F_1 - 2 = 3$. Mit Induktion erhalten wir nun
$$\prod_{k=0}^{n} F_k = \Big(\prod_{k=0}^{n-1} F_k\Big) F_n = (F_n - 2) F_n =$$
$$= (2^{2^n} - 1)(2^{2^n} + 1) = 2^{2^{n+1}} - 1 = F_{n+1} - 2. \quad \square$$

■ **Dritter Beweis.** Angenommen $\mathbb{P}$ ist endlich und p die größte Primzahl. Dann betrachten wir dieses Mal die so genannte *Mersenne-Zahl* $2^p - 1$ und zeigen, dass jeder Primteiler q von $2^p - 1$ größer als p ist, was den gewünschten Widerspruch ergibt. Sei q ein Primteiler von $2^p - 1$, dann gilt $2^p \equiv 1 \pmod{q}$. Da p Primzahl ist, folgt daraus, dass die 2 in der multiplikativen Gruppe $\mathbb{Z}_q \setminus \{0\}$ des Körpers $\mathbb{Z}_q$ die Ordnung p hat. Diese Gruppe enthält $q - 1$ Elemente. Da wir nach dem Satz von Lagrange (siehe den Kasten am Rand) wissen, dass die Ordnung jedes Elementes die Gruppengröße teilt, folgt $p \mid q - 1$ und daher $p < q$. □

Als Nächstes kommt ein Beweis, der elementare Analysis benützt.

■ **Vierter Beweis.** Sei $\pi(x) := \#\{p \leq x : p \in \mathbb{P}\}$ die Anzahl der Primzahlen, die kleiner oder gleich der reellen Zahl x sind. Wir nummerieren die Primzahlen $\mathbb{P} = \{p_1, p_2, p_3, \ldots\}$ in aufsteigender Größe. Es sei $\log x$ der natürliche Logarithmus, definiert als $\log x = \int_1^x \frac{1}{t} dt$.

Nun vergleichen wir die Fläche unter dem Graphen der Funktion $f(t) = \frac{1}{t}$ mit einer oberen Treppenfunktion. (Siehe den Anhang auf Seite 11, wo diese Methode erläutert wird.) Für $n \leq x < n+1$ haben wir daher

$$\log x \leq 1 + \frac{1}{2} + \frac{1}{3} + \ldots + \frac{1}{n-1} + \frac{1}{n}$$
$$\leq \sum \frac{1}{m}, \text{ wobei dies die Summe über alle } m \in \mathbb{N} \text{ bezeichnen soll, die nur Primfaktoren } p \leq x \text{ enthalten.}$$

Da jede solche Zahl m auf *eindeutige* Weise als ein Produkt der Form $\prod_{p \leq x} p^{k_p}$ geschrieben werden kann, sehen wir, dass die letzte Summe gleich

$$\prod_{\substack{p \in \mathbb{P} \\ p \leq x}} \Big(\sum_{k \geq 0} \frac{1}{p^k}\Big)$$

ist. Die innere Summe ist eine geometrische Reihe mit Faktor $\frac{1}{p}$, woraus

$$\log x \leq \prod_{\substack{p \in \mathbb{P} \\ p \leq x}} \frac{1}{1 - \frac{1}{p}} = \prod_{\substack{p \in \mathbb{P} \\ p \leq x}} \frac{p}{p-1} = \prod_{k=1}^{\pi(x)} \frac{p_k}{p_k - 1}$$

resultiert. Da offensichtlich $p_k \geq k + 1$ ist und daher

$$\frac{p_k}{p_k - 1} = 1 + \frac{1}{p_k - 1} \leq 1 + \frac{1}{k} = \frac{k+1}{k},$$

erhalten wir
$$\log x \leq \prod_{k=1}^{\pi(x)} \frac{k+1}{k} = \pi(x) + 1.$$

Nun wissen wir, dass die Funktion $\log x$ nicht beschränkt ist, und schließen daraus, dass $\pi(x)$ ebenfalls unbeschränkt ist: also gibt es unendlich viele Primzahlen. □

■ **Fünfter Beweis.** Nach Analysis kommt jetzt Topologie! Betrachten wir die folgende merkwürdige Topologie auf der Menge $\mathbb{Z}$ der ganzen Zahlen. Für $a, b \in \mathbb{Z}$, $b > 0$ setzen wir
$$N_{a,b} = \{a + nb : n \in \mathbb{Z}\}.$$

Jede Menge $N_{a,b}$ ist eine in beiden Richtungen unendliche arithmetische Folge. Wir nennen nun eine Menge $O \subseteq \mathbb{Z}$ *offen*, wenn entweder O leer ist oder wenn zu jedem $a \in O$ ein $b > 0$ existiert mit $N_{a,b} \subseteq O$. Offensichtlich ist dann jede Vereinigung von offenen Mengen wieder offen. Falls O_1 und O_2 offen sind und $a \in O_1 \cap O_2$ mit $N_{a,b_1} \subseteq O_1$ und $N_{a,b_2} \subseteq O_2$, so ist $a \in N_{a,b_1 b_2} \subseteq O_1 \cap O_2$. Daraus folgt, dass jeder Durchschnitt von endlich vielen offenen Mengen wiederum offen ist. Diese Familie von offenen Mengen erfüllt also die Axiome einer Topologie auf $\mathbb{Z}$.

Wir notieren zwei Tatsachen:

(A) Jede nicht-leere offene Menge ist unendlich.

(B) Jede Menge $N_{a,b}$ ist auch abgeschlossen.

Das erste Resultat folgt direkt aus der Definition. Zu (B) bemerken wir
$$N_{a,b} = \mathbb{Z} \setminus \bigcup_{i=1}^{b-1} N_{a+i,b},$$

so dass also $N_{a,b}$ das Komplement einer offenen Menge ist und daher abgeschlossen.

Bis jetzt haben wir noch nicht von den Primzahlen gesprochen — aber nun kommen sie ins Spiel. Da jede Zahl $n \neq 1, -1$ einen Primteiler p hat und daher in der Menge $N_{0,p}$ enthalten ist, schließen wir
$$\mathbb{Z} \setminus \{1, -1\} = \bigcup_{p \in \mathbb{P}} N_{0,p}.$$

„Flache Steine, ins Unendliche geworfen"

Wäre nun $\mathbb{P}$ endlich, so wäre $\bigcup_{p \in \mathbb{P}} N_{0,p}$ eine endliche Vereinigung von abgeschlossenen Mengen (nach (B)) und wäre daher abgeschlossen. Folglich wäre $\{1, -1\}$ eine offene Menge, im Widerspruch zu (A). □

■ **Sechster Beweis.** Unser letzter Beweis führt uns einen großen Schritt weiter und weist nicht nur nach, dass es unendlich viele Primzahlen gibt, sondern auch, dass die Reihe $\sum_{p \in \mathbb{P}} \frac{1}{p}$ divergiert. Der erste Beweis dieses wichtigen Resultats wurde von Euler gegeben (und ist ebenfalls sehr interessant), aber der folgende Beweis von Erdős ist von makelloser Schönheit.

Es sei $p_1, p_2, p_3, \ldots$ die Folge der Primzahlen in aufsteigender Ordnung. Nehmen wir an, dass die Reihe $\sum_{p \in \mathbb{P}} \frac{1}{p}$ konvergiert. Dann muss es eine natürliche Zahl k geben mit $\sum_{i \geq k+1} \frac{1}{p_i} < \frac{1}{2}$. Wir wollen die Primzahlen $p_1, \ldots, p_k$ *kleine* Primzahlen nennen, und die anderen $p_{k+1}, p_{k+2}, \ldots$ *große* Primzahlen. Für jede beliebige natürliche Zahl N gilt somit

$$\sum_{i \geq k+1} \frac{N}{p_i} < \frac{N}{2}. \tag{1}$$

Sei N_b die Anzahl der positiven ganzen Zahlen $n \leq N$, die durch mindestens eine große Primzahl teilbar sind, und N_s die Anzahl der positiven Zahlen $n \leq N$, die nur kleine Primteiler besitzen. Wir werden zeigen, dass für ein geeignetes N

$$N_b + N_s < N$$

gilt, und dies wird den gewünschten Widerspruch ergeben, da nach Definition $N_b + N_s$ natürlich gleich N sein muss.

Um N_b abzuschätzen, bemerken wir, dass $\lfloor \frac{N}{p_i} \rfloor$ die positiven ganzen Zahlen $n \leq N$ zählt, die Vielfache von p_i sind. Mit (1) erhalten wir daraus

$$N_b \leq \sum_{i \geq k+1} \left\lfloor \frac{N}{p_i} \right\rfloor < \frac{N}{2}. \tag{2}$$

Nun betrachten wir N_s. Wir schreiben jede Zahl $n \leq N$, die nur kleine Primteiler hat, in der Form $n = a_n b_n^2$, wobei a_n den quadratfreien Teil bezeichnet. Jedes a_n ist dann ein Produkt von *verschiedenen* kleinen Primzahlen, und wir schließen, dass es genau 2^k verschiedene quadratfreie Teile gibt. Weiter sehen wir wegen $b_n \leq \sqrt{n} \leq \sqrt{N}$, dass es höchstens $\sqrt{N}$ verschiedene Quadratteile gibt, und es folgt

$$N_s \leq 2^k \sqrt{N}.$$

Da (2) für *jedes* N gilt, müssen wir nur eine Zahl N finden, die $2^k \sqrt{N} \leq \frac{N}{2}$ erfüllt, oder was dasselbe ist, $2^{k+1} \leq \sqrt{N}$ — und solch eine Zahl ist zum Beispiel $N = 2^{2k+2}$. □

Literatur

[1] B. ARTMANN: *Euclid — The Creation of Mathematics,* Springer-Verlag, New York 1999.

[2] P. ERDŐS: *Über die Reihe $\sum \frac{1}{p}$,* Mathematica, Zutphen B **7** (1938), 1-2.

[3] L. EULER: *Introductio in Analysin Infinitorum,* Tomus Primus, Lausanne 1748; Opera Omnia, Ser. 1, Vol. 8.

[4] H. FÜRSTENBERG: *On the infinitude of primes,* Amer. Math. Monthly **62** (1955), 353.

Das Bertrandsche Postulat Kapitel 2

Wir haben gesehen, dass die Primzahlen $2, 3, 5, 7, \ldots$ eine unendliche Folge bilden. Daraus kann man auch folgern, dass es beliebig große Lücken zwischen den Primzahlen geben muss. Schreibt man nämlich $N := 2 \cdot 3 \cdot 5 \cdot \ldots \cdot p$ für das Produkt aller Primzahlen, die kleiner sind als $k+2$, dann kann keine der k Zahlen

$$N+2, N+3, N+4, \ldots, N+k, N+(k+1)$$

prim sein, denn für $2 \leq i \leq k+1$ hat i einen Primfaktor, der kleiner ist als $k+2$, und dieser Faktor teilt auch N, und damit auch $N+i$. Mit diesem Rezept finden wir zum Beispiel für $k = 10$, dass keine der zehn Zahlen

$$2312, 2313, 2314, \ldots, 2321$$

prim ist.

Aber es gibt trotzdem obere Schranken für die Größe der Lücken in der Folge der Primzahlen. Das „Bertrandsche Postulat" besagt nämlich, dass „die Lücke bis zur nächsten Primzahl nie größer sein kann als die Zahl, an der wir die Suche beginnen". Diese berühmte Behauptung wurde 1845 von Joseph Bertrand aufgestellt und immerhin bis $n = 3\,000\,000$ verifiziert. Vollständig bewiesen, für alle n, hat sie Pafnuty Tschebyschev im Jahr 1850. Einen viel einfacheren Beweis hat das indische Genie Ramanujan gefunden. Unser Beweis aus dem BUCH ist von Paul Erdős: aus seinem ersten Aufsatz, der 1932 erschien, als Erdős 19 war.

Joseph Bertrand

Das Bertrandsche Postulat.
Für jedes $n \geq 1$ gibt es eine Primzahl p mit $n < p \leq 2n$.

■ **Beweis.** Wir werden die Größe des Binomialkoeffizienten $\binom{2n}{n}$ so genau abschätzen, dass wir zeigen können, dass der Binomialkoeffizient „zu klein ausfallen" würde, wenn er keine Primfaktoren im Bereich $n < p \leq 2n$ hätte. Die Oper hat insgesamt fünf Akte.

(1) Wir beweisen das Bertrandsche Postulat zunächst für $n < 4000$. Dafür muss man nicht 4000 Fälle überprüfen: Es reicht (das ist der „Landau-Trick") zu überprüfen, dass

$$2, 3, 5, 7, 13, 23, 43, 83, 163, 317, 631, 1259, 2503, 4001$$

eine Folge von Primzahlen ist, in der jede Primzahl kleiner ist als zweimal die vorhergehende. Also enthält jedes Interval $\{y : n < y \leq 2n\}$, mit $n \leq 4000$, eine dieser vierzehn Primzahlen.

(2) Als Nächstes zeigen wir

$$\prod_{p \leq x} p \;<\; 4^{x-1} \qquad \text{für alle reellen } x \geq 2, \tag{1}$$

wobei unsere Notation — hier und im Folgenden — implizieren soll, dass das Produkt über alle *Primzahlen* $p \leq x$ genommen wird. Unser Beweis dafür verwendet Induktion über die Anzahl dieser Primzahlen. Er stammt nicht aus Erdős' erstem Aufsatz, aber er ist auch von Erdős (der Rand zeigt Notizen dazu in seiner Handschrift), und er ist ein wahrer BUCH-Beweis. Zunächst gilt für die größte Primzahl $q \leq x$

$$\prod_{p \leq x} p = \prod_{p \leq q} p \qquad \text{und} \qquad 4^{q-1} \leq 4^{x-1}.$$

Damit reicht es, (1) für den Fall zu zeigen, dass $x = q$ eine Primzahl ist. Für $q = 2$ erhalten wir „$2 \leq 4$", also kümmern wir uns jetzt um die ungeraden Primzahlen $q = 2m+1$. Für diese zerlegen wir das Produkt und rechnen

$$\prod_{p \leq 2m+1} p = \prod_{p \leq m+1} p \cdot \prod_{m+1 < p \leq 2m+1} p \;\leq\; 4^m \binom{2m+1}{m} \;\leq\; 4^m 2^{2m} \;=\; 4^{2m}.$$

Alle Komponenten dieses „Einzeilers" sind leicht einzusehen. So gilt

$$\prod_{p \leq m+1} p \;\leq\; 4^m$$

nach Induktion. Die Ungleichung

$$\prod_{m+1 < p \leq 2m+1} p \;\leq\; \binom{2m+1}{m}$$

folgt aus der Beobachtung, dass $\binom{2m+1}{m} = \frac{(2m+1)!}{m!(m+1)!}$ eine ganze Zahl ist, wobei die Primzahlen, die auf der linken Seite auftauchen, alle den Zähler $(2m+1)!$ teilen, aber nicht den Nenner $m!(m+1)!$. Und schließlich gilt

$$\binom{2m+1}{m} \;\leq\; 2^{2m}$$

weil

$$\binom{2m+1}{m} \quad \text{und} \quad \binom{2m+1}{m+1}$$

zwei (gleiche!) Summanden sind, die in der Summe

$$\sum_{k=0}^{2m+1} \binom{2m+1}{k} \;=\; 2^{2m+1}$$

enthalten sind.

(3) Nach dem Satz von Legendre (siehe den Kasten) enthält $\binom{2n}{n} = \frac{(2n)!}{n!n!}$ den Primfaktor p genau

$$\sum_{k \geq 1} \left(\left\lfloor \frac{2n}{p^k} \right\rfloor - 2 \left\lfloor \frac{n}{p^k} \right\rfloor \right)$$

Mal. Dabei ist jeder Summand höchstens 1, weil er

$$\left\lfloor \frac{2n}{p^k} \right\rfloor - 2 \left\lfloor \frac{n}{p^k} \right\rfloor \;<\; \frac{2n}{p^k} - 2\left(\frac{n}{p^k} - 1\right) \;=\; 2$$

erfüllt und eine ganze Zahl ist. Die Summanden verschwinden sogar, wenn $p^k > 2n$ ist.

Damit enthält $\binom{2n}{n}$ den Faktor p

$$\sum_{k \geq 1} \left(\left\lfloor \frac{2n}{p^k} \right\rfloor - 2 \left\lfloor \frac{n}{p^k} \right\rfloor \right) \;\leq\; \max\{r : p^r \leq 2n\}$$

> **Der Satz von Legendre**
>
> *Die Zahl $n!$ enthält den Primfaktor p genau*
>
> $$\sum_{k \geq 1} \left\lfloor \frac{n}{p^k} \right\rfloor$$
>
> *Mal.*
>
> ■ **Beweis.** Genau $\lfloor \frac{n}{p} \rfloor$ der Faktoren von $n! = 1 \cdot 2 \cdot 3 \cdots n$ sind durch p teilbar, was uns $\lfloor \frac{n}{p} \rfloor$ p-Faktoren liefert. Weiter sind $\lfloor \frac{n}{p^2} \rfloor$ der Faktoren von $n!$ sogar durch p^2 teilbar, was die nächsten $\lfloor \frac{n}{p^2} \rfloor$ Primfaktoren p von $n!$ liefert, usw. □

Mal. Also ist die größte Potenz von p, die $\binom{2n}{n}$ teilt, nicht größer als $2n$. Insbesondere sind Primzahlen p, die größer als $\sqrt{2n}$ sind, höchstens einmal in $\binom{2n}{n}$ enthalten.

Und schließlich — und laut Erdős ist dies der Knackpunkt seines Beweises — teilen Primzahlen p im Bereich $\frac{2}{3}n < p \leq n$ den Binomialkoeffizienten $\binom{2n}{n}$ überhaupt nicht! Für $3p > 2n$ (und $n \geq 3$, und damit $p \geq 3$) sind nämlich p und $2p$ die einzigen Vielfachen von p, die als Faktoren im Zähler von $\frac{(2n)!}{n!n!}$ auftauchen, während wir zwei p-Faktoren im Nenner haben.

(4) Jetzt können wir $\binom{2n}{n}$ abschätzen. Für $n \geq 3$ erhalten wir mit einer Abschätzung von Seite 13 für die untere Schranke

$$\frac{4^n}{2n} \;\leq\; \binom{2n}{n} \;\leq\; \prod_{p \leq \sqrt{2n}} 2n \;\cdot\; \prod_{\sqrt{2n} < p \leq \frac{2}{3}n} p \;\cdot\; \prod_{n < p \leq 2n} p,$$

Beispiele wie
$\binom{26}{13} = 2^3 \cdot 5^2 \cdot 7 \cdot 17 \cdot 19 \cdot 23$
$\binom{28}{14} = 2^3 \cdot 3^3 \cdot 5^2 \cdot 17 \cdot 19 \cdot 23$
$\binom{30}{15} = 2^4 \cdot 3^2 \cdot 5 \cdot 17 \cdot 19 \cdot 23 \cdot 29$
zeigen, dass „sehr kleine" Primfaktoren $p < \sqrt{2n}$ in höherer Potenz in $\binom{2n}{n}$ auftauchen können, „kleine" Primzahlen mit $\sqrt{2n} < p \leq \frac{2}{3}n$ tauchen höchstens einmal auf, während Faktoren in dem Intervall $\frac{2}{3}n < p \leq n$ überhaupt nicht auftauchen.

und damit, weil es nicht mehr als $\sqrt{2n}$ Primzahlen $p \leq \sqrt{2n}$ gibt,

$$4^n \;\leq\; (2n)^{1+\sqrt{2n}} \cdot \prod_{\sqrt{2n} < p \leq \frac{2}{3}n} p \;\cdot\; \prod_{n < p \leq 2n} p \quad \text{für } n \geq 3. \tag{2}$$

(5) Nehmen wir nun an, dass es keine Primzahl p gibt mit $n < p \leq 2n$, so dass das zweite Produkt in (2) also 1 ist. Durch Einsetzen von (1) in (2) erhalten wir

$$4^n \;\leq\; (2n)^{1+\sqrt{2n}} 4^{\frac{2}{3}n},$$

also

$$4^{\frac{1}{3}n} \;\leq\; (2n)^{1+\sqrt{2n}}, \tag{3}$$

was für große n nicht stimmen kann! Das ist sogar so drastisch falsch, dass wir es (für $n \geq 4000$) ganz ohne Taschenrechner sehen können: Wenn wir nämlich $a + 1 < 2^a$ verwenden (was für alle $a \geq 2$ gilt, nach Induktion), so erhalten wir

$$2n = \left(\sqrt[6]{2n}\right)^6 < \left(\lfloor\sqrt[6]{2n}\rfloor + 1\right)^6 < 2^{6\lfloor\sqrt[6]{2n}\rfloor} \leq 2^{6\sqrt[6]{2n}}, \quad (4)$$

und damit für $n \geq 50$ (so dass $18 < 2\sqrt{2n}$ gilt) aus (3) und (4)

$$2^{2n} \leq (2n)^{3\left(1+\sqrt{2n}\right)} < 2^{\sqrt[6]{2n}\left(18+18\sqrt{2n}\right)} < 2^{20\sqrt[6]{2n}\sqrt{2n}} = 2^{20(2n)^{2/3}}.$$

Dies liefert $(2n)^{1/3} < 20$, und damit $n < 4000$. □

Aus solchen Abschätzungen kann man noch mehr herausholen: Aus (2) kann man mit denselben Methoden

$$\prod_{n < p \leq 2n} p \geq 2^{\frac{1}{30}n} \quad \text{für} \quad n \geq 4000$$

ableiten und damit, dass es mindestens

$$\log_{2n}\left(2^{\frac{1}{30}n}\right) = \frac{1}{30}\frac{n}{\log_2 n + 1} > \frac{1}{30}\frac{n}{\log_2 n}$$

Primzahlen in dem Bereich zwischen n und $2n$ gibt.

Das ist keine schlechte Abschätzung: die „wahre" Zahl der Primzahlen in diesem Bereich ist ungefähr $n/\log n$. Dies folgt aus dem „Primzahlsatz", der besagt, dass der Grenzwert

$$\lim_{n \to \infty} \frac{\#\{p \leq n : p \text{ Primzahl}\}}{n/\log n}$$

existiert, und gleich 1 ist. Dieses berühmte Resultat wurde zuerst von Hadamard und de la Vallée-Poussin 1896 bewiesen; Selberg und Erdős haben 1948 einen elementaren Beweis (ohne komplexe Analysis, aber immer noch lang und kompliziert) gefunden. Über den Primzahlsatz selbst ist das letzte Wort wohl noch nicht gesprochen: So würde etwa ein Beweis der Riemannschen Vermutung (siehe Seite 42), eines der wichtigsten ungelösten Probleme der Mathematik, auch eine substantielle Verbesserung der Abschätzungen im Primzahlsatz liefern. Aber auch das Bertrandsche Postulat könnte man noch ordentlich verbessern. Die folgende Frage von Opperman (1882) ist nämlich immer noch nicht beantwortet [4, S. 248]:

Gibt es für jedes $n \geq 2$ mindestens eine Primzahl zwischen $(n-1)n$ und n^2, und mindestens eine zwischen n^2 und $n(n+1)$? Gibt es also zwischen zwei aufeinander folgenden Quadratzahlen immer mindestens zwei Primzahlen?

Immerhin ist die letzte Aussage für den Fall bewiesen, wenn man statt Quadratzahlen hinreichend große Kubikzahlen betrachtet [3].

Anhang: Einige Abschätzungen

Abschätzung durch Integrale

Es gibt eine sehr-einfache-aber-effektive Methode, Summen durch Integrale abzuschätzen (die uns schon auf Seite 4 begegnet ist). Um beispielsweise die *harmonischen Zahlen*

$$H_n = \sum_{k=1}^{n} \frac{1}{k}$$

abzuschätzen, machen wir die nebenstehende Skizze und leiten aus ihr

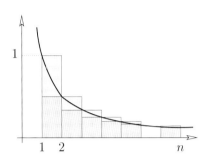

$$H_n - 1 = \sum_{k=2}^{n} \frac{1}{k} < \int_{1}^{n} \frac{1}{t} \, dt = \log n$$

ab, indem wir die Fläche unter dem Graphen von $f(t) = \frac{1}{t}$ ($1 \leq t \leq n$) mit der Fläche der dunkler schraffierten Rechtecke vergleichen, und

$$H_n - \frac{1}{n} = \sum_{k=1}^{n-1} \frac{1}{k} > \int_{1}^{n} \frac{1}{t} \, dt = \log n,$$

indem wir mit der Fläche der größeren Rechtecke (also auch der heller schraffierten Teile) vergleichen. Zusammen genommen ergibt dies

$$\log n + \frac{1}{n} < H_n < \log n + 1.$$

Insbesondere gilt also $\lim_{n \to \infty} H_n \to \infty$, und die Wachstumsgeschwindigkeit von H_n ist durch $\lim_{n \to \infty} \frac{H_n}{\log n} = 1$ gegeben. Aber man kennt viel bessere Abschätzungen (siehe [2]), wie

$$H_n = \log n + \gamma + \frac{1}{2n} - \frac{1}{12n^2} + \frac{1}{120n^4} + O\left(\frac{1}{n^6}\right),$$

Hier bezeichnet $O\left(\frac{1}{n^6}\right)$ eine Funktion $f(n)$, die $f(n) \leq c\frac{1}{n^6}$ erfüllt, für eine Konstante $c > 0$.

wobei $\gamma \approx 0.5772$ die „Eulersche Konstante" bezeichnet.

Fakultäten abschätzen — die Stirlingsche Formel

Dieselbe Methode, auf

$$\log(n!) = \log 2 + \log 3 + \ldots + \log n = \sum_{k=2}^{n} \log k$$

angewendet, liefert

$$\log((n-1)!) < \int_{1}^{n} \log t \, dt < \log(n!),$$

wobei sich das Integral leicht ausrechnen lässt:

$$\int_{1}^{n} \log t \, dt = \left[t \log t - t\right]_{1}^{n} = n \log n - n + 1.$$

Damit bekommen wir eine untere Abschätzung

$$n! > e^{n \log n - n + 1} = e\left(\frac{n}{e}\right)^n$$

und gleichzeitig eine obere Abschätzung

$$n! = n\,(n-1)! < n e^{n \log n - n + 1} = e n \left(\frac{n}{e}\right)^n.$$

Diese beiden Abschätzungen reichen für viele Zwecke aus; wieder kann man aber „wenn nötig" mit genauer Analyse mehr herausholen, insbesondere die *Stirlingsche Formel*

$$n! \sim \sqrt{2\pi n}\left(\frac{n}{e}\right)^n.$$

Hier bedeutet $f(n) \sim g(n)$, dass $\lim_{n \to \infty} \frac{f(n)}{g(n)} = 1$ gilt.

Aber es gibt noch sehr viel präzisere Versionen dieses Resultats, etwa

$$n! = \sqrt{2\pi n}\left(\frac{n}{e}\right)^n \left(1 + \frac{1}{12n} + \frac{1}{288n^2} - \frac{139}{5140n^3} + O\left(\frac{1}{n^4}\right)\right).$$

Binomialkoeffizienten abschätzen

Schon aus der Definition der Binomialkoeffizienten $\binom{n}{k}$ als die Anzahl der k-Teilmengen einer n-Menge wissen wir, dass die Folge $\binom{n}{0}, \binom{n}{1}, \ldots, \binom{n}{n}$ der Binomialkoeffizienten

- sich aufsummiert zu $\sum_{k=0}^{n} \binom{n}{k} = 2^n$
- symmetrisch ist: $\binom{n}{k} = \binom{n}{n-k}$.

Aus der Funktionalgleichung $\binom{n}{k} = \frac{n-k+1}{k}\binom{n}{k-1}$ leitet man leicht ab, dass für jedes n die Binomialkoeffizienten $\binom{n}{k}$ eine Folge bilden, die symmetrisch und *unimodal* ist: sie steigt bis zur Mitte an, so dass die mittleren Binomialkoeffizienten die größten in der Folge sind:

$$1 = \binom{n}{0} < \binom{n}{1} < \ldots < \binom{n}{\lfloor n/2 \rfloor} = \binom{n}{\lceil n/2 \rceil} > \ldots > \binom{n}{n-1} > \binom{n}{n} = 1.$$

```
              1
            1   1
          1   2   1
        1   3   3   1
      1   4   6   4   1
    1   5  10  10   5   1
  1   6  15  20  15   6   1
1   7  21  35  35  21   7   1
```
Das Pascalsche Dreieck

Hier bezeichnen $\lfloor x \rfloor$ bzw. $\lceil x \rceil$ die Zahl x, abgerundet bzw. aufgerundet bis zur nächsten ganzen Zahl.

Mit Hilfe der oben angegebenen Formeln für die Asymptotik der Fakultäten kann man sehr genaue Abschätzungen für die Größe der Binomialkoeffizienten ableiten. In diesem Buch brauchen wir aber nur sehr schwache und einfache Abschätzungen, wie die folgenden:

$$\binom{n}{k} \leq 2^n \quad \text{für alle } k \leq n,$$

und

$$\binom{n}{\lfloor n/2 \rfloor} \geq \frac{2^n}{n} \quad \text{für } n \geq 2,$$

mit Gleichheit nur für $n = 2$. Insbesondere haben wir

$$\binom{2n}{n} \geq \frac{4^n}{2n} \quad \text{für } n \geq 1.$$

Der mittlere Binomialkoeffizient $\binom{n}{\lfloor n/2 \rfloor}$ ist nämlich der größte Eintrag in der Folge der n Zahlen $\binom{n}{0} + \binom{n}{n}, \binom{n}{1}, \binom{n}{2}, \ldots, \binom{n}{n-1}$, deren Summe 2^n und deren Mittelwert damit $\frac{2^n}{n}$ ist.

Schließlich halten wir als obere Schranke für die Binomialkoeffizienten

$$\binom{n}{k} = \frac{n(n-1)\cdots(n-k+1)}{k!} \leq \frac{n^k}{k!} \leq \frac{n^k}{2^{k-1}}$$

fest, was eine halbwegs vernünftige Abschätzung für die „kleinen" Binomialkoeffizienten am Anfang der Folge ist, für die n im Vergleich zu k groß ist.

Literatur

[1] P. ERDŐS: *Beweis eines Satzes von Tschebyschef,* Acta Sci. Math. (Szeged) **5** (1930-32), 194-198.

[2] R. L. GRAHAM, D. E. KNUTH & O. PATASHNIK: *Concrete Mathematics. A Foundation for Computer Science,* Addison-Wesley, Reading MA 1989.

[3] F. ISCHEBECK: *Primzahlfragen und ihre Geschichte,* Mathematische Semesterberichte **40** (1993), 121-132.

[4] P. RIBENBOIM: *The New Book of Prime Number Records,* Springer-Verlag, New York 1989.

Binomialkoeffizienten sind (fast) nie Potenzen

Kapitel 3

Im Nachklang zu Bertrands Postulat wollen wir jetzt ein sehr schönes Resultat über Binomialkoeffizienten besprechen. Im Jahr 1892 verschärfte Sylvester das Bertrandsche Postulat auf die folgende Weise:

Ist $n \geq 2k$, so hat mindestens eine der Zahlen $n, n-1, \ldots, n-k+1$ einen Primteiler p, der größer als k ist.

Man beachte, dass dies für $n = 2k$ genau das Bertrandsche Postulat ergibt. Erdős gab 1934 einen kurzen und elementaren Beweis des Satzes von Sylvester, der auch aus dem BUCH stammt und auf ähnlichen Überlegungen wie im letzten Kapitel beruht.

Die folgende Aussage ist offensichtlich äquivalent zum Satz von Sylvester:

Der Binomialkoeffizient

$$\binom{n}{k} = \frac{n(n-1)\cdots(n-k+1)}{k!} \qquad (n \geq 2k)$$

hat immer einen Primteiler $p > k$.

Mit dieser Beobachtung wenden wir uns einem weiteren Juwel von Erdős zu. Wann ist $\binom{n}{k}$ eine Potenz m^ℓ? Es ist leicht zu sehen, dass es unendlich viele Lösungen für $k = \ell = 2$ gibt, also der Gleichung $\binom{n}{2} = m^2$. Zunächst bemerken wir, dass $\binom{(2n-1)^2}{2}$ ein Quadrat ist, wenn dies für $\binom{n}{2}$ zutrifft. Um dies zu sehen, setzen wir $n(n-1) = 2m^2$. Es folgt

$$(2n-1)^2((2n-1)^2 - 1) = (2n-1)^2 4n(n-1) = 2(2m(2n-1))^2,$$

und daher

$$\binom{(2n-1)^2}{2} = (2m(2n-1))^2.$$

Mit dem Startwert $\binom{9}{2} = 6^2$ erhalten wir daher unendlich viele Lösungen — die nächste ist $\binom{289}{2} = 204^2$. Das liefert aber keineswegs alle Lösungen. Zum Beispiel beginnt mit $\binom{50}{2} = 35^2$ eine weitere Serie, und ebenso mit $\binom{1682}{2} = 1189^2$. Für $k = 3$ ist bekannt, dass $\binom{n}{3} = m^2$ die eindeutige Lösung $n = 50$, $m = 140$ besitzt. Aber nun sind die Potenzen schon zu Ende. Für $k \geq 4$ und jedes $\ell \geq 2$ gibt es keine Lösungen, und dies ist genau der Inhalt des Satzes von Erdős.

$\binom{50}{3} = 140^2$
ist die einzige Lösung für $k = 3$, $\ell = 2$

Satz. *Die Gleichung*

$$\binom{n}{k} = m^\ell$$

hat keine ganzzahligen Lösungen für $\ell \geq 2$ und $4 \leq k \leq n - 4$.

■ **Beweis.** Wir nehmen an, der Satz sei falsch, und $\binom{n}{k} = m^\ell$ sei eine ganzzahlige Lösung. Dabei dürfen wir wegen $\binom{n}{k} = \binom{n}{n-k}$ voraussetzen, dass $n \geq 2k$ gilt. Die Annahme führen wir nun in den folgenden vier Schritten zum Widerspruch.

(1) Nach dem Satz von Sylvester gibt es einen Primteiler p von $\binom{n}{k}$, der größer als k ist. Damit teilt p^ℓ das Produkt $n(n-1)\cdots(n-k+1)$. Weiterhin kann nur einer der Faktoren $n-i$ ein Vielfaches von p sein (wegen $p > k$), und wir schließen $p^\ell \mid n-i$, und daraus

$$n \;\geq\; p^\ell \;>\; k^\ell \;\geq\; k^2.$$

(2) Wir betrachten einen beliebigen Faktor $n-j$ des Zählers und schreiben ihn in der Form $n-j = a_j m_j^\ell$, wobei a_j nicht durch eine echte ℓ-te Potenz teilbar ist. Nach (1) sehen wir, dass a_j nur Primteiler besitzt, die kleiner oder gleich k sind. Als Nächstes wollen wir $a_i \neq a_j$ für $i \neq j$ zeigen. Es sei im Gegenteil $a_i = a_j$ für $i < j$. Dann haben wir $m_i \geq m_j + 1$ und

$$\begin{aligned}
k &> (n-i) - (n-j) = a_j(m_i^\ell - m_j^\ell) \geq a_j((m_j+1)^\ell - m_j^\ell) \\
&> a_j \ell m_j^{\ell-1} \geq \ell(a_j m_j^\ell)^{1/2} \geq \ell(n-k+1)^{1/2} \\
&\geq \ell(\tfrac{n}{2}+1)^{1/2} > n^{1/2},
\end{aligned}$$

aber dies widerspricht der obigen Ungleichung $n > k^2$.

(3) Als Nächstes beweisen wir, dass die a_is genau die Zahlen $1, 2, \ldots, k$ in einer gewissen Reihenfolge sind. Nach Erdős ist dies das Kernstück des Beweises. Da wir schon wissen, dass die a_is alle verschieden sind, genügt es zu zeigen, dass

$$a_0 a_1 \cdots a_{k-1} \;\mid\; k!$$

gilt. Substituieren wir $n-j = a_j m_j^\ell$ in die Gleichung $\binom{n}{k} = m^\ell$, so erhalten wir

$$a_0 a_1 \cdots a_{k-1} (m_0 m_1 \cdots m_{k-1})^\ell \;=\; k! m^\ell.$$

Nach Kürzen der gemeinsamen Faktoren in $m_0 m_1 \cdots m_{k-1}$ und m ergibt dies

$$a_0 a_1 \cdots a_{k-1} u^\ell \;=\; k! v^\ell$$

mit $\text{ggT}(u,v) = 1$. Es bleibt zu zeigen, dass $v = 1$ ist. Im Fall $v > 1$ enthält v einen Primteiler p. Da $\text{ggT}(u,v) = 1$ ist, muss p ein Primteiler von $a_0 a_1 \cdots a_{k-1}$ sein und daher kleiner oder gleich k sein. Nach dem Satz von Legendre (siehe Seite 9) wissen wir, dass $k!$ die Primzahl p zur Potenz $\sum_{i \geq 1} \lfloor \frac{k}{p^i} \rfloor$ enthält. Nun schätzen wir den Exponenten von p in dem Produkt $n(n-1)\cdots(n-k+1)$ ab. Sei i eine positive ganze Zahl und seien $b_1 < b_2 < \ldots < b_s$ die Vielfachen von p^i unter den k Zahlen $n, n-1, \ldots, n-k+1$. Dann haben wir $b_s = b_1 + (s-1)p^i$, und daher

$$(s-1)p^i \;=\; b_s - b_1 \;\leq\; n - (n-k+1) \;=\; k-1,$$

was

$$s \;\leq\; \left\lfloor \frac{k-1}{p^i} \right\rfloor + 1 \;\leq\; \left\lfloor \frac{k}{p^i} \right\rfloor + 1$$

impliziert.

Wir sehen also, dass für jedes i die Anzahl der Vielfachen von p^i unter den Zahlen $n, \ldots, n-k+1$, und daher auch unter den a_js, durch $\lfloor \frac{k}{p^i} \rfloor + 1$ beschränkt ist. Dies liefert uns, dass der Exponent von p in $a_0 a_1 \cdots a_{k-1}$ höchstens

$$\sum_{i=1}^{\ell-1} \left(\left\lfloor \frac{k}{p^i} \right\rfloor + 1 \right)$$

sein kann, aufgrund derselben Überlegung, die wir für den Beweis des Satzes von Legendre in Kapitel 2 benutzt haben. Der einzige Unterschied ist, dass dieses Mal die Summe bei $i = \ell - 1$ endet, da die a_js keine ℓ-ten Potenzen enthalten.

Insgesamt sehen wir also, dass der Exponent von p in v^ℓ höchstens

$$\sum_{i=1}^{\ell-1} \left(\left\lfloor \frac{k}{p^i} \right\rfloor + 1 \right) - \sum_{i \geq 1} \left\lfloor \frac{k}{p^i} \right\rfloor \;\leq\; \ell - 1$$

sein kann, und wir haben unseren gewünschten Widerspruch erhalten, da v^ℓ eine ℓ-te Potenz ist.

Dies genügt bereits, um den Fall $\ell = 2$ zu erledigen. In der Tat muss wegen $k \geq 4$ eine der Zahlen a_i gleich 4 sein, aber wir wissen schon, dass die a_is keine Quadrate enthalten. Also können wir für den Rest des Beweises $\ell \geq 3$ annehmen.

(4) Wegen $k \geq 4$ haben wir $a_{i_1} = 1, a_{i_2} = 2, a_{i_3} = 4$ für gewisse i_1, i_2, i_3, das heißt,

$$n - i_1 = m_1^\ell, \quad n - i_2 = 2m_2^\ell, \quad n - i_3 = 4m_3^\ell.$$

Wir behaupten, dass $(n-i_2)^2 \neq (n-i_1)(n-i_3)$ gilt. Anderenfalls setzen wir $b = n - i_2$ und $n - i_1 = b - x$, $n - i_3 = b + y$ mit $0 < |x|, |y| < k$. Damit haben wir

$$b^2 = (b-x)(b+y) \quad \text{oder} \quad (y-x)b = xy,$$

Unsere Analyse bis hierher stimmt mit der Gleichung $\binom{50}{3} = 140^2$ überein:
$$50 = 2 \cdot 5^2$$
$$49 = 1 \cdot 7^2$$
$$48 = 3 \cdot 4^2$$
und $5 \cdot 7 \cdot 4 = 140$.

wobei $x = y$ ersichtlich unmöglich ist. Nach Teil **(1)** folgt daraus

$$|xy| \;=\; b|y - x| \;\geq\; b \;>\; n - k \;>\; (k-1)^2 \;\geq\; |xy|,$$

ein offensichtlicher Widerspruch.

Wir haben also $m_2^2 \neq m_1 m_3$, wobei wir $m_2^2 > m_1 m_3$ annehmen können (der andere Fall ist analog), und wenden uns nun der letzten Kette von Ungleichungen zu. Es gilt

$$\begin{aligned} 2(k-1)n \;&>\; n^2 - (n-k+1)^2 \;>\; (n-i_2)^2 - (n-i_1)(n-i_3) \\ &=\; 4[m_2^{2\ell} - (m_1 m_3)^\ell] \;\geq\; 4[(m_1 m_3 + 1)^\ell - (m_1 m_3)^\ell] \\ &\geq\; 4\ell m_1^{\ell-1} m_3^{\ell-1}. \end{aligned}$$

Wegen $\ell \geq 3$ und $n > k^\ell \geq k^3 > 6k$ ergibt dies

$$\begin{aligned} 2(k-1)n m_1 m_3 \;&>\; 4\ell m_1^\ell m_3^\ell \;=\; \ell(n-i_1)(n-i_3) \\ &>\; \ell(n-k+1)^2 \;>\; 3(n - \tfrac{n}{6})^2 \;>\; 2n^2. \end{aligned}$$

Mit $m_i \leq n^{1/\ell} \leq n^{1/3}$ erhalten wir schließlich

$$k n^{2/3} \;\geq\; k m_1 m_3 \;>\; (k-1) m_1 m_3 \;>\; n,$$

oder $k^3 > n$. Mit diesem Widerspruch ist der Beweis vollständig. □

Literatur

[1] P. ERDŐS: *A theorem of Sylvester and Schur,* J. London Math. Soc. **9** (1934), 282-288.

[2] P. ERDŐS: *On a diophantine equation,* J. London Math. Soc. **26** (1951), 176-178.

[3] J. J. SYLVESTER: *On arithmetical series,* Messenger of Math. **21** (1892), 1-19, 87-120; Collected Mathematical Papers Vol. 4, 1912, 687-731.

Der Zwei-Quadrate-Satz von Fermat — Kapitel 4

Welche Zahlen können als Summe von zwei Quadraten dargestellt werden?

Diese Frage ist so alt wie die Zahlentheorie, und ihre Lösung ist ein Klassiker in diesem Gebiet. Die größte Hürde auf dem Weg zur Lösung ist der Nachweis, dass jede Primzahl der Form $4m+1$ eine Summe von zwei Quadraten ist. G. H. Hardy schreibt, dass dieser *Zwei-Quadrate-Satz* von Fermat „ganz zu Recht als einer der besten Sätze der Arithmetik angesehen wird". Trotzdem ist einer unserer BUCH-Beweise ziemlich neu.

$1 = 1^2 + 0^2$
$2 = 1^2 + 1^2$
$3 = \text{??}$
$4 = 2^2 + 0^2$
$5 = 2^2 + 1^2$
$6 = \text{??}$
$7 = \text{??}$
$8 = 2^2 + 2^2$
$9 = 3^2 +$
$10 = 3^2 +$
$11 = \text{??}$
$\vdots$

Wir beginnen mit ein paar „Aufwärmübungen". Zunächst müssen wir zwischen der Primzahl $p = 2$, den Primzahlen der Form $p = 4m+1$, und den Primzahlen der Form $p = 4m+3$ unterscheiden. Jede Primzahl fällt in genau eine dieser Kategorien. Ganz leicht können wir jetzt festhalten (mit Hilfe der Methode von Euklid), dass es unendlich viele Primzahlen der Form $4m+3$ gibt. Wenn es nämlich nur endlich viele gäbe, dann könnten wir die größte Primzahl p_k von dieser Form betrachten. Setzt man dann

$$N_k := 2^2 \cdot 3 \cdot 5 \cdots p_k - 1$$

(wobei $p_1 = 2, p_2 = 3, p_3 = 5, \ldots$ die Folge der Primzahlen bezeichnet), dann sieht man, dass N_k kongruent zu $3 \pmod 4$ ist, also einen Primfaktor der Form $4m+3$ haben muss, und dieser Primfaktor ist größer als p_k, Widerspruch. Am Ende dieses Kapitels werden wir auch ableiten, dass es unendlich viele Primzahlen vom Typ $p = 4m+1$ gibt.

Unser erstes Lemma ist ein Spezialfall des berühmten „Reziprozitätsgesetzes": Es charakterisiert die Primzahlen, für die -1 im Körper $\mathbb{Z}_p$ ein Quadrat ist; siehe dazu den Kasten über Primkörper auf der nächsten Seite.

Lemma 1. *Für jede Primzahl p der Form $p = 4m+1$ hat die Gleichung $s^2 \equiv -1 \pmod p$ zwei Lösungen $s \in \{1, 2, \ldots, p-1\}$, für $p = 2$ gibt es genau eine solche Lösung, während es für Primzahlen von der Form $p = 4m+3$ keine Lösung gibt.*

■ **Beweis.** Für $p = 2$ ist $s = 1$. Für ungerades p konstruieren wir eine Äquivalenzrelation auf der Menge $\{1, 2, \ldots, p-1\}$, die dadurch erzeugt wird, dass wir jedes Element mit seinem additiven und seinem multiplikativen Inversen in $\mathbb{Z}_p$ in Relation setzen, die wir mit $-x$ bzw. $\overline{x}$ bezeichnen. Damit enthalten die „allgemeinen" Äquivalenzklassen vier Elemente

$$\{x, -x, \overline{x}, -\overline{x}\},$$

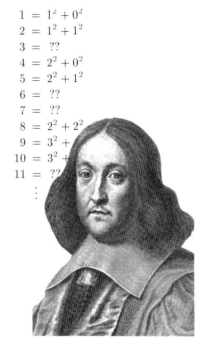

Pierre de Fermat

weil eine solche vierelementige Menge die Inversen für alle ihre Elemente enthält. Es gibt jedoch auch kleinere Äquivalenzklassen, die auftreten, wenn einige dieser vier Elemente nicht voneinander verschieden sind:

- $x \equiv -x$ ist für ungerades p unmöglich.

- $x \equiv \overline{x}$ ist äquivalent zu $x^2 \equiv 1$. Dies hat zwei Lösungen, nämlich $x = 1$ und $x = p - 1$, und entspricht der Äquivalenzklasse $\{1, p-1\}$ der Größe 2.

- $x \equiv -\overline{x}$ ist äquivalent zu $x^2 \equiv -1$. Diese Gleichung hat entweder keine Lösung, oder zwei verschiedene Lösungen $x_0, p - x_0$: in diesem Fall ist die Äquivalenzklasse $\{x_0, p - x_0\}$.

Für $p = 11$ ist die Zerlegung $\{1, 10\}, \{2, 9, 6, 5\}, \{3, 8, 4, 7\}$; für $p = 13$ ist sie $\{1, 12\}, \{2, 11, 7, 6\}, \{3, 10, 9, 4\}, \{5, 8\}$: das Paar $\{5, 8\}$ entspricht den zwei Lösungen von $s^2 \equiv -1 \bmod 13$.

Die Menge $\{1, 2, \ldots, p-1\}$ hat $p - 1$ Elemente, und wir haben sie in Quadrupel (Äquivalenzklassen der Größe 4) aufgeteilt, plus ein oder zwei Paare (Äquivalenzklassen der Größe 2). Für $p - 1 = 4m + 2$ folgt daraus, dass es nur ein Paar $\{1, p - 1\}$ gibt, der Rest besteht aus Quadrupeln, und damit hat $s^2 \equiv -1 \pmod{p}$ keine Lösung. Für $p - 1 = 4m$ muss es aber ein zweites Paar geben, und dieses enthält die beiden Lösungen von $s^2 \equiv -1$, nach denen gefragt war. □

+	0	1	2	3	4
0	0	1	2	3	4
1	1	2	3	4	0
2	2	3	4	0	1
3	3	4	0	1	2
4	4	0	1	2	3

·	0	1	2	3	4
0	0	0	0	0	0
1	0	1	2	3	4
2	0	2	4	1	3
3	0	3	1	4	2
4	0	4	3	2	1

Addition und Multiplikation in $\mathbb{Z}_5$

Primkörper

Für jede Primzahl p bildet die Menge $\mathbb{Z}_p = \{0, 1, \ldots, p-1\}$ mit Addition und Multiplikation „modulo p" einen endlichen Körper. Diese Körper haben viele interessante Aspekte; wir werden nur die folgenden drei einfachen Eigenschaften brauchen:

- Für $x \in \mathbb{Z}_p$, $x \neq 0$, ist das Inverse bezüglich Addition (für das wir üblicherweise $-x$ schreiben) durch $p - x \in \{1, 2, \ldots, p - 1\}$ gegeben. Wenn $p > 2$ ist, dann sind x und $-x$ verschiedene Elemente von $\mathbb{Z}_p$.

- Jedes $x \in \mathbb{Z}_p \setminus \{0\}$ hat ein eindeutiges multiplikatives Inverses $\overline{x} \in \mathbb{Z}_p \setminus \{0\}$, mit $x\overline{x} \equiv 1 \pmod{p}$.
Aus der Definition der Primzahlen folgt nämlich, dass die Abbildung $\mathbb{Z}_p \to \mathbb{Z}_p$, $z \mapsto xz$ für $x \neq 0$ injektiv ist. Auf der endlichen Menge $\mathbb{Z}_p \setminus \{0\}$ muss sie damit aber auch surjektiv sein, und deswegen gibt es für jedes x ein eindeutiges $\overline{x} \neq 0$ mit $x\overline{x} \equiv 1 \pmod{p}$.

- Die Quadrate $0^2, 1^2, 2^2, \ldots, h^2$ definieren verschiedene Elemente von $\mathbb{Z}_p$, für $h = \lfloor \frac{p}{2} \rfloor$.
Dies folgt daraus, dass $x^2 \equiv y^2$ bzw. $(x+y)(x-y) \equiv 0$ impliziert, dass entweder $x \equiv y$ oder $x \equiv -y$ gilt. Die $1 + \lfloor \frac{p}{2} \rfloor$ Elemente $0^2, 1^2, \ldots, h^2$ nennt man die *Quadrate* in $\mathbb{Z}_p$.

Der Zwei-Quadrate-Satz von Fermat

An dieser Stelle bemerken wir „ganz nebenbei", dass es für *alle* Primzahlen eine Lösung der Gleichung $x^2 + y^2 \equiv -1 \pmod{p}$ gibt. Es gibt nämlich $\lfloor \frac{p}{2} \rfloor + 1$ verschiedene Quadrate x^2 in $\mathbb{Z}_p$, und es gibt $\lfloor \frac{p}{2} \rfloor + 1$ verschiedene Zahlen der Form $-(1+y^2)$. Diese zwei Mengen von Zahlen sind aber zu groß um disjunkt zu sein, weil $\mathbb{Z}_p$ insgesamt nur p Elemente hat, und deswegen muss es x und y geben mit $x^2 \equiv -(1+y^2) \pmod{p}$.

Lemma 2. *Keine Zahl* $n = 4m+3$ *ist eine Summe von zwei Quadraten.*

■ **Beweis.** Das Quadrat einer geraden Zahl ist $(2k)^2 = 4k^2 \equiv 0 \pmod 4$, während Quadrate von ungeraden Zahlen $(2k+1)^2 = 4(k^2+k) + 1 \equiv 1 \pmod 4$ ergeben. Damit ist jede Summe von zwei Quadraten zu 0, 1 oder 2 $\pmod 4$ kongruent. □

Dies reicht uns als Beleg dafür, dass die Primzahlen $p = 4m+3$ „schlecht" sind. Also kümmern wir uns jetzt erst mal um die „guten" Eigenschaften der Primzahlen von der Form $p = 4m+1$. Das folgende Resultat ist der wichtigste Schritt auf dem Weg zur Lösung unseres Problems.

Proposition. *Jede Primzahl der Form* $p = 4m+1$ *ist eine Summe von zwei Quadraten, sie kann also als* $p = x^2 + y^2$ *dargestellt werden, mit natürlichen Zahlen* x *und* y.

Wir werden hier zwei Beweise dieses Resultats präsentieren — beide sind elegant und überraschend. Der erste Beweis glänzt durch eine bemerkenswerte Anwendung des Schubfachprinzips (das schon „ganz nebenbei" vor Lemma 2 aufgetreten ist; Kapitel 21 bietet mehr davon), und durch einen bestechenden Übergang zu Argumenten „modulo p" und zurück. Wir verdanken ihn dem norwegischen Zahlentheoretiker Axel Thue.

■ **Beweis.** Wir betrachten die Paare (x', y') von ganzen Zahlen mit $0 \le x', y' \le \sqrt{p}$, das heißt $x', y' \in \{0, 1, \ldots, \lfloor\sqrt{p}\rfloor\}$. Es gibt genau $(\lfloor\sqrt{p}\rfloor + 1)^2$ solche Paare. Mit der Abschätzung $\lfloor x \rfloor + 1 > x$ für $x = \sqrt{p}$ sehen wir, dass es mehr als p solche Paare von ganzen Zahlen gibt. Also können für ein festes $s \in \mathbb{Z}$ die Werte $x' - sy'$, die man aus den Paaren (x', y') erzeugt, nicht alle modulo p verschieden sein. Also gibt es für jedes s zwei verschiedene Paare

$$(x', y'), (x'', y'') \in \{0, 1, \ldots, \lfloor\sqrt{p}\rfloor\}^2$$

mit

$$x' - sy' \equiv x'' - sy'' \pmod{p}.$$

Nun nehmen wir Differenzen: Wir haben $x' - x'' \equiv s(y' - y'') \pmod p$. Wenn wir also

$$x := |x' - x''|, \quad y := |y' - y''|$$

definieren, dann erhalten wir

$$(x, y) \in \{0, 1, \ldots, \lfloor\sqrt{p}\rfloor\}^2 \quad \text{mit} \quad x \equiv \pm sy \pmod{p}.$$

Für $p = 13$, $\lfloor\sqrt{p}\rfloor = 3$ betrachten wir $x', y' \in \{0, 1, 2, 3\}$. Für $s = 5$ nimmt die Summe $x' - sy' \pmod{13}$ die folgenden Werte an:

x' \ y'	0	1	2	3
0	0	8	3	11
1	1	9	4	12
2	2	10	5	0
3	3	11	6	1

Weiterhin wissen wir, dass x und y nicht beide Null sein können, weil die Paare (x', y') und (x'', y'') ja verschieden sind.

Sei nun s eine Lösung von $s^2 \equiv -1 \pmod{p}$, die nach Lemma 1 existieren muss. Dann gilt $x^2 \equiv s^2 y^2 \equiv -y^2 \pmod{p}$, und wir erhalten

$$(x, y) \in \mathbb{Z}^2 \quad \text{mit} \quad 0 < x^2 + y^2 < 2p \quad \text{und} \quad x^2 + y^2 \equiv 0 \pmod{p}.$$

Die Primzahl p ist aber die einzige Zahl zwischen 0 und $2p$, die durch p teilbar ist. Also gilt $x^2 + y^2 = p$: fertig! □

Unser zweiter Beweis für die Proposition — ganz sicher auch ein Beweis aus dem BUCH — wurde von Roger Heath-Brown 1971 entdeckt und erschien 1984. (Eine Kurzversion „in einem Satz" wurde von Don Zagier angegeben.) Er ist so elementar, dass wir dafür nicht einmal das Lemma 1 brauchen.

Das Argument von Heath-Brown basiert auf drei Involutionen: einer ziemlich offensichtlichen, einer überraschenden, und einer ganz trivialen zum Schluß. Die zweite Involution entspricht einer versteckten Struktur auf der Menge der ganzzahligen Lösungen der Gleichung $4xy + z^2 = p$.

■ **Beweis.** Wir untersuchen die Menge

$$S := \{(x, y, z) \in \mathbb{Z}^3 : 4xy + z^2 = p, \quad x > 0, \quad y > 0\}.$$

Diese Menge ist endlich: aus $x \geq 1$ und $y \geq 1$ folgt nämlich $y \leq \frac{p}{4}$ und $x \leq \frac{p}{4}$. Damit gibt es aber nur endlich viele mögliche Werte für x und y, und für gegebenes x und y gibt es höchstens zwei Werte für z.

1. Die erste lineare Involution ist

$$f : S \longrightarrow S, \quad (x, y, z) \longmapsto (y, x, -z),$$

also „vertausche x und y und negiere z". Dies bildet ganz offensichtlich S auf sich selbst ab, und es ist eine *Involution*: Zweimal angewendet, ergibt es die Identität. Dieses f hat offenbar keine Fixpunkte, weil aus $z = 0$ sofort $p = 4xy$ folgen würde, was nicht sein kann. Schließlich bildet f die Lösungen in

$$T := \{(x, y, z) \in S : z > 0\}$$

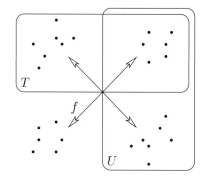

auf die Lösungen in $S \setminus T$ ab, die $z < 0$ erfüllen. Also vertauscht f die Vorzeichen von $x - y$ und von z, und bildet somit auch die Lösungen in

$$U := \{(x, y, z) \in S : (x - y) + z > 0\}$$

auf die Lösungen in $S \setminus U$ ab. Dafür müssen wir nur überprüfen, dass es keine Lösungen gibt mit $(x - y) + z = 0$. Aber die gibt es nicht, weil daraus sofort $p = 4xy + z^2 = 4xy + (x - y)^2 = (x + y)^2$ folgen würde.

Was liefert uns nun die Analyse von f? Die hauptsächliche Beobachtung ist, dass f die Mengen T und U mit ihren Komplementen $S \setminus T$ bzw. $S \setminus U$ in

Bijektion setzt; deshalb haben T und U beide die halbe Kardinalität von S — *also haben T und U dieselbe Kardinalität.*

2. Die zweite Involution, die wir betrachten wollen, lebt auf der Menge U:
$$g: U \longrightarrow U, \quad (x,y,z) \longmapsto (x-y+z, y, 2y-z).$$

Zunächst überprüfen wir, dass dies überhaupt eine wohldefinierte Abbildung ist: Wenn $(x,y,z) \in U$ ist, dann gilt $x-y+z > 0$, $y > 0$ und $4(x-y+z)y + (2y-z)^2 = 4xy + z^2 = p$, also $g(x,y,z) \in S$. Mit $(x-y+z) - y + (2y-z) = x > 0$ liefert dies $g(x,y,z) \in U$.

Weiterhin ist g eine Involution: $g(x,y,z) = (x-y+z, y, 2y-z)$ wird durch g auf $((x-y+z) - y + (2y-z), y, 2y - (2y-z)) = (x,y,z)$ abgebildet.

Und schließlich hat g hat genau einen Fixpunkt:
$$(x,y,z) \;=\; g(x,y,z) \;=\; (x-y+z, y, 2y-z)$$
gilt genau dann, wenn $y = z$ ist. Dann haben wir aber $p = 4xy + y^2 = (4x+y)y$, was nur für $y = 1 = z$ und $x = \frac{p-1}{4}$ gelten kann.

Und wenn g eine Involution auf U ist, die genau einen Fixpunkt hat, dann *hat U ungerade Kardinalität.*

3. Die dritte, triviale, Involution lebt auf der Menge T, und sie vertauscht einfach x und y:
$$h: T \longrightarrow T, \quad (x,y,z) \longmapsto (y,x,z).$$

Diese Abbildung ist nun ganz offensichtlich wohldefiniert und sie ist eine Involution. Wir kombinieren jetzt das Wissen, das wir aus den beiden anderen Involutionen abgeleitet haben: T hat dieselbe Kardinalität wie U, und die ist ungerade. Aber da h somit eine Involution auf einer endlichen Menge von ungerader Kardinalität ist, *muss h einen Fixpunkt haben*: Es gibt einen Punkt $(x,y,z) \in T$ mit $x = y$, also eine Lösung von
$$p = 4x^2 + z^2 = (2x)^2 + z^2. \qquad \square$$

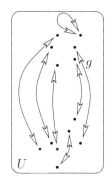

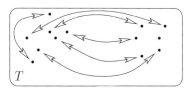

Auf einer endlichen Menge mit ungerader Kardinalität hat jede Involution mindestens einen Fixpunkt.

Dieser Beweis liefert sogar noch mehr — nämlich, dass die Anzahl der Darstellungen von p in der Form $p = x^2 + (2y)^2$ für alle Primzahlen der Form $p = 4m+1$ *ungerade* ist. (Die Darstellung ist sogar eindeutig, siehe [2].) Wir müssen aber auch feststellen, dass keiner der beiden Beweise effektiv ist: man versuche einfach mal, x und y für eine zehnstellige Primzahl zu finden! Effektive Methoden zur Berechnung solcher Darstellungen als Summe von zwei Quadraten werden in [5] diskutiert.

Der folgende Satz beantwortet nun vollständig die Frage, mit der wir dieses Kapitel begonnen hatten.

Satz. *Eine natürliche Zahl n kann genau dann als Summe von zwei Quadraten dargestellt werden, wenn jeder Primfaktor der Form $p = 4m+3$ in der Primfaktorzerlegung von n mit geradem Exponenten auftritt.*

■ **Beweis.** Wir nennen eine Zahl n *darstellbar*, wenn sie eine Summe von zwei Quadraten ist, das heißt, wenn $n = x^2 + y^2$ für ganzzahlige x, y ist. Der Satz folgt nun aus den folgenden fünf Tatsachen.

(1) $1 = 1^2 + 0^2$ und $2 = 1^2 + 1^2$ sind darstellbar. Jede Primzahl der Form $p = 4m + 1$ ist darstellbar.

(2) Das Produkt von zwei darstellbaren Zahlen $n_1 = x_1^2 + y_1^2$ und $n_2 = x_2^2 + y_2^2$ ist darstellbar: $n_1 n_2 = (x_1 x_2 + y_1 y_2)^2 + (x_1 y_2 - x_2 y_1)^2$.

(3) Wenn n darstellbar ist, $n = x^2 + y^2$, dann ist auch nz^2 darstellbar, wegen $nz^2 = (xz)^2 + (yz)^2$.

Die Tatsachen (1), (2) und (3) ergeben zusammen schon den „dann"-Teil des Satzes.

(4) Wenn $p = 4m + 3$ eine Primzahl ist, die eine darstellbare Zahl $n = x^2 + y^2$ teilt, dann teilt p sowohl x als auch y, und damit ist n auch durch p^2 teilbar. Wenn nämlich $x \not\equiv 0 \pmod p$ wäre, dann könnten wir ein $\overline{x}$ finden mit $x\overline{x} \equiv 1 \pmod p$, dann die Gleichung $x^2 + y^2 \equiv 0$ mit $\overline{x}^2$ multiplizieren, und damit $1 + y^2 \overline{x}^2 = 1 + (\overline{x} y)^2 \equiv 0 \pmod p$ erhalten, was für $p = 4m + 3$ nach Lemma 1 unmöglich ist.

(5) Wenn n darstellbar und durch $p = 4m + 3$ teilbar ist, dann ist n auch durch p^2 teilbar, und n/p^2 ist ebenfalls darstellbar. Dies folgt aus (4) und beendet den Beweis. □

Als eine Folgerung erhalten wir nun, dass es auch unendlich viele Primzahlen der Form $p = 4m + 1$ geben muss. Dafür betrachten wir

$$M_k = (3 \cdot 5 \cdot 7 \cdots p_k)^2 + 2^2,$$

eine Zahl, die zu $1 \pmod 4$ kongruent ist. Alle Primfaktoren dieser Zahl sind größer als p_k, und nach Teil (4) des vorherigen Beweises kann M_k keine Primfaktoren der Form $4m + 3$ haben. Also hat M_k einen Primfaktor der Form $4m + 1$, der größer ist als p_k.

Wir schließen dieses Kapitel mit zwei Bemerkungen:

- Wenn a und b zwei natürliche Zahlen sind, die keinen gemeinsamen Primfaktor haben, dann gibt es unendlich viele Primzahlen der Form $am + b$ ($m \in \mathbb{N}$) — dies ist ein berühmtes (und schwieriges) Resultat von Dirichlet.

- Es ist jedoch nicht ganz richtig, dass die Primzahlen für festes a und verschiedenes b gleich häufig sind; das stimmt nicht einmal für $a = 4$. Man stellt nämlich bei genauerer Betrachtung für sehr große m fest, dass es eine leichte, aber dennoch beständige Tendenz zu Gunsten der Primzahlen vom Typ $4m + 3$ gibt. Dieser Effekt ist als "Chebyshev's bias" („die Parteilichkeit des Herrn Tschebyschev") bekannt — siehe Rubinstein und Sarnak [3].

Literatur

[1] D. R HEATH-BROWN: *Fermat's two squares theorem,* Invariant (1984), 2-5.

[2] I. NIVEN & H. S. ZUCKERMAN: *An Introduction to the Theory of Numbers,* third edition, Wiley 1972.

[3] M. RUBINSTEIN & P. SARNAK: *Chebyshev's bias,* Experimental Mathematics **3** (1994), 173-197.

[4] A. THUE: *Et par antydninger til en taltheoretisk metode,* Kra. Vidensk. Selsk. Forh. **7** (1902), 57-75.

[5] S. WAGON: *Editor's corner: The Euclidean algorithm strikes again,* Amer. Math. Monthly **97** (1990), 125-129.

[6] D. ZAGIER: *A one-sentence proof that every prime $p \equiv 1 \pmod 4$ is a sum of two squares,* Amer. Math. Monthly **97** (1990), 144.

Jeder endliche Schiefkörper ist ein Körper

Kapitel 5

Ringe sind wichtige Strukturen in der modernen Algebra. Wenn ein Ring ein Eins-Element enthält, und jedes Element ungleich Null ein multiplikatives Inverses hat, so heißt R ein *Schiefkörper*. Das heißt, was R dann noch fehlt, um ein Körper zu sein, ist die Kommutativität der Multiplikation. Das bekannteste Beispiel eines nicht-kommutativen Schiefkörpers ist der Ring der Quaternionen, dessen Entdeckung Hamilton zugeschrieben wird. Aber, wie der Titel sagt, muss jeder solche Schiefkörper notwendigerweise unendlich viele Elemente enthalten. Wenn R endlich ist, dann erzwingen die Axiome die Kommutativität der Multiplikation.

Dieses Resultat ist heute ein Klassiker der Algebra. Herstein schreibt dazu: „Dieses Ergebnis hat die Vorstellungskraft vieler Mathematiker angeregt, weil es so unvermutet ist. Denn der Satz verknüpft zwei scheinbar zusammenhangslose Dinge, nämlich die Anzahl der Elemente in einem gewissen algebraischen System und die Multiplikation in diesem System."

Ernst Witt

Satz. *Jeder endliche Schiefkörper R ist kommutativ.*

Diesen wunderbaren Satz hat J. H. Maclagan Wedderburn im Jahr 1905 entdeckt. Wedderburn selber präsentierte drei Beweise, ein anderer wurde von Leonard E. Dickson im selben Jahr gefunden. Weitere Beweise mit einer Vielzahl von interessanten Ideen haben später Emil Artin, Hans Zassenhaus, Nicolas Bourbaki und viele andere publiziert. Ein Beweis aber sticht heraus in seiner Einfachheit und Eleganz. Er wurde von Ernst Witt 1931 veröffentlicht und verbindet elementare Überlegungen aus zwei ganz unterschiedlichen Bereichen zu einem glorreichen Finale.

■ **Beweis.** Die ersten Ideen kommen aus der Linearen Algebra. Für ein beliebiges Element $s \in R$ sei

$$C_s := \{x \in R : xs = sx\}$$

die Menge der Elemente von R, die mit s kommutieren; C_s heißt der *Zentralisator* von s. Offenbar enthält C_s die Elemente 0 und 1 und ist ein Unterschiefkörper von R. Das *Zentrum* Z ist die Menge der Elemente, die mit allen Elementen von R vertauschbar sind, das heißt

$$Z := \bigcap_{s \in R} C_s.$$

Insbesondere sind alle Elemente von Z miteinander vertauschbar, 0 und 1 sind in Z, und somit ist Z ein *endlicher Körper*. Für die Mächtigkeit von Z setzen wir $|Z| = q$. (Man kann zeigen, dass dabei q eine Primzahlpotenz sein muss.)

Wir betrachten nun R und C_s als Vektorräume über dem Körper Z und folgern, dass $|R| = q^n$ gilt, wobei n die Dimension des Vektorraumes R über Z ist, und analog $|C_s| = q^{n_s}$ für geeignete ganze Zahlen $n_s \geq 1$.

Nehmen wir nun an, R wäre kein Körper. Dies bedeutet, dass für ein *gewisses* $s \in R$ der Zentralisator C_s nicht ganz R ist, oder was dasselbe ist, dass $n_s < n$ gilt.

Auf der Menge $R^* := R \setminus \{0\}$ betrachten wir die Relation

$$r' \sim r \quad :\Longleftrightarrow \quad r' = x^{-1} r x \quad \text{für ein } x \in R^*.$$

Man überprüft leicht, dass $\sim$ eine Äquivalenzrelation ist. Wir bezeichnen mit

$$A_s := \{x^{-1} s x : x \in R^*\}$$

die Äquivalenzklasse, die s enthält. Man beachte, dass $|A_s| = 1$ genau dann gilt, wenn s im Zentrum Z liegt. Also gibt es nach unserer Voraussetzung Klassen A_s mit $|A_s| \geq 2$. Nun betrachten wir für $s \in R^*$ die Abbildung $f_s : x \longmapsto x^{-1} s x$ von R^* auf A_s. Wir berechnen

$$x^{-1} s x = y^{-1} s y \iff (yx^{-1}) s = s(yx^{-1})$$
$$\iff yx^{-1} \in C_s^* \iff y \in C_s^* x,$$

wobei $C_s^* x = \{zx : z \in C_s^*\}$ die Größe $|C_s^*|$ hat. Somit ist jedes Element $x^{-1} s x$ das Bild von genau $|C_s^*| = q^{n_s} - 1$ Elementen in R^* unter der Abbildung f_s, woraus wir $|R^*| = |A_s| |C_s^*|$ schließen. Insbesondere sehen wir daraus, dass

$$\frac{|R^*|}{|C_s^*|} = \frac{q^n - 1}{q^{n_s} - 1} = |A_s| \quad \text{für jedes } s \text{ eine } \textit{natürliche Zahl ist.}$$

Wir wissen, dass die Äquivalenzklassen die Menge R^* in disjunkte Teile zerlegen. Wir fassen die zentralen Elemente in der Menge Z^* zusammen und bezeichnen mit $A_1, \ldots, A_t$ die Äquivalenzklassen, die mehr als ein Element enthalten. Aus unserer Annahme wissen wir, dass $t \geq 1$ ist. Da $|R^*| = |Z^*| + \sum_{i=1}^{t} |A_i|$ gilt, haben wir die so genannte *Klassenformel*

$$q^n - 1 = q - 1 + \sum_{i=1}^{t} \frac{q^n - 1}{q^{n_i} - 1} \tag{1}$$

bewiesen, in der $1 < \frac{q^n - 1}{q^{n_i} - 1} \in \mathbb{N}$ für alle i gilt.

Mit (1) haben wir die Algebra verlassen und sind zurück bei den natürlichen Zahlen. Als Nächstes behaupten wir, dass aus $q^{n_i} - 1 \mid q^n - 1$ notwendigerweise $n_i \mid n$ folgt. Schreiben wir nämlich $n = an_i + r$ mit $0 \leq r < n_i$, so impliziert $q^{n_i} - 1 \mid q^{an_i+r} - 1$, dass

$$q^{n_i} - 1 \mid (q^{an_i+r} - 1) - (q^{n_i} - 1) = q^{n_i}(q^{(a-1)n_i+r} - 1)$$

und somit $q^{n_i} - 1 \mid q^{(a-1)n_i + r} - 1$ gilt, weil q^{n_i} und $q^{n_i} - 1$ relativ prim sind. Fahren wir so fort, so erhalten wir schließlich $q^{n_i} - 1 \mid q^r - 1$ mit $0 \leq r < n_i$, was nur für $r = 0$ möglich ist, das heißt, wenn $n_i \mid n$ gilt. Zusammenfassend notieren wir

$$n_i \mid n \quad \text{für alle } i. \tag{2}$$

Nun kommt der zweite Teil des Beweises: die komplexen Zahlen $\mathbb{C}$. Wir betrachten das Polynom $x^n - 1$. Die Nullstellen (in $\mathbb{C}$) dieses Polynoms heißen die *n-ten Einheitswurzeln*. Da $\lambda^n = 1$ ist, haben alle diese Wurzeln λ den Absolutbetrag $|\lambda| = 1$, liegen also auf dem Einheitskreis in der komplexen Ebene. Genauer sind die Einheitswurzeln die Zahlen $\lambda_k = e^{\frac{2k\pi i}{n}} = \cos(2k\pi/n) + i\sin(2k\pi/n)$, $0 \leq k \leq n - 1$ (siehe die Darstellung im Kasten unten).

Einige der n-ten Einheitswurzeln λ genügen einer Gleichung $\lambda^d = 1$ für ein $d < n$; zum Beispiel erfüllt für gerades n die Nullstelle $\lambda = -1$ die Gleichung $\lambda^2 = 1$. Für eine Wurzel λ bezeichnen wir mit d den kleinsten positiven Exponenten mit $\lambda^d = 1$; mit anderen Worten, d ist die Ordnung von λ in der Gruppe der Einheitswurzeln. Nach dem Satz von Lagrange gilt also $d \mid n$ („Die Ordnung jedes Elements einer Gruppe teilt die Ordnung der Gruppe" — siehe den Kasten im Kapitel 1). Offensichtlich gibt es Wurzeln der Ordnung n, zum Beispiel $\lambda_1 = e^{\frac{2\pi i}{n}}$.

Einheitswurzeln

Jede komplexe Zahl $z = x + iy$ kann in „Polarkoordinaten" als

$$z = re^{i\varphi} = r(\cos\varphi + i\sin\varphi)$$

geschrieben werden; dabei ist $r = |z| = \sqrt{x^2 + y^2}$ der Abstand von z zum Nullpunkt, und φ ist der Winkel zwischen der positiven x-Achse und z, im Gegenuhrzeigersinn gemessen. Die n-ten Einheitswurzeln sind daher von der Form

$$\lambda_k = e^{\frac{2k\pi i}{n}} = \cos(2k\pi/n) + i\sin(2k\pi/n), \qquad 0 \leq k \leq n - 1,$$

da für alle k

$$\lambda_k^n = e^{2k\pi i} = \cos(2k\pi) + i\sin(2k\pi) = 1$$

ist. Wir erhalten die Einheitswurzeln geometrisch, indem wir ein reguläres n-Eck in den Einheitskreis einbeschreiben. Man beachte, dass $\lambda_k = \zeta^k$ für alle k ist, wenn wir $\zeta = e^{\frac{2\pi i}{n}}$ setzen. Mit anderen Worten, die n-ten Einheitswurzeln bilden eine zyklische Gruppe $\{\zeta, \zeta^2, \ldots, \zeta^{n-1}, \zeta^n = 1\}$ der Ordnung n.

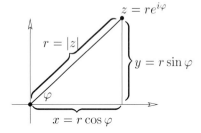

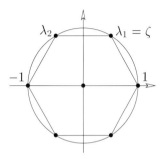

Die Einheitswurzeln für $n = 6$

$\phi_1(x) = x - 1$
$\phi_2(x) = x + 1$
$\phi_3(x) = x^2 + x + 1$
$\phi_4(x) = x^2 + 1$
$\phi_5(x) = x^4 + x^3 + x^2 + x + 1$
$\phi_6(x) = x^2 - x + 1$
$\vdots$

Nun fassen wir alle Einheitswurzeln der Ordnung d zusammen und setzen

$$\phi_d(x) := \prod_{\lambda \text{ hat Ordnung } d} (x - \lambda).$$

Man beachte, dass die Definition von $\phi_d(x)$ unabhängig von n ist. Da jede Wurzel eine gewisse Ordnung d hat, schließen wir

$$x^n - 1 = \prod_{d \mid n} \phi_d(x). \tag{3}$$

Nun kommt die entscheidende Beobachtung. Obwohl die Einheitswurzeln λ im Allgemeinen echt-komplexe Zahlen sind, gilt:

Die *Koeffizienten* jedes der Polynome $\phi_n(x)$ sind *ganze Zahlen* (das heißt, $\phi_n(x) \in \mathbb{Z}[x]$ für alle n), wobei zusätzlich der konstante Koeffizient entweder 1 oder -1 ist.

Wir wollen diese Behauptung genau verifizieren. Für $n = 1$ ist 1 die einzige Wurzel, es ist also $\phi_1(x) = x - 1$. Nun verwenden wir Induktion nach n, wobei wir als Induktionsvoraussetzung $\phi_d(x) \in \mathbb{Z}[x]$ für alle $d < n$ annehmen, und weiter, dass der konstante Koeffizient $\phi_d(x)$ gleich 1 oder -1 ist. Nach (3) gilt

$$x^n - 1 = p(x)\phi_n(x) \tag{4}$$

wobei

$$p(x) = \sum_{i=0}^{\ell} p_i x^i, \qquad \phi_n(x) = \sum_{j=0}^{n-\ell} a_j x^j,$$

mit $p_0 = 1$ oder $p_0 = -1$.

Aus $-1 = p_0 a_0$ sehen wir, dass $a_0 \in \{1, -1\}$ ist. Angenommen, wir wissen bereits, dass alle $a_0, a_1, \ldots, a_{k-1} \in \mathbb{Z}$ sind. Berechnen wir den Koeffizienten von x^k auf beiden Seiten von (4), so finden wir

$$\sum_{i=0}^{k} p_i a_{k-i} = \sum_{i=1}^{k} p_i a_{k-i} + p_0 a_k \in \mathbb{Z}.$$

Nach Voraussetzung sind alle $a_0, \ldots, a_{k-1}$ (und alle p_i) in $\mathbb{Z}$. Also müssen $p_0 a_k$ und daher alle a_k ebenfalls ganze Zahlen sein, da p_0 gleich 1 oder -1 ist.

Wir sind nun bereit für den *coup de grâce*. Es sei $n_i \mid n$ eine der Zahlen, die in (1) auftreten. Dann haben wir

$$x^n - 1 = \prod_{d \mid n} \phi_d(x) = (x^{n_i} - 1)\phi_n(x) \prod_{d \mid n, d \nmid n_i, d \neq n} \phi_d(x).$$

Also gelten in $\mathbb{Z}$ die Teilbarkeitsbeziehungen

$$\phi_n(q) \mid q^n - 1 \quad \text{und} \quad \phi_n(q) \mid \frac{q^n - 1}{q^{n_i} - 1}. \tag{5}$$

Da (5) für alle i richtig ist, folgt aus der Klassenformel (1)

$$\phi_n(q) \mid q - 1,$$

aber dies kann nicht sein! Warum nicht? Nun, es ist $\phi_n(x) = \prod(x - \lambda)$, wobei λ in dem Produkt alle Wurzeln von $x^n - 1$ der Ordnung n durchläuft. Sei $\mu = a + ib$ eine dieser Wurzeln. Aus $n > 1$ (wegen $R \neq Z$) schließen wir $\mu \neq 1$, was impliziert, dass der Realteil a kleiner als 1 ist. Nun gilt $|\mu|^2 = a^2 + b^2 = 1$, und daher

$$\begin{aligned} |q - \mu|^2 &= |q - a - ib|^2 = (q - a)^2 + b^2 \\ &= q^2 - 2aq + a^2 + b^2 = q^2 - 2aq + 1 \\ &> q^2 - 2q + 1 \qquad \text{(wegen } a < 1\text{)} \\ &= (q - 1)^2, \end{aligned}$$

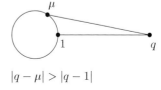

$|q - \mu| > |q - 1|$

das heißt, $|q - \mu| > q - 1$ gilt für *alle* Wurzeln der Ordnung n. Und hier kommt der Clou:

$$|\phi_n(q)| = \prod_\lambda |q - \lambda| > q - 1,$$

was bedeutet, dass $\phi_n(q)$ kein Teiler von $q - 1$ sein kann: Widerspruch und Ende des Beweises. □

Literatur

[1] L. E. DICKSON: *On finite algebras,* Nachrichten der Akad. Wissenschaften Göttingen Math.-Phys. Klasse (1905), 1-36; Collected Mathematical Papers Vol. III, Chelsea Publ. Comp, The Bronx, NY 1975, 539-574.

[2] I. N. HERSTEIN: *Algebra,* Physik Verlag, Weinheim 1978.

[3] J. H. M. WEDDERBURN: *A theorem on finite algebras,* Trans. Amer. Math. Soc. **6** (1905), 349-352.

[4] E. WITT: *Über die Kommutativität endlicher Schiefkörper,* Abh. Math. Sem. Univ. Hamburg **8** (1931), 413.

Einige irrationale Zahlen — Kapitel 6

> „π ist irrational"

Dies geht auf Aristoteles zurück, der behauptet haben soll, dass Durchmesser und Umfang eines Kreises nicht kommensurabel seien. Der erste Beweis wurde 1766 von Johann Heinrich Lambert gegeben. Im BUCH findet sich jedoch das Datum 1947: ein extrem eleganter Ein-Seiten-Beweis von Ivan Niven, für den man nur elementare Analysis braucht. Man kann aber noch viel mehr aus seiner Methode herausholen, wie Iwamoto bzw. Koksma gezeigt haben:

- π^2 it irrational (dies ist ein stärkeres Resultat!) und
- e^r ist irrational für rationales $r \neq 0$.

Die Methode von Niven hat jedoch ihre Wurzeln und Vorgänger: Die historische Spur führt zu einem klassischen Aufsatz aus dem Jahr 1873 von Charles Hermite, der als erster bewiesen hat, dass e sogar transzendent ist, das heißt, dass e nicht Nullstelle eines Polynoms mit ganzzahligen Koeffizienten ist.

Charles Hermite

Es ist leicht zu sehen, dass $e = \sum_{k \geq 0} \frac{1}{k!}$ irrational ist. Aus $e = \frac{a}{b}$ (für ganze Zahlen $a, b > 0$) würde nämlich folgen, dass

$$N := n!\Big(e - \sum_{k=0}^{n} \frac{1}{k!}\Big)$$

$$e := 1 + \tfrac{1}{2} + \tfrac{1}{6} + \tfrac{1}{24} + \ldots$$
$$= 2{,}718281828\ldots$$

für alle $n \geq b$ eine ganze Zahl ist, weil dann $n!e$ und $\frac{n!}{k!}$ (für $0 \leq k \leq n$) ganze Zahlen sind. Die ganze Zahl N kann aber auch als

$$N = \sum_{k \geq n+1} \frac{n!}{k!} = \frac{1}{n+1} + \frac{1}{(n+1)(n+2)} + \ldots$$

geschrieben werden. Damit können wir N mit einer geometrischen Reihe vergleichen und erhalten

$$0 < N < \frac{1}{n+1} + \frac{1}{(n+1)^2} + \ldots = \frac{1}{n},$$

was für eine ganze Zahl N natürlich unmöglich ist.

Geometrische Reihen

Für eine geometrische Reihe
$$Q = \tfrac{1}{q} + \tfrac{1}{q^2} + \tfrac{1}{q^3} + \ldots$$
mit $q > 1$ gilt offenbar
$$qQ = 1 + \tfrac{1}{q} + \tfrac{1}{q^2} + \ldots = 1 + Q$$
und damit
$$Q = \frac{1}{q-1}.$$

Dieser einfache Beweistrick für e reicht allerdings nicht einmal aus, um zu zeigen, dass e^2 irrational ist. Dafür verwenden wir eine andere Methode — die im wesentlichen auf Charles Hermite zurückgeht — und für die der Schlüssel im folgenden Lemma verborgen liegt.

Lemma. *Für ein festes $n \geq 1$ sei*

$$f(x) \; := \; \frac{x^n(1-x)^n}{n!}.$$

(i) *Die Funktion $f(x)$ ist ein Polynom der Form* $\; f(x) = \dfrac{1}{n!}\sum_{i=n}^{2n} c_i x^i$, *dessen Koeffizienten c_i ganze Zahlen sind.*

(ii) *Für $0 < x < 1$ ist $0 < f(x) < \frac{1}{n!}$.*

(iii) *Die Ableitungen $f^{(k)}(0)$ und $f^{(k)}(1)$ sind ganze Zahlen, für alle $k \geq 0$.*

■ **Beweis.** Teile (i) und (ii) sind klar.
Zu (iii) bemerken wir, dass wegen (i) die k-te Ableitung $f^{(k)}(x)$ an der Stelle $x = 0$ für $n \leq k \leq 2n$ eine ganze Zahl ist, nämlich $f^{(k)}(0) = \frac{k!}{n!}c_k$, und dass $f^{(k)}(0)$ verschwindet, wenn k nicht im Intervall $n \leq k \leq 2n$ liegt. Aus $f(x) = f(1-x)$ erhalten wir $f^{(k)}(x) = (-1)^k f^{(k)}(1-x)$ für alle x, und deshalb ist $f^{(k)}(1) = (-1)^k f^{(k)}(0)$ auch eine ganze Zahl. □

Satz 1. *e^r ist für alle $r \in \mathbb{Q}\setminus\{0\}$ irrational.*

Die Abschätzung $n! > e(\frac{n}{e})^n$ liefert ein explizites n, das „groß genug" ist.

■ **Beweis.** Es reicht zu zeigen, dass e^s für positives ganzzahliges s nicht rational sein kann: wenn $e^{\frac{s}{t}}$ rational wäre, dann wäre $\left(e^{\frac{s}{t}}\right)^t = e^s$ auch rational. Sei nun $e^s = \frac{a}{b}$ für ganze Zahlen $a, b > 0$, und sei n so groß, dass $n! > as^{2n+1}$ ist. Wir setzen

$$F(x) \; := \; s^{2n}f(x) - s^{2n-1}f'(x) + s^{2n-2}f''(x) \mp \ldots + f^{(2n)}(x),$$

wobei $f(x)$ die Hilfsfunktion aus dem Lemma ist. $F(x)$ kann auch als

$$F(x) \; = \; s^{2n}f(x) - s^{2n-1}f'(x) + s^{2n-2}f''(x) \mp \ldots$$

geschrieben werden, weil die höheren Ableitungen $f^{(k)}(x)$ für $k > 2n$ verschwinden. Daran sehen wir, dass das Polynom $F(x)$ die Gleichung

$$F'(x) \; = \; -sF(x) + s^{2n+1}f(x)$$

erfüllt. Die Produktregel für Ableitungen liefert deshalb

$$\frac{d}{dx}\left[e^{sx}F(x)\right] \; = \; se^{sx}F(x) + e^{sx}F'(x) \; = \; s^{2n+1}e^{sx}f(x)$$

und damit

$$N \; := \; b\int_0^1 s^{2n+1}e^{sx}f(x)dx \; = \; b\Big[e^{sx}F(x)\Big]_0^1 \; = \; aF(1) - bF(0).$$

Dieses N ist eine ganze Zahl, weil wegen Teil (iii) des Lemmas $F(0)$ und $F(1)$ ganze Zahlen sind. Aus Teil (ii) des Lemmas erhalten wir aber Abschätzungen von N nach unten und nach oben,

$$0 \;<\; N \;=\; b\int_0^1 s^{2n+1}e^{sx}f(x)dx \;<\; bs^{2n+1}e^s\frac{1}{n!} \;=\; \frac{as^{2n+1}}{n!} \;<\; 1,$$

und dies zeigt, dass N keine ganze Zahl sein kann: Widerspruch. □

Da dieser Trick so erfolgreich war, wollen wir ihn gleich noch einmal verwenden.

Satz 2. π^2 *ist irrational.*

■ **Beweis.** Wir nehmen an, dass $\pi^2 = \frac{a}{b}$ ist, für ganze Zahlen $a, b > 0$. Diesmal verwenden wir das Polynom

$$F(x) \;:=\; b^n\Big(\pi^{2n}f(x) - \pi^{2n-2}f^{(2)}(x) + \pi^{2n-4}f^{(4)}(x) \mp \cdots\Big),$$

das $F''(x) = -\pi^2 F(x) + b^n\pi^{2n+2}f(x)$ erfüllt.

Mit Teil (iii) des Lemmas sehen wir, dass $F(0)$ und $F(1)$ ganze Zahlen sind.

Die üblichen Differentiationsregeln liefern

$$\begin{aligned}
\frac{d}{dx}\big[F'(x)\sin\pi x - \pi F(x)\cos\pi x\big] &= \big(F''(x) + \pi^2 F(x)\big)\sin\pi x \\
&= b^n\pi^{2n+2}f(x)\sin\pi x \\
&= \pi^2 a^n f(x)\sin\pi x,
\end{aligned}$$

und damit erhalten wir, dass

$$\begin{aligned}
N \;:=\; \pi\int_0^1 a^n f(x)\sin\pi x\,dx &= \Big[\frac{1}{\pi}F'(x)\sin\pi x - F(x)\cos\pi x\Big]_0^1 \\
&= F(0) + F(1)
\end{aligned}$$

ebenfalls eine ganze Zahl ist. Weiterhin ist N positiv, weil es als Integral über eine Funktion definiert wurde, die positiv ist (außer am Rand des Integrationsbereichs). Wenn wir jedoch n so groß wählen, dass $\frac{\pi a^n}{n!} < 1$ ist, dann liefert uns Teil (ii) des Lemmas

$$0 \;<\; N \;=\; \pi\int_0^1 a^n f(x)\sin\pi x\,dx \;<\; \frac{\pi a^n}{n!} \;<\; 1,$$

Widerspruch. □

Dieser Satz beweist, in Verbindung mit dem folgenden klassischen Resultat von Euler, dass der Wert

$$\zeta(2) \;=\; \sum_{n\geq 1}\frac{1}{n^2}$$

der Riemannschen Zeta-Funktion irrational ist. (Die Zeta-Funktion wird im Anhang auf Seite 42 diskutiert.)

π ist nicht rational, aber es gibt für π „gute Approximationen" durch Brüche — einige von diesen sind schon seit der Antike bekannt:

$\frac{22}{7} = 3{,}142857142857\ldots$

$\frac{355}{113} = 3{,}141592920353\ldots$

$\frac{104348}{33215} = 3{,}141592653921\ldots$

$\pi = 3{,}141592653589\ldots$

Satz 3. $\sum_{n\geq 1} \dfrac{1}{n^2} = \dfrac{\pi^2}{6}$.

■ **Beweis.** Der folgende Beweis — von Tom Apostol — besteht aus zwei verschiedenen Auswertungen des Doppelintegrals

$$I := \int_0^1 \int_0^1 \frac{1}{1-xy}\, dx\, dy.$$

Für die erste Auswertung entwickeln wir $\frac{1}{1-xy}$ in eine geometrische Reihe, vertauschen Integration und Summation, zerlegen die Summanden in Produkte, und integrieren ganz mühelos:

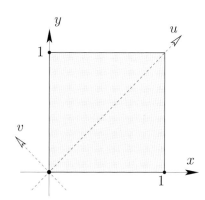

$$\begin{aligned}
I &= \int_0^1 \int_0^1 \sum_{n\geq 0} (xy)^n \, dx\, dy = \sum_{n\geq 0} \int_0^1 \int_0^1 x^n y^n \, dx\, dy \\
&= \sum_{n\geq 0} \left(\int_0^1 x^n dx \right) \left(\int_0^1 y^n dy \right) = \sum_{n\geq 0} \frac{1}{n+1} \frac{1}{n+1} \\
&= \sum_{n\geq 0} \frac{1}{(n+1)^2} = \sum_{n\geq 1} \frac{1}{n^2} = \zeta(2).
\end{aligned}$$

Diese Auswertung zeigt auch, dass das Doppelintegral (über eine positive Funktion mit einem Pol bei $x = y = 1$) endlich ist. Die ganze Rechnung ist übrigens auch ganz einfach und naheliegend, wenn man sie rückwärts liest — damit führt die Auswertung von $\zeta(2)$ auf das Doppelintegral I.

Die zweite Methode zur Auswertung von I basiert auf einem Koordinatenwechsel: In den neuen Koordinaten, die durch

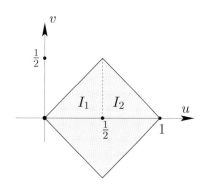

$$u := \frac{y+x}{2} \qquad \text{und} \qquad v := \frac{y-x}{2}$$

gegeben sind, ist der Integrationsbereich ein Quadrat der Kantenlänge $\frac{1}{2}\sqrt{2}$, das wir aus dem alten Integrationsbereich bekommen, indem wir erst eine Rotation um $45°$ und dann eine Verkleinerung um den Faktor $\sqrt{2}$ durchführen. Die Substitution von $x = u - v$ und $y = u + v$ liefert

$$\frac{1}{1-xy} = \frac{1}{1-u^2+v^2}.$$

Um das Integral zu transformieren, müssen wir $dx\, dy$ durch $2\, du\, dv$ ersetzen, wobei der Faktor 2, der hier auftritt, die Flächenverkleinerung durch unsere Koordinatentransformation kompensiert. (Er ist auch die Jacobi-Determinante der Transformation; siehe den Kasten auf der nächsten Seite.) Der neue Integrationsbereich, und die Funktion, die wir integrieren sollen, sind beide symmetrisch in Bezug auf die u-Achse, also brauchen wir nur zweimal das Integral über die obere Hälfte des Bereichs berechnen (dabei tritt ein weiterer Faktor 2 auf!), den wir dann auf naheliegende Weise in zwei Teile aufteilen:

$$I = 4\int_0^{1/2}\left(\int_0^u \frac{dv}{1-u^2+v^2}\right)du + 4\int_{1/2}^1\left(\int_0^{1-u}\frac{dv}{1-u^2+v^2}\right)du.$$

Mit $\int \frac{dx}{a^2+x^2} = \frac{1}{a}\arctan\frac{x}{a} + C$ wird daraus

$$I = 4\int_0^{1/2} \frac{1}{\sqrt{1-u^2}}\arctan\left(\frac{u}{\sqrt{1-u^2}}\right)du$$
$$+ 4\int_{1/2}^1 \frac{1}{\sqrt{1-u^2}}\arctan\left(\frac{1-u}{\sqrt{1-u^2}}\right)du.$$

Diese Ausdrücke kann man aber vereinfachen: Die arctan-Werte, die unter den Integralen auftauchen, sind Winkel θ im Bereich $0 \leq \theta \leq \pi/2$. Wenn nun $u = \sin\theta$ ist, dann ist $\sqrt{1-u^2} = \cos\theta$, und damit $\frac{u}{\sqrt{1-u^2}} = \tan\theta$. Entsprechend erhalten wir für $u = \cos\theta$, dass $1-u = 1-\cos\theta = 2\sin^2\frac{\theta}{2}$ und $\sqrt{1-u^2} = \sin\theta = 2\cos\frac{\theta}{2}\sin\frac{\theta}{2}$ ist, und somit $\frac{1-u}{\sqrt{1-u^2}} = \tan\frac{\theta}{2}$. Damit schlagen wir zwei Fliegen mit derselben Klappe: Einerseits vereinfachen sich die Integrale, die wir berechnen müssen, zu

$$I = 4\int_0^{1/2}\frac{\arcsin u}{\sqrt{1-u^2}}du + 4\int_{1/2}^1 \frac{\frac{1}{2}\arccos u}{\sqrt{1-u^2}}du,$$

und gleichzeitig legt dies Substitutionen nahe, mit denen man die Integrale ganz einfach ausrechnen kann. Für das erste Integral setzen wir nämlich $u = \sin\theta$, mit $du = \cos\theta\,d\theta$, wobei das Intervall $0 \leq u \leq \frac{1}{2}$ sich in $0 \leq \theta \leq \pi/6$ übersetzt. Für das zweite Integral setzen wir $u = \cos\theta$ mit $du = -\sin\theta\,d\theta$, und das Intervall $\frac{1}{2} \leq u \leq 1$ wird dabei auf $\pi/3 \geq \theta \geq 0$ transformiert. Also erhalten wir

$$I = 4\int_0^{\pi/6} \frac{\theta}{\cos\theta}\cos\theta\,d\theta + 2\int_0^{\pi/3}\frac{\theta}{\sin\theta}\sin\theta\,d\theta$$
$$= 4\left[\tfrac{1}{2}\theta^2\right]_0^{\pi/6} + 2\left[\tfrac{1}{2}\theta^2\right]_0^{\pi/3}$$
$$= 2\frac{\pi^2}{36} + \frac{\pi^2}{9} = \frac{\pi^2}{6}. \qquad \square$$

Die Substitutionsformel

Wir wollen ein Doppelintegral

$$I = \int_S f(x,y)\,dx\,dy$$

berechnen. Dazu führen wir eine Variablensubstitution

$$x = x(u,v) \quad y = y(u,v)$$

durch, wobei die Zuordnung von $(u,v) \in T$ zu $(x,y) \in S$ bijektiv und stetig differenzierbar sein muss. Dann ist das Integral I gleich

$$\int_T f(x(u,v),y(u,v))\frac{d(x,y)}{d(u,v)}du\,dv,$$

wobei $\frac{d(x,y)}{d(u,v)}$ die Jacobi-Determinante ist:

$$\frac{d(x,y)}{d(u,v)} = \det\begin{pmatrix}\frac{dx}{du} & \frac{dx}{dv} \\ \frac{dy}{du} & \frac{dy}{dv}\end{pmatrix}.$$

In Apostols Beweis ergibt sich der Wert von $\zeta(2)$ aus einem Integral mit einer ziemlich einfachen Koordinatentransformation. Eine besonders geniale Version eines solches Beweises — mit einer ausgesprochen nicht-trivialen Koordinatentransformation — wurde später von Beukers, Calabi und Kolk gefunden. Ihr Ausgangspunkt ist eine Aufteilung der Summe $\sum_{n\geq 1} \frac{1}{n^2}$ in die geraden und die ungeraden Terme. Offenbar ist die Summe der geraden Terme $\frac{1}{2^2} + \frac{1}{4^2} + \frac{1}{6^2} + \ldots = \sum_{k\geq 1} \frac{1}{(2k)^2}$ genau $\frac{1}{4}\zeta(2)$, so dass die ungeraden Terme $\frac{1}{1^2} + \frac{1}{3^2} + \frac{1}{5^2} + \ldots = \sum_{k\geq 0} \frac{1}{(2k+1)^2}$ genau drei Viertel der Gesamtsumme $\frac{\pi^2}{6}$ ausmachen. Damit ist Satz 3 äquivalent zu

Satz 3'. $\sum_{k\geq 0} \dfrac{1}{(2k+1)^2} = \dfrac{\pi^2}{8}.$

■ **Beweis.** Wie oben können wir diese Summe als ein Doppelintegral ausdrücken, nämlich

$$J = \int_0^1 \int_0^1 \frac{1}{1-x^2y^2}\, dx\, dy = \sum_{k\geq 0} \frac{1}{(2k+1)^2}.$$

Jetzt müssen wir also das Integral J ausrechnen. Und dafür schlagen uns Beukers, Calabi und Kolk die folgenden neuen Koordinaten vor:

$$u := \arccos\sqrt{\frac{1-x^2}{1-x^2y^2}} \qquad v := \arccos\sqrt{\frac{1-y^2}{1-x^2y^2}}.$$

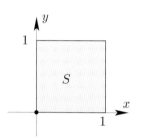

Um das Doppelintegral zu berechnen, können wir den Rand des Integrationsbereichs ignorieren, betrachten also x,y im Bereich $0 < x < 1$ und $0 < y < 1$. Damit liegen dann u,v in dem Dreieck $u > 0$, $v > 0$, $u + v < \pi/2$. Die Koordinatentransformation kann explizit invertiert werden, und dies liefert die Substitutionen

$$x = \frac{\sin u}{\cos v} \quad \text{und} \quad y = \frac{\sin v}{\cos u}.$$

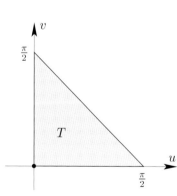

Nun kann man ganz leicht überprüfen, dass diese Formeln eine bijektive Koordinatentransformation zwischen dem Inneren des Einheitsquadrats $S = \{(x,y) : 0 \leq x,y \leq 1\}$ und dem Inneren des Dreiecks $T = \{(u,v) : u,v \geq 0,\ u+v \leq \pi/2\}$ definieren.

Jetzt müssen wir die Jacobi-Determinante der Koordinatentransformation berechnen, und wie durch ein Wunder erhält man

$$\det\begin{pmatrix} \frac{\cos u}{\cos v} & \frac{\sin u \sin v}{\cos^2 v} \\ \frac{\sin u \sin v}{\cos^2 u} & \frac{\cos v}{\cos u} \end{pmatrix} = 1 - \frac{\sin^2 u \sin^2 v}{\cos^2 u \cos^2 v} = 1 - x^2 y^2.$$

Dies heißt aber, dass sich das zu berechnende Integral zu

$$J = \int_0^{\pi/2} \int_0^{\pi/2 - v} 1\, du\, dv$$

vereinfacht, und das ist einfach die Fläche $\frac{\pi^2}{8}$ des Dreiecks T. □

Wunderschön — umso mehr, als dieselbe Beweismethode auch zur Berechnung von $\zeta(2k)$ durch ein $2k$-dimensionales Integral verwendet werden kann, für alle $k \geq 1$. Wir verweisen dabei auf den Originalaufsatz von Beuker, Kolk & Calabi und/oder auf Kapitel 19, wo wir dies auf anderem Wege durchführen werden, mit Hilfe des Herglotz-Tricks und Eulers ursprünglichem Vorgehen.

Trotz aller Begeisterung für diese Analysis-Beweise: Vergleichen Sie sie mit dem folgenden, ganz anderen Beweis für die Formel $\sum_{n\geq 1} \frac{1}{n^2} = \frac{\pi^2}{6}$. Er ist völlig elementar, und er liefert uns sogar eine Abschätzung für die Geschwindigkeit, mit der $\sum_{n=1}^m \frac{1}{n^2}$ gegen $\frac{\pi^2}{6}$ konvergiert.

Sein Ursprung ist nicht ganz klar. John Scholes schrieb uns, der Beweis sei zu seiner Studentenzeit (in Cambridge in den späten Sechziger Jahren) „allgemein bekannt" gewesen. Er erschien 1982 in der Zeitschrift *Eureka* des Studenten-Matheclubs von Cambridge, den "Archimedeans", wo er John Scholes zugeschrieben wurde. Aber der schrieb uns: „Vermutlich habe ich den Beweis, zumindest als Skizze (die Details musste man schon selber ergänzen) von Peter Swinnerton-Dyer gehört, aber der würde vermutlich behaupten, er habe ihn von irgendjemand anderem gehört."

■ **Beweis.** Der erste Schritt besteht in einer bemerkenswerten Relation zwischen Werten der quadrierten Kotangens-Funktion. Es gilt nämlich für alle $m \geq 1$

$$\cot^2\left(\tfrac{\pi}{2m+1}\right) + \cot^2\left(\tfrac{2\pi}{2m+1}\right) + \ldots + \cot^2\left(\tfrac{m\pi}{2m+1}\right) \;=\; \tfrac{2m(2m-1)}{6}. \quad (1)$$

Für $m = 1, 2, 3$ liefert dies
$\cot^2 \tfrac{\pi}{3} = \tfrac{1}{3}$
$\cot^2 \tfrac{\pi}{5} + \cot^2 \tfrac{2\pi}{5} = 2$
$\cot^2 \tfrac{\pi}{7} + \cot^2 \tfrac{2\pi}{7} + \cot^2 \tfrac{3\pi}{7} = 5$

Um dies zu beweisen, beginnen wir mit der Relation

$$\cos nx + i\sin nx \;=\; (\cos x + i\sin x)^n$$

und nehmen ihren Imaginärteil,

$$\sin nx \;=\; \binom{n}{1}\sin x \cos^{n-1} x - \binom{n}{3}\sin^3 x \cos^{n-3} x \pm \ldots \quad (2)$$

Nun setzen wir $n = 2m+1$, während wir für x die m verschiedenen Werte $x = \frac{r\pi}{2m+1}$ betrachten, $r = 1, 2, \ldots, m$. Für jeden dieser Werte gilt $nx = r\pi$ und damit $\sin nx = 0$, während $0 < x < \frac{\pi}{2}$ impliziert, dass wir für $\sin x$ wirklich m verschiedene positive Werte erhalten.
Jetzt teilen wir (2) durch $\sin^n x$, und erhalten

$$0 \;=\; \binom{n}{1}\cot^{n-1} x - \binom{n}{3}\cot^{n-3} x \pm \ldots,$$

also

$$0 \;=\; \binom{2m+1}{1}\cot^{2m} x - \binom{2m+1}{3}\cot^{2m-2} x \pm \ldots,$$

für jeden der m verschiedenen Werte von x. Damit kennen wir von dem

Polynom vom Grad m

$$p(t) := \binom{2m+1}{1}t^m - \binom{2m+1}{3}t^{m-1} \pm \ldots + (-1)^m \binom{2m+1}{2m+1}$$

die m verschiedenen Wurzeln

$$a_r = \cot^2\left(\tfrac{r\pi}{2m+1}\right) \quad \text{für} \quad r = 1, 2, \ldots, m.$$

Also ist das Polynom identisch mit dem Polynom

$$p(t) = \binom{2m+1}{1}\left(t - \cot^2\left(\tfrac{\pi}{2m+1}\right)\right) \cdot \ldots \cdot \left(t - \cot^2\left(\tfrac{m\pi}{2m+1}\right)\right).$$

Vergleich der Koeffizienten von t^{m-1} in $p(t)$ liefert nun, dass die Summe der Wurzeln

Koeffizientenvergleich:
Für $p(t) = c(t-a_1)\cdots(t-a_m)$ ist der Koeffizient von t^{m-1} gleich $-c(a_1 + \ldots + a_m)$.

$$a_1 + \ldots + a_r = \frac{\binom{2m+1}{3}}{\binom{2m+1}{1}} = \frac{2m(2m-1)}{6}$$

ist, womit (1) bewiesen ist.

Wir brauchen noch eine zweite Gleichung vom selben Typ,

$$\csc^2\left(\tfrac{\pi}{2m+1}\right) + \csc^2\left(\tfrac{2\pi}{2m+1}\right) + \ldots + \csc^2\left(\tfrac{m\pi}{2m+1}\right) = \frac{2m(2m+2)}{6}, \quad (3)$$

für die Kosekans-Funktion $\csc x = \frac{1}{\sin x}$. Aber mit

$$\csc^2 x = \frac{1}{\sin^2 x} = \frac{\cos^2 x + \sin^2 x}{\sin^2 x} = \cot^2 x + 1,$$

können wir (3) aus (1) ableiten, indem wir zu beiden Seiten der Gleichung m addieren.

Damit ist die Bühne bereit, und alles weitere geht fast von selbst. Wir verwenden, dass im Bereich $0 < y < \tfrac{\pi}{2}$ die Beziehung

$$0 < \sin y < y < \tan y$$

gilt, und damit

Aus $0 < a < b < c$
folgt
$0 < \tfrac{1}{c} < \tfrac{1}{b} < \tfrac{1}{a}$

$$0 < \cot y < \frac{1}{y} < \csc y,$$

woraus

$$\cot^2 y < \frac{1}{y^2} < \csc^2 y$$

folgt. Diese doppelte Ungleichung wenden wir jetzt auf jeden der m verschiedenen Werte von x an, und addieren die Ergebnisse. Wir verwenden (1) für die linke Seite und (3) für die rechte Seite und erhalten damit

$$\tfrac{2m(2m-1)}{6} < \left(\tfrac{2m+1}{\pi}\right)^2 + \left(\tfrac{2m+1}{2\pi}\right)^2 + \ldots + \left(\tfrac{2m+1}{m\pi}\right)^2 < \tfrac{2m(2m+2)}{6},$$

das heißt,

$$\tfrac{\pi^2}{6}\tfrac{2m}{2m+1}\tfrac{2m-1}{2m+1} < \tfrac{1}{1^2} + \tfrac{1}{2^2} + \ldots + \tfrac{1}{m^2} < \tfrac{\pi^2}{6}\tfrac{2m}{2m+1}\tfrac{2m+2}{2m+1}.$$

Sowohl die linke als auch die rechte Seite konvergiert für $m \longrightarrow \infty$ gegen $\tfrac{\pi^2}{6}$: Ende des Beweises. □

Einige irrationale Zahlen

Nun kommt unser letztes Irrationalitäts-Resultat.

Satz 4. *Für jedes ungerade $n \geq 3$ ist die Zahl*

$$A(n) := \frac{1}{\pi} \arccos\left(\frac{1}{\sqrt{n}}\right)$$

irrational.

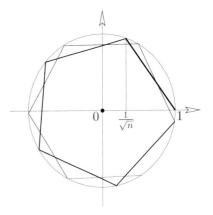

Wir brauchen dieses Resultat für das dritte Hilbertsche Problem (in Kapitel 7) für $n = 3$ und $n = 9$. Nun ist $A(2) = \frac{1}{4}$ und $A(4) = \frac{1}{3}$, die Einschränkung auf ungerade ganze Zahlen ist also wichtig. Diese Werte leitet man leicht geometrisch her. In der Skizze auf dem Rand ist dabei die Aussage „$\frac{1}{\pi} \arccos\left(\frac{1}{\sqrt{n}}\right)$ ist irrational" äquivalent dazu, dass sich der unendliche Polygonzug, den man aus $\frac{1}{\sqrt{n}}$ konstruiert, und für den alle Sehnen die gleiche Länge haben, nie schließt.

Wir überlassen es dem Leser zu zeigen, dass $A(n)$ *nur* für $n \in \{1, 2, 4\}$ rational ist. Dafür unterscheidet man die Fälle wenn $n = 2^r$ ist bzw. wenn n keine Zweierpotenz ist.

■ **Beweis.** Wir verwenden das Additionstheorem

$$\cos\alpha + \cos\beta = 2\cos\frac{\alpha+\beta}{2}\cos\frac{\alpha-\beta}{2},$$

das für $\alpha = (k+1)\varphi$ und $\beta = (k-1)\varphi$

$$\cos(k+1)\varphi = 2\cos\varphi\cos k\varphi - \cos(k-1)\varphi \qquad (4)$$

liefert.

Für den Winkel $\varphi_n = \arccos(\frac{1}{\sqrt{n}})$, der durch $\cos\varphi_n = \frac{1}{\sqrt{n}}$ und $0 \leq \varphi_n \leq \pi$ definiert ist, folgt daraus für alle $k \geq 0$ eine Darstellung der Form

$$\cos k\varphi_n = \frac{A_k}{\sqrt{n}^k},$$

wobei A_k eine ganze Zahl ist, die nicht durch n teilbar ist. Wir haben nämlich eine solche Darstellung für $k = 0, 1$ mit $A_0 = A_1 = 1$, und aus (4) und Induktion über k erhalten wir für $k \geq 1$

$$\cos(k+1)\varphi_n = 2\frac{1}{\sqrt{n}}\frac{A_k}{\sqrt{n}^k} - \frac{A_{k-1}}{\sqrt{n}^{k-1}} = \frac{2A_k - nA_{k-1}}{\sqrt{n}^{k+1}}.$$

Insbesondere zeigt dies, dass $A_{k+1} = 2A_k - nA_{k-1}$ gilt. Da nun $n \geq 3$ ungerade ist, und A_k nicht durch n teilbar ist, folgt, dass auch A_{k+1} nicht durch n teilbar sein kann.

Nun nehmen wir an, dass

$$A(n) = \frac{1}{\pi}\varphi_n = \frac{k}{\ell}$$

rational ist (mit ganzen Zahlen $k, \ell > 0$). Dann liefert $\ell\varphi_n = k\pi$

$$\pm 1 \;=\; \cos k\pi \;=\; \frac{A_\ell}{\sqrt{n}^\ell}.$$

Damit ist $\sqrt{n}^\ell = \pm A_\ell$ eine ganze Zahl mit $\ell \geq 2$, und deshalb ist n ein Teiler von $\sqrt{n}^\ell$. Mit $\sqrt{n}^\ell \mid A_\ell$ erhalten wir, dass n ein Teiler von A_ℓ ist, Widerspruch. □

Anhang: Die Riemannsche Zeta-Funktion

Die *Riemannsche Zeta-Funktion* $\zeta(s)$ definiert man für reelle $s > 1$ durch

$$\zeta(s) \;:=\; \sum_{n \geq 1} \frac{1}{n^s}.$$

Unsere Abschätzungen für H_n (siehe Seite 11) zeigen, dass die Reihe für $\zeta(1)$ divergiert, aber für jedes reelle $s > 1$ konvergiert sie. Die Zeta-Funktion hat eine kanonische Fortsetzung auf die gesamte komplexe Ebene (mit einem einfachen Pol bei $s = 1$), die mit Hilfe von Potenzreihenentwicklungen konstruiert werden kann. Die so erhaltene komplexe Funktion ist für die Theorie der Primzahlen extrem wichtig. Drei verschiedene Aspekte seien hier erwähnt:

(1) Die bemerkenswerte Gleichung

$$\zeta(s) \;=\; \prod_{p} \frac{1}{1 - p^{-s}}$$

von Euler drückt aus, dass jede natürliche Zahl eine eindeutige (!) Zerlegung in Primfaktoren hat; mit dieser grundlegenden Tatsache lässt sie sich leicht aus der geometrischen Reihenentwicklung

$$\frac{1}{1 - p^{-s}} \;=\; 1 + \frac{1}{p^s} + \frac{1}{p^{2s}} + \frac{1}{p^{3s}} + \dots$$

ableiten.

(2) Die Lage der komplexen Nullstellen der Zeta-Funktion ist Gegenstand der „Riemannschen Vermutung", eines der berühmtesten und wichtigsten ungelösten Probleme der gesamten Mathematik. Sie besagt, dass alle nicht-trivialen Nullstellen $s \in \mathbb{C}$ der Zeta-Funktion den Realteil $\tfrac{1}{2}$ haben,

$$\mathrm{Re}(s) \;=\; \frac{1}{2}.$$

(Die Zeta-Funktion $\zeta(s)$ verschwindet für alle negativen geraden ganzen Zahlen s, die man auch die „trivialen Nullstellen" nennt.)

Vor kurzem hat Jeff Lagarias gezeigt, dass die Riemannsche Vermutung bemerkenswerterweise zu der folgenden völlig elementaren Aussage äquivalent ist: für alle $n \geq 2$ ist

$$\sum_{d \mid n} d \;<\; H_n + \exp(H_n) \log(H_n),$$

wobei H_n wieder die n-te harmonische Zahl bezeichnet.

(3) Man weiß seit langem, dass $\zeta(s)$ ein rationales Vielfaches von π^s und demnach irrational ist, wenn s eine *gerade* ganze Zahl $s \geq 2$ ist, siehe Kapitel 19. Hier haben wir drei BUCH-Beweise für $\zeta(2) = \frac{\pi^2}{6}$ dargestellt, eine berühmte Gleichung von Euler aus dem Jahre 1734. Im Gegensatz dazu wurde die Irrationalität von $\zeta(3)$ erst 1979 von Apéry bewiesen (wir verweisen auf die spannende Darstellung in [8]). Trotz größter Anstrengungen ist das Bild in Bezug auf $\zeta(s)$ für die ungeraden Zahlen $s = 2t + 1 \geq 5$ ziemlich unvollständig. Aber es gibt Fortschritte: ein Aufsatz von Rivoal aus dem Jahr 2000 zeigt immerhin, dass unendlich viele der Werte $\zeta(2t+1)$ irrational sind.

Literatur

[1] T. M. APOSTOL: *A proof that Euler missed: Evaluating $\zeta(2)$ the easy way*, Math. Intelligencer **5** (1983), 59-60.

[2] F. BEUKERS, J. A. C. KOLK & E. CALABI: *Sums of generalized harmonic series and volumes*, Neiuw Archief voor Wiskunde (3) **11** (1993), 217-224.

[3] C. HERMITE: *Sur la fonction exponentielle*, Comptes rendus de l'Académie des Sciences (Paris) **77** (1873), 18-24; Œuvres de Charles Hermite, Vol. III, Gauthier-Villars, Paris 1912, 150-181.

[4] Y. IWAMOTO: *A proof that π^2 is irrational*, J. Osaka Institute of Science and Technology **1** (1949), 147-148.

[5] J. F. KOKSMA: *On Niven's proof that π is irrational*, Nieuw Archiv Wiskunde (2) **23** (1949), 39.

[6] J. C. LAGARIAS: *An elementary problem equivalent to the Riemann hypothesis*, Preprint arXiv:math.NT/0008177~v2, May 2001, 9 pages.

[7] I. NIVEN: *A simple proof that π is irrational*, Bulletin Amer. Math. Soc. **53** (1947), 509.

[8] A. VAN DER PORTEN: *A proof that Euler missed ... Apéry's proof of the irrationality of $\zeta(3)$. An informal report*, Math. Intelligencer **1** (1979), 195-203.

[9] T. J. RANSFORD: *An elementary proof of $\sum_1^\infty \frac{1}{n^2} = \frac{\pi^2}{6}$*, Eureka No. 42, Summer 1982, 3-5.

[10] T. RIVOAL: *La fonction Zêta de Riemann prend une infinité de valeurs irrationnelles aux entiers impairs*, Comptes Rendus de l'Académie des Sciences (Paris), Ser. I Mathématique, **331** (2000), 267-270.

Geometrie

7
Hilberts drittes Problem:
Zerlegung von Polyedern *47*

8
Geraden in der Ebene
und Zerlegungen von Graphen *55*

9
Wenige Steigungen *61*

10
Drei Anwendungen der
Eulerschen Polyederformel *67*

11
Der Starrheitssatz von Cauchy *75*

12
Simplexe,
die einander berühren *81*

13
Stumpfe Winkel *87*

14
Die Borsuk-Vermutung *95*

„Platonische Körper: Kinderspiel!"

Hilberts drittes Problem: Zerlegung von Polyedern

Kapitel 7

In einem legendären Vortrag vor dem Internationalen Mathematikerkongress in Paris im Jahr 1900 forderte David Hilbert — als drittes seiner 23 Probleme — dazu auf,

> „zwei Tetraeder mit gleicher Grundfläche und gleicher Höhe anzugeben, die sich auf keine Weise in kongruente Tetraeder zerlegen lassen und die sich auch durch Hinzufügung kongruenter Tetraeder nicht zu solchen Polyedern ergänzen lassen, für die ihrerseits eine Zerlegung in kongruente Tetraeder möglich ist."

Dieses Problem kann man auf zwei Briefe von Carl Friedrich Gauß aus dem Jahr 1844 zurückverfolgen, die in Gauß' Gesammelten Werken 1900 veröffentlicht wurden. Wenn man Tetraeder gleichen Volumens immer in kongruente Stücke zerlegen könnte, dann würde einem das einen „elementaren" Beweis des Satzes XII.5 von Euklid liefern, dass Pyramiden mit derselben Grundfläche und Höhe dasselbe Volumen haben. Man hätte damit dann eine elementare Definition für das Volumen von Polyedern (ohne Differentialrechnung und ohne Stetigkeitsargumente). Eine solche Aussage ist in der ebenen Geometrie richtig: Der Satz von Bolyai-Gerwien [1] besagt, dass ebene Polygone sowohl *zerlegungsgleich* (sie können in kongruente Dreiecke zerlegt werden) als auch *ergänzungsgleich* sind (durch Hinzufügen von kongruenten Dreiecken kongruent gemacht werden können), wenn sie nur denselben Flächeninhalt haben.

David Hilbert

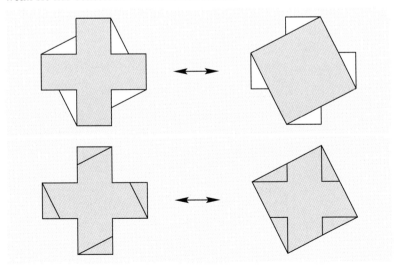

Kreuz und Quadrat mit demselben Flächeninhalt sind ergänzungsgleich.

Sie sind sogar zerlegungsgleich.

Wie wir aus seiner Formulierung des Problems sehen, hat Hilbert keinen entsprechenden Satz für 3-dimensionale Polyeder erwartet, und er hatte Recht. Hilberts Student Max Dehn löste das Problem in zwei Aufsätzen vollständig: der erste Aufsatz, in dem zwei nicht-zerlegungsgleiche Tetraeder von gleicher Grundfläche und Höhe angegeben wurden, erschien schon 1900, der zweite, der auch nicht-Ergänzungsgleichheit lieferte, erschien 1902. Die beiden Aufsätze von Dehn sind allerdings nicht leicht zu verstehen, und es bereitet einige Mühe herauszufinden, ob Dehn nicht doch einem subtilen Irrtum erlegen ist: Es gibt einen sehr-eleganten-aber-leider-falschen Beweis, der von Bricard (schon 1896!) gefunden wurde und von Meschkowski (1960) und vermutlich auch von anderen. Glücklicherweise wurde Dehns Beweis überarbeitet und vereinfacht, und als Ergebnis der Anstrengungen von V. F. Kagan (1903/1930), Hugo Hadwiger (1949/54) und Vladimir G. Boltianskii haben wir jetzt einen BUCH-Beweis. (Der Anhang zu diesem Kapitel skizziert alles, was wir dafür über Polyeder wissen müssen.)

(1) Ein bisschen Lineare Algebra

Für jede endliche Menge von reellen Zahlen $M = \{m_1, \ldots, m_k\} \subseteq \mathbb{R}$ definieren wir $V(M)$ als die Menge aller Linearkombinationen von Zahlen aus M mit rationalen Koeffizienten, also als

$$V(M) := \Big\{ \sum_{i=1}^{k} q_i m_i : q_i \in \mathbb{Q} \Big\} \subseteq \mathbb{R}.$$

Die erste (triviale, aber wichtige) Beobachtung ist, dass $V(M)$ ein endlich-dimensionaler Vektorraum über dem Körper $\mathbb{Q}$ der rationalen Zahlen ist. Die Menge $V(M)$ ist nämlich abgeschlossen in Bezug auf die Bildung von Summen und unter Multiplikation mit rationalen Zahlen, und die Körper-Axiome für $\mathbb{R}$ liefern damit, dass $V(M)$ ein $\mathbb{Q}$-Vektorraum ist. Die Dimension von $V(M)$ ist die Größe eines minimalen erzeugenden Systems. Nun wird $V(M)$ nach Konstruktion von M erzeugt, deshalb enthält M ein minimales Erzeugendensystem, und damit gilt

$$\dim_{\mathbb{Q}} V(M) \leq k = |M|.$$

Im Folgenden brauchen und verwenden wir $\mathbb{Q}$-*lineare Funktionen*

$$f : V(M) \longrightarrow \mathbb{Q},$$

die wir als lineare Abbildungen von $\mathbb{Q}$-Vektorräumen interpretieren. Jede lineare Abbildung bildet 0 auf 0 ab. Daraus folgt die wesentliche Beobachtung, dass für jede rationale lineare Abhängigkeit $\sum_{i=1}^{k} q_i m_i = 0$ mit $q_i \in \mathbb{Q}$ auch $\sum_{i=1}^{k} q_i f(m_i) = f(0) = 0$ gelten muss.

Lemma. *Für endliche Teilmengen $M \subseteq M'$ von $\mathbb{R}$ ist der $\mathbb{Q}$-Vektorraum $V(M)$ ein Untervektorraum des $\mathbb{Q}$-Vektorraums $V(M')$.*

Deshalb kann jede $\mathbb{Q}$-lineare Funktion $f : V(M) \to \mathbb{Q}$ zu einer $\mathbb{Q}$-linearen Funktion $f' : V(M') \to \mathbb{Q}$ erweitert werden, so dass $f'(m) = f(m)$ für alle $m \in M$ gilt.

Hilberts drittes Problem: Zerlegung von Polyedern   49

■ **Beweis.** Eine $\mathbb{Q}$-lineare Funktion $V(M) \to \mathbb{Q}$ ist eindeutig bestimmt, wenn man ihre Werte auf einer $\mathbb{Q}$-Basis von $V(M)$ kennt. Jede Basis von $V(M)$ lässt sich zu einer Basis von $V(M')$ erweitern, und das Lemma folgt. □

(2) Dehn-Invarianten

Für ein 3-dimensionales Polyeder P bezeichne M_P die Menge aller Winkel zwischen benachbarten Facetten (*Diederwinkel*), und zusätzlich der Zahl π. Damit erhalten wir für den Würfel C die Menge $M_C = \left\{ \frac{\pi}{2}, \pi \right\}$, während wir für ein orthogonales Prisma über einem gleichseitigen Dreieck die Menge $M_Q = \left\{ \frac{\pi}{3}, \frac{\pi}{2}, \pi \right\}$ erhalten.

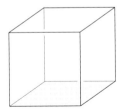

$M_C = \left\{ \frac{\pi}{2}, \pi \right\}$

Für eine endliche Menge $M \subseteq \mathbb{R}$, die M_P enthält, und eine $\mathbb{Q}$-lineare Funktion
$$f : V(M) \to \mathbb{Q},$$
die $f(\pi) = 0$ erfüllt, definieren wir nun die *Dehn-Invariante* von P (in Bezug auf f) als die reelle Zahl
$$D_f(P) := \sum_{e \in P} \ell(e) \cdot f(\alpha(e)),$$

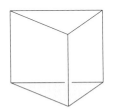

$M_Q = \left\{ \frac{\pi}{3}, \frac{\pi}{2}, \pi \right\}$

wobei die Summe über alle Kanten e des Polyeders gebildet wird, $\ell(e)$ die Länge von e bezeichnet, und $\alpha(e)$ der Winkel zwischen den beiden Facetten ist, die in e zusammenstoßen.

Wir werden später verschiedene Dehn-Invarianten ausrechnen. Für den Augenblick bemerken wir nur, dass $f(\frac{\pi}{2}) = \frac{1}{2} f(\pi) = 0$ für *jede* $\mathbb{Q}$-lineare Funktion f gelten muss, und dass deshalb
$$D_f(C) = 0$$
gilt: die Dehn-Invariante eines Würfels ist für *jedes* f gleich Null.

(3) Der Dehn-Hadwiger-Satz

Wie oben nennen wir zwei Polyeder P, Q *zerlegungsgleich*, wenn man sie in endliche Mengen von Polyedern $P_1, \ldots, P_n$ und $Q_1, \ldots, Q_n$ zerlegen kann, so dass P_i und Q_i für jedes i ($1 \leq i \leq n$) kongruent sind. Zwei Polyeder P und Q sind *ergänzungsgleich*, wenn es Polyeder $P_1, \ldots, P_m$ und $Q_1, \ldots, Q_m$ gibt, so dass die Polyeder P_i und P sich jeweils höchstens in ihrem Rand berühren, genauso für die Q_i und Q, so dass P_i für jedes i zu Q_i kongruent ist, und so dass $\widetilde{P} := P \cup P_1 \cup P_2 \cup \ldots \cup P_m$ und $\widetilde{Q} := Q \cup Q_1 \cup Q_2 \cup \ldots \cup Q_m$ zerlegungsgleich sind. Ein Satz von Gerling (1844) zeigt, dass es keinen Unterschied macht, ob wir bei der Definition der kongruenten Polyeder Spiegelungen zulassen oder nicht.

Zerlegungsgleiche Polyeder sind offenbar auch ergänzungsgleich, aber die Umkehrung ist bei weitem nicht klar. Der folgende Satz von Hadwiger (in der Version von Boltianskii) ist unser Kriterium um — wie von Hilbert gefordert — Tetraeder von gleichem Volumen zu finden, die nicht ergänzungsgleich sind, also auch nicht zerlegungsgleich.

Satz. *Seien P und Q zwei 3-dimensionale Polyeder, mit Diederwinkeln $\alpha_1, \ldots, \alpha_p$ bzw. $\beta_1, \ldots, \beta_q$, und sei M eine endliche Menge von reellen Zahlen mit*
$$\{\alpha_1, \ldots, \alpha_p, \beta_1, \ldots, \beta_q, \pi\} \subseteq M.$$
Wenn es eine $\mathbb{Q}$-lineare Funktion $f : V(M) \to \mathbb{Q}$ mit $f(\pi) = 0$ gibt, die
$$D_f(P) \neq D_f(Q)$$
erfüllt, dann sind P und Q nicht ergänzungsgleich.

■ **Beweis.** Wir gehen in zwei Schritten vor.

(1) Wenn ein Polyeder P in endlich viele polyedrische Teile $P_1, \ldots, P_n$ zerlegt werden kann, und wenn alle Diederwinkel der Teile $P_1, \ldots, P_n$ in der Menge M enthalten sind, dann ist für jede $\mathbb{Q}$-lineare Funktion $f : V(M) \to \mathbb{Q}$ die Dehn-Invariante von P gleich der Summe der Dehn-Invarianten der Teile:
$$D_f(P) \;=\; D_f(P_1) + \ldots + D_f(P_n).$$

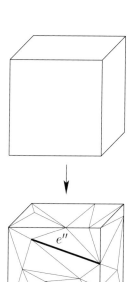

Um dies zu sehen, weisen wir jedem Teil einer Kante eines Polyeders eine *Masse* zu: Wenn $e' \subseteq e$ ein Teil einer Kante e von P ist, dann ist seine Masse
$$m_f(e') := \ell(e')\, f(\alpha(e')),$$
„die Länge von e' multipliziert mit dem f-Wert des Diederwinkels an der Kante e".

Wenn nun P in die Teile $P_1, \ldots, P_n$ zerlegt wird, dann betrachten wir die Vereinigung aller Kanten der Teile P_i. Entlang der Kanten e', die in Kanten von P enthalten sind, ergibt die Summe der Diederwinkel der Teile genau den Diederwinkel von P an dem Kantenstück e', und deshalb verhalten sich die Massen additiv.

An jeder anderen Kante e'' eines der Teile P_i, die im Inneren einer Seitenfläche von P oder im Inneren von P enthalten ist, addieren sich die Winkel zu π oder zu 2π, so dass die f-Werte der Winkel der Teile in der Summe $f(\pi) = 0$ bzw. $f(2\pi) = 0$ ergeben. Damit erhalten wir für die Summe der Massen denselben Wert, den wir diesen Kanten ursprünglich in P gegeben hatten, nämlich 0.

(2) Wenn wir jetzt annehmen, dass P und Q ergänzungsgleich sind, dann können wir M zu einer Obermenge M' erweitern, die auch alle Diederwinkel enthält, die in irgendeinem der Ergänzungsstücke auftauchen. M' ist wieder endlich, weil wir nur endliche Zerlegungen betrachten. Unser Lemma von oben gibt uns eine Erweiterung von f zu $f' : V(M') \to \mathbb{Q}$, und damit liefert Teil **(1)** eine Gleichung vom Typ
$$D_{f'}(P) + D_{f'}(P_1) + \ldots + D_{f'}(P_m) = D_{f'}(Q) + D_{f'}(Q_1) + \ldots + D_{f'}(Q_m),$$
wobei $D_{f'}(P_i) = D_{f'}(Q_i)$ gilt, weil P_i und Q_i kongruent sind. Daraus können wir $D_f(P) = D_f(Q)$ schließen, Widerspruch. □

Hilberts drittes Problem: Zerlegung von Polyedern 51

Beispiel 1. Für ein reguläres Tetraeder T_0 mit Kantenlänge ℓ können wir die Diederwinkel aus der Skizze ableiten. Die Grundfläche des Tetraeders ist ein gleichseitiges Dreieck, dessen Mittelpunkt M die Höhe AE im Verhältnis 1:2 teilt, und mit $|AE| = |DE|$ erhalten wir $\cos\alpha = \frac{1}{3}$ und damit
$$\alpha = \arccos \tfrac{1}{3}.$$

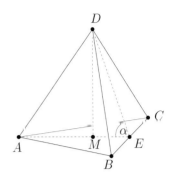

Sei nun $M := \{\alpha, \pi\}$, wobei das Verhältnis
$$\frac{\alpha}{\pi} = \frac{1}{\pi} \arccos \tfrac{1}{3}$$
nach Satz 4 des Kapitels 6 (mit $n = 9$) irrational ist. Damit ist der $\mathbb{Q}$-Vektorraum $V(M)$ 2-dimensional mit Basis M, und es gibt eine $\mathbb{Q}$-lineare Funktion $f : V(M) \to \mathbb{Q}$ mit
$$f(\alpha) := 1 \quad \text{und} \quad f(\pi) := 0.$$

Für dieses f erhalten wir
$$D_f(T_0) = 6\ell f(\alpha) = 6\ell \neq 0.$$

Also ist *ein reguläres Tetraeder nie zerlegungsgleich oder ergänzungsgleich zu einem Würfel*, weil die Dehn-Invariante eines Würfels für jedes f verschwindet.

Beispiel 2. Sei T_1 ein Tetraeder, das durch drei orthogonale Kanten AB, AC, AD der Länge u aufgespannt wird. Dieses Tetraeder hat drei rechte Winkel als Diederwinkel, und drei weitere Diederwinkel einer Größe φ, die wir aus der nebenstehenden Skizze berechnen:
$$\cos\varphi = \frac{|AE|}{|DE|} = \frac{\frac{1}{2}\sqrt{2}u}{\frac{1}{2}\sqrt{3}\sqrt{2}u} = \frac{1}{\sqrt{3}},$$
also

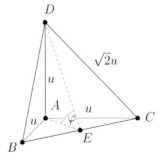

$$\varphi = \arccos \frac{1}{\sqrt{3}}.$$

Für $M = \left\{ \frac{\pi}{2}, \arccos \frac{1}{\sqrt{3}}, \pi \right\}$ hat der $\mathbb{Q}$-Vektorraum $V(M)$ die Dimension 2. Es sind nämlich π und $\frac{\pi}{2}$ linear abhängig, somit
$$V(M) = V\left(\left\{ \arccos \tfrac{1}{\sqrt{3}}, \pi \right\}\right),$$
aber es gibt keine rationale Abhängigkeit zwischen $\arccos \frac{1}{\sqrt{3}}$ und π, weil $\frac{1}{\pi} \arccos \frac{1}{\sqrt{3}}$ irrational ist, wie wir in weiser Voraussicht in Kapitel 6 bewiesen haben (für $n = 3$ in Satz 4).

Deshalb können wir eine $\mathbb{Q}$-lineare Abbildung f definieren mit
$$f(\pi) := 0 \quad \text{und} \quad f\!\left(\arccos \tfrac{1}{\sqrt{3}}\right) := 1,$$

woraus wir $f(\frac{\pi}{2}) = 0$ erhalten und damit

$$D_f(T_1) \;=\; 3uf\left(\tfrac{\pi}{2}\right) + 3\left(\sqrt{2}u\right)f\left(\arccos \tfrac{1}{\sqrt{3}}\right) \;=\; 3\sqrt{2}u \;\neq\; 0.$$

Dies beweist, dass T_1 und ein Würfel C desselben Volumens weder zerlegungs- noch ergänzungsgleich sind, weil $D_f(C) = 0$ für *jedes* f gilt.

Beispiel 3. Schließlich sei T_2 ein Tetraeder mit drei aufeinander folgenden Kanten AB, BC und CD, die jeweils senkrecht aufeinander stehen und dieselbe Länge u haben.

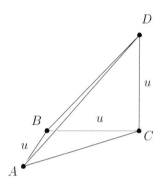

Wir werden die Winkel eines solchen Tetraeders *nicht* ausrechnen (sie sind $\frac{\pi}{2}$, $\frac{\pi}{3}$, und $\frac{\pi}{4}$), sondern stattdessen argumentieren, dass sich ein Würfel der Kantenlänge u entlang einer Raumdiagonalen in 6 Tetraeder dieses Typs (3 Kopien, und 3 Spiegelbilder) zerlegen lässt.

Diese 6 kongruenten Kopien und Spiegelbilder haben alle dieselben Dehn-Invarianten, und deshalb erhalten wir für jedes geeignete f

$$D_f(T_2) \;=\; \frac{1}{6} D_f(C) \;=\; 0,$$

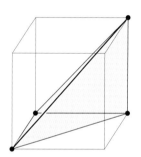

das heißt, alle Dehn-Invarianten eines solchen Tetraeders verschwinden! Dies löst Hilberts drittes Problem, weil wir vorhin schon ein anderes Tetraeder, T_1, konstruiert haben, mit derselben Grundfläche und derselben Höhe, aber mit $D_f(T_1) \neq 0$. Nach dem Dehn-Hadwiger-Satz sind T_1 und T_2 nicht zerlegungsgleich, und nicht einmal ergänzungsgleich.

Anhang: Polytope und Polyeder

Ein *konvexes Polytop* im $\mathbb{R}^d$ ist die konvexe Hülle einer endlichen Menge $S = \{s_1, \ldots, s_n\}$, also eine Menge der Form

$$P \;=\; \mathrm{conv}(S) \;:=\; \Big\{ \sum_{i=1}^n \lambda_i s_i : \lambda_i \geq 0,\; \sum_{i=1}^n \lambda_i = 1 \Big\}.$$

Einige Polytope sind uns sicherlich vertraut: so kennen wir die konvexen *Polygone* (2-dimensionale konvexe Polytope) und die konvexen *Polyeder* (3-dimensionale konvexe Polytope).

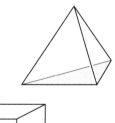

Es gibt verschiedene Arten von Polyedern, die sich auf natürliche Weise auf höhere Dimensionen verallgemeinern lassen. Wenn beispielsweise die Menge S aus $d+1$ affin unabhängigen Punkten besteht, dann ist $\mathrm{conv}(S)$ ein d-dimensionales *Simplex* (oder d-Simplex). Für $d=2$ liefert dies ein Dreieck, für $d=3$ erhalten wir ein Tetraeder. Ähnlich sind Quadrate und Würfel spezielle d-Würfel, von denen beispielsweise die *Einheits-d-Würfel* durch $C_d = [0,1]^d \subseteq \mathbb{R}^d$ gegeben sind.

Bekannte Polytope: Tetraeder, Würfel ...

Allgemeine Polytope definiert man als Vereinigungen von endlich vielen konvexen Polytopen. In diesem Buch werden wir auf nicht-konvexe Polyeder im Zusammenhang mit dem Starrheitssatz von Cauchy im Kapitel 11

stoßen, auf nicht-konvexe Polygone im Zusammenhang mit dem Satz von
Pick in Kapitel 10, und dann wieder wenn wir den Museumswächter-Satz
in Kapitel 28 besprechen.

Konvexe Polytope kann man auch als Durchschnitte von endlich vielen
Halbräumen definieren. Es hat nämlich jedes konvexe Polytop $P \subseteq \mathbb{R}^d$
eine Darstellung der Form

$$P = \{\boldsymbol{x} \in \mathbb{R}^d : A\boldsymbol{x} \leq \boldsymbol{b}\}$$

für eine Matrix $A \in \mathbb{R}^{m \times d}$ und einen Vektor $\boldsymbol{b} \in \mathbb{R}^m$. Mit anderen Worten: P ist die Lösungsmenge eines Systems von m linearen Ungleichungen $\boldsymbol{a}_i^T \boldsymbol{x} \leq b_i$, wobei $\boldsymbol{a}_i^T$ die i-te Zeile von A bezeichnet. Umgekehrt ist jede solche Lösungsmenge, wenn sie beschränkt ist, ein konvexes Polytop und kann deshalb auch als konvexe Hülle einer endlichen Menge von Punkten dargestellt werden.

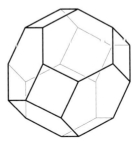

... und Permutaeder

Für Polygone und Polyeder wissen wir, was wir uns unter *Ecken*, *Kanten* und *2-Seiten* vorstellen müssen. Für höher-dimensionale konvexe Polytope können wir ihre Seitenflächen folgendermaßen definieren: Eine *Seite* von P ist eine Teilmenge $F \subseteq P$ von der Form $P \cap \{\boldsymbol{x} \in \mathbb{R}^d : \boldsymbol{a}^T\boldsymbol{x} = b\}$, wobei $\boldsymbol{a}^T\boldsymbol{x} \leq b$ eine lineare Ungleichung ist, die für alle Punkte $\boldsymbol{x} \in P$ gelten muss. Die Ungleichung definiert also einen abgeschlossenen Halbraum, der P enthält, und in dessen Begrenzungshyperebene die Seite F liegt.

Alle Seitenflächen eines Polytops sind selbst wieder Polytope. Die Menge V der Ecken (0-dimensionalen Seitenflächen) eines konvexen Polytops ist gleichzeitig auch die inklusions-minimale Menge, für die conv$(V) = P$ gilt. Wenn $P \subseteq \mathbb{R}^d$ ein d-dimensionales konvexes Polytop ist, dann bestimmen die *Facetten* (die $(d-1)$-dimensionalen Seiten) eine minimale Menge von Hyperebenen und damit von Halbräumen, die P enthalten und deren Schnitt wieder P ergibt. Inbesondere folgt daraus die folgende Eigenschaft, die wir später noch brauchen werden: Sei F eine Facette von P, sei H_F die Hyperebene, die durch F bestimmt wird, und seien H_F^+ und H_F^- die beiden abgeschlossenen Halbräume, die durch H_F begrenzt werden. Dann enthält einer der beiden Halbräume das Polytop P (und der andere nicht).

Der *Graph* $G(P)$ des konvexen Polytops P wird durch die Menge V der Ecken und durch die Kantenmenge E der 1-dimensionalen Seitenflächen von P gegeben. Wenn das Polytop P 3-dimensional ist, dann ist dieser Graph planar, und für ihn gilt die berühmte „Eulersche Polyederformel" (siehe Kapitel 10).

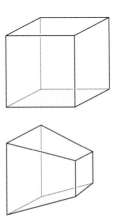

Zwei Polytope $P, P' \subseteq \mathbb{R}^d$ sind *kongruent*, wenn es eine längenerhaltende affine Abbildung gibt, die P in P' überführt. Eine solche Abbildung kann die Orientierung des Raums umdrehen, sie könnte beispielsweise die Spiegelung von P in einer Hyperebene sein, die P auf ein *Spiegelbild* von P abbildet. Die Polytope P und P' sind *kombinatorisch äquivalent*, wenn es eine bijektive Korrespondenz zwischen den Seiten von P und den Seiten von P' gibt, die die Dimension und alle Inklusionen zwischen den Seiten erhält. Dieses Konzept von „kombinatorisch äquivalent" ist viel schwächer als Kongruenz: beispielsweise zeigt unsere Abbildung einen Einheitswürfel und einen „verzerrten Würfel", die kombinatorisch äquivalent sind (so dass

Kombinatorisch äquivalente Polytope

wir jeden davon „einen Würfel" nennen würden), aber sie sind sicher nicht kongruent.

Ein Polytop (oder eine allgemeinere Teilmenge des $\mathbb{R}^d$) heißt *zentralsymmetrisch*, wenn es einen Punkt $x_0 \in \mathbb{R}^d$ gibt mit

$$x_0 + x \in P \iff x_0 - x \in P.$$

In diesem Fall nennen wir x_0 den *Mittelpunkt* oder das *Zentrum* von P.

Literatur

[1] V. G. BOLTIANSKII: *Hilbert's Third Problem,* V. H. Winston & Sons (Halsted Press, John Wiley & Sons), Washington DC 1978.

[2] M. DEHN: *Ueber raumgleiche Polyeder,* Nachrichten von der Königl. Gesellschaft der Wissenschaften, Mathematisch-physikalische Klasse (1900), 345-354.

[3] M. DEHN: *Ueber den Rauminhalt,* Mathematische Annalen **55** (1902), 465-478.

[4] C. F. GAUSS: *"Congruenz und Symmetrie": Briefwechsel mit Gerling,* S. 240-249 in: Werke, Band VIII, Königl. Gesellschaft der Wissenschaften zu Göttingen; B. G. Teubner, Leipzig 1900.

[5] D. HILBERT: *Mathematische Probleme,* Nachrichten Königl. Gesellschaft der Wissenschaften zu Göttingen, Math.-Phys. Klasse, Heft 3, 1900, 253-297; Gesammelte Abhandlungen, Band 3, Julius Springer, Berlin 1935, 290-329.

[6] G. M. ZIEGLER: *Lectures on Polytopes,* Graduate Texts in Mathematics **152**, Springer-Verlag New York 1995/1998.

Geraden in der Ebene und Zerlegungen von Graphen   Kapitel 8

Vielleicht das bekannteste Problem über Geraden in der Ebene wurde 1893 von James Joseph Sylvester in der Problemecke der Educational Times gestellt: Man beweise, dass es nicht möglich ist, eine endliche Anzahl reeller Punkte so anzuordnen, dass jede Gerade durch zwei der Punkte immer auch durch einen dritten der Punkte geht, es sei denn, alle Punkte liegen auf derselben Geraden:

> **QUESTIONS FOR SOLUTION.**
> **11851.** (Professor SYLVESTER.)—Prove that it is not possible to arrange any finite number of real points so that a right line through every two of them shall pass through a third, unless they all lie in the same right line.

Ob Sylvester selber dafür einen Beweis hatte, wissen wir nicht — die in der Educational Times publizierte „Musterlösung" war jedenfalls ziemlich unsinnig. Einen korrekten Beweis hat erst Tibor Gallai [Grünwald] mehr als vierzig Jahre später angegeben; deshalb wird der folgende Satz üblicherweise Sylvester und Gallai zugeschrieben. Im Gefolge von Gallais Beweis sind etliche andere, ganz unterschiedliche Beweise erschienen, unter ihnen der folgende von L. M. Kelly, der zu Recht Berühmtheit erlangt hat.

J. J. Sylvester

Satz 1. *Für jede Anordnung von endlich vielen Punkten in der Ebene, die nicht alle auf einer Geraden liegen, gibt es eine Gerade, die genau zwei der Punkte enthält.*

■ **Beweis.** Sei $\mathcal{P}$ die gegebene Menge von Punkten. Wir betrachten die (endliche) Menge $\mathcal{L}$ aller Geraden, die mindestens zwei der Punkte von $\mathcal{P}$ enthalten. Unter allen Paaren (P, ℓ), für die $P \in \mathcal{P}$ nicht auf $\ell \in \mathcal{L}$ liegt, wählen wir ein Paar (P_0, ℓ_0) aus, für das der Punkt P_0 den kleinsten Abstand von der Geraden ℓ_0 hat; dabei bezeichnen wir mit Q den Punkt auf ℓ_0, der am nächsten zu P_0 liegt (also auf der Geraden durch P_0, die senkrecht auf ℓ_0 steht).

> **Behauptung.** *Die Gerade ℓ_0 tut's!*

Wenn dies nicht so wäre, dann würde ℓ_0 mindestens drei Punkte aus $\mathcal{P}$ enthalten, und damit müssten zwei dieser Punkte, die wir P_1 und P_2 nennen, auf derselben Seite von Q liegen. Nehmen wir jetzt an, dass P_1 zwischen Q und P_2 liegt, wobei P_1 mit Q zusammenfallen könnte. Die Zeichnung auf der rechten Seite zeigt die Konfiguration. Man sieht an ihr, dass der Abstand von P_1 zur Geraden ℓ_1, die durch P_0 und P_2 bestimmt wird, kleiner wäre als der Abstand zwischen P_0 und ℓ_0 — und dies widerspricht unserer Auswahl von ℓ_0 und P_0. □

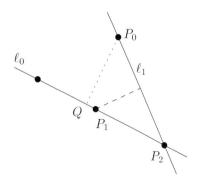

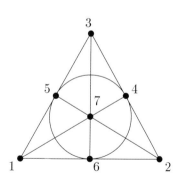

In diesem Beweis haben wir metrische Axiome („kleinster Abstand") und Ordnungsaxiome („P_1 liegt zwischen Q und P_2") der reellen Ebene verwendet. Brauchen wir wirklich beide Eigenschaften, zusätzlich zu den üblichen Inzidenzaxiomen für Punkte und Geraden? Nun, dass man irgendeine zusätzliche Bedingung braucht, kann man an der berühmten Fano-Ebene sehen, die auf dem linken Rand abgebildet ist. Hier ist $\mathcal{P} = \{1, 2, \ldots, 7\}$ und $\mathcal{L}$ besteht aus den sieben drei-Punkt-Geraden, die in der Zeichnung angedeutet sind, inklusive der „Geraden" $\{4, 5, 6\}$. Hier bestimmen je zwei Punkte immer genau eine Gerade, so dass die Inzidenzaxiome erfüllt sind, aber es gibt keine zwei-Punkt-Gerade. Der Sylvester-Gallai-Satz zeigt daher, dass die Fano-Konfiguration nicht so in die reelle Ebene eingebettet werden kann, dass jedes der sieben kollinearen Tripel auf einer reellen Geraden liegt — es muss in jeder reellen Einbettung immer eine „krumme" Gerade geben.

Andererseits wurde aber von Coxeter gezeigt, dass die Anordnungsaxiome schon ausreichen, um den Sylvester-Gallai-Satz zu beweisen. Man kann also einen Beweis angeben, der überhaupt keine metrischen Eigenschaften verwendet — dies spiegelt sich auch in dem Beweis mit Hilfe der Eulerschen Polyederformel wider, den wir in Kapitel 10 angeben werden.

Aus dem Sylvester-Gallai-Satz folgt ganz einfach ein anderes berühmtes Resultat über Punkte und Geraden in der Ebene, das auf Paul Erdős und Nicolaas G. de Bruijn zurückgeht. Aber in diesem Falle gilt das Resultat viel allgemeiner, für allgemeine Punkt-Geraden-Systeme, wie schon Erdős und de Bruijn bemerkt haben. Dieses allgemeinere Resultat werden wir in Satz 3 besprechen.

Satz 2. *Sei $\mathcal{P}$ eine Menge von $n \geq 3$ Punkten in der Ebene, die nicht alle auf einer Geraden liegen. Dann besteht die Menge $\mathcal{L}$ der Geraden, die durch mindestens zwei Punkte in $\mathcal{P}$ gehen, aus mindestens n Geraden.*

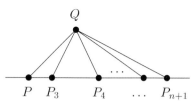

■ **Beweis.** Für $|\mathcal{P}| = 3$ ist nichts zu zeigen. Sei nun $|\mathcal{P}| = n + 1$. Nach dem Sylvester-Gallai-Satz gibt es dann eine Gerade $\ell_0 \in \mathcal{L}$, die genau zwei Punkte P und Q von $\mathcal{P}$ enthält. Wir betrachten die Menge $\mathcal{P}' = \mathcal{P}\setminus\{Q\}$, und schreiben $\mathcal{L}'$ für die Menge der Geraden, die durch $\mathcal{P}'$ bestimmt sind. Wenn die Punkte von $\mathcal{P}'$ nicht alle auf einer Geraden liegen, dann gilt nach Induktion $|\mathcal{L}'| \geq n$ und deshalb $|\mathcal{L}| \geq n + 1$, wegen der zusätzlichen Geraden ℓ_0 in $\mathcal{L}$. Wenn andererseits die Punkte in $\mathcal{P}'$ alle auf einer einzigen Geraden liegen, dann haben wir ein „Geradenbüschel", das genau $n + 1$ Geraden bestimmt. □

Nun kommt, wie versprochen, ein Resultat, das auf sehr viel allgemeinere „Inzidenzgeometrien" anwendbar ist.

Satz 3. *Sei X eine endliche Menge von $n \geq 3$ Elementen, und seien $A_1, \ldots, A_m$ echte Teilmengen von X, so dass jedes Paar von Elementen in X in genau einer der Mengen A_i enthalten ist. Dann gilt $m \geq n$.*

■ **Beweis.** Der folgende Beweis, der manchmal Motzkin und manchmal Conway zugeschrieben wird, ist fast ein Einzeiler und wirklich bemerkenswert. Für $x \in X$ sei r_x die Anzahl der Mengen A_i, die x enthalten. Aus den

Annahmen folgt dabei, dass $2 \leq r_x < m$ gilt. Wenn nun $x \notin A_i$ ist, dann gilt $r_x \geq |A_i|$, weil dann die $|A_i|$ Mengen verschieden sein müssen, die x und ein Element der Menge A_i enthalten. Nehmen wir nun an, dass $m < n$ gilt. Dann haben wir $m|A_i| < n\, r_x$ und somit $m(n - |A_i|) > n(m - r_x)$ für $x \notin A_i$, und damit folgt schließlich

$$1 = \sum_{x \in X} \frac{1}{n} = \sum_{x \in X} \sum_{A_i : x \notin A_i} \frac{1}{n(m-r_x)} > \sum_{A_i} \sum_{x : x \notin A_i} \frac{1}{m(n-|A_i|)} = \sum_{A_i} \frac{1}{m} = 1,$$

was absurd ist. $\square$

Es gibt einen anderen sehr kurzen Beweis dieses Satzes, der Lineare Algebra verwendet. Sei B dafür die *Inzidenzmatrix* von $(X; A_1, \ldots, A_m)$, so dass also die Zeilen von B den Elementen von X zugeordnet sind, während die Spalten von B den Mengen $A_1, \ldots, A_m$ entsprechen, mit

$$B_{xA} := \begin{cases} 1 & \text{für } x \in A \\ 0 & \text{für } x \notin A. \end{cases}$$

Nun betrachten wir das Produkt BB^T. Für $x \neq x'$ gilt $(BB^T)_{xx'} = 1$, weil x und x' in genau einer gemeinsamen Menge A_i enthalten sind, und damit

$$BB^T = \begin{pmatrix} r_{x_1}-1 & 0 & \ldots & 0 \\ 0 & r_{x_2}-1 & & \vdots \\ \vdots & & \ddots & 0 \\ 0 & \ldots & 0 & r_{x_n}-1 \end{pmatrix} + \begin{pmatrix} 1 & 1 & \ldots & 1 \\ 1 & 1 & & \vdots \\ \vdots & & \ddots & 1 \\ 1 & \ldots & 1 & 1 \end{pmatrix},$$

wobei r_x wie oben definiert ist. Da die erste Matrix positiv-definit ist (sie hat nur positive Eigenwerte) und die zweite Matrix positiv-semidefinit ist (sie hat die Eigenwerte n und 0), schließen wir, dass BB^T positiv-definit ist, also insbesondere invertierbar mit $\text{Rang}(BB^T) = n$. Also hat die $(n \times m)$-Matrix B mindestens Rang n, und wir schließen daraus $n \leq m$, weil der Rang nie größer sein kann als die Anzahl der Spalten einer Matrix.

Jetzt machen wir einen Sprung und wenden uns der Graphentheorie zu. (Eine kleine Zusammenfassung graphentheoretischer Konzepte findet sich im Anhang dieses Kapitels.) Man überlegt sich leicht, dass die folgende Aussage nur eine Übersetzung von Satz 3 in die Sprache der Graphentheorie darstellt:

Satz 3'. *Wenn wir den vollständigen Graphen K_n so in m kleinere Cliquen zerlegen, dass jede Kante in genau einer der Cliquen liegt, dann ist $m \geq n$.*

Wenn wir nämlich X mit der Eckenmenge von K_n identifizieren, und die Mengen A_i den Eckenmengen der Cliquen zuordnen, dann erhalten wir aus Satz 3 genau diese Aussage.

Unsere nächste Aufgabe ist nun, den K_n in möglichst wenige *vollständige bipartite* Graphen so zu zerlegen, dass jede Kante in genau einem dieser

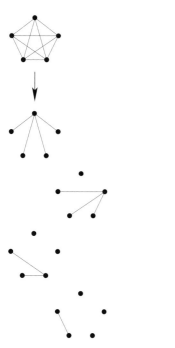

Eine Zerlegung des K_5 in 4 vollständige bipartite Untergraphen

Graphen liegt. Dafür gibt es eine ganz einfache Möglichkeit. Wir nummerieren die Ecken $1, 2, \ldots, n$. Dann nehmen wir zunächst den vollständigen bipartiten Graphen, in dem 1 mit allen anderen Ecken verbunden ist. Dies liefert den Graphen $K_{1,n-1}$, den man auch einen *Stern* nennt. Als Nächstes verbinden wir 2 mit $3, \ldots, n$, was einen Stern $K_{1,n-2}$ liefert. Auf dieselbe Weise fahren wir fort und erhalten damit eine Zerlegung von K_n in Sterne $K_{1,n-1}, K_{1,n-2}, \ldots, K_{1,1}$. Diese Zerlegung verwendet $n-1$ vollständige bipartite Graphen. Aber geht es nicht besser, mit weniger Graphen? Die Antwort ist Nein, wie das folgende Resultat von Ron Graham und Henry O. Pollak besagt.

Satz 4. *Wenn man den Graphen K_n in vollständige bipartite Untergraphen $H_1, \ldots, H_m$ zerlegt, dann ist $m \geq n-1$.*

Interessanterweise kennt man dafür, im Gegensatz zum Erdős-de Bruijn-Satz, keinen vollständig kombinatorischen Beweis! Auf die eine oder andere Art scheint man Lineare Algebra verwenden zu müssen. Von den verschiedenen, mehr oder weniger äquivalenten Ideen betrachten wir hier den Beweis von Helge Tverberg, der vielleicht der durchsichtigste ist.

■ **Beweis.** Sei die Eckenmenge von K_n mit $\{1, \ldots, n\}$ bezeichnet, und seien L_j, R_j die definierenden Eckenmengen der vollständigen bipartiten Graphen $H_j, j = 1, \ldots, m$. Jeder Ecke i ordnen wir eine Variable x_i zu. Da $H_1, \ldots, H_m$ eine Zerlegung des K_n bilden, haben wir

$$\sum_{i<j} x_i x_j = \sum_{k=1}^m \Big(\sum_{a \in L_k} x_a \cdot \sum_{b \in R_k} x_b\Big). \qquad (1)$$

Nun nehmen wir an, dass der Satz falsch ist, $m < n-1$. Dann hat das lineare Gleichungssystem

$$\begin{aligned} x_1 + \ldots + x_n &= 0, \\ \sum_{a \in L_k} x_a &= 0 \qquad (k = 1, \ldots, m) \end{aligned}$$

weniger Gleichungen als Variablen, also gibt es eine nichttriviale Lösung $c_1, \ldots, c_n$. Aus (1) schließen wir

$$\sum_{i<j} c_i c_j = 0.$$

Aber dies impliziert

$$0 = (c_1 + \ldots + c_n)^2 = \sum_{i=1}^n c_i^2 + 2 \sum_{i<j} c_i c_j = \sum_{i=1}^n c_i^2 > 0,$$

also einen Widerspruch, der den Beweis abschließt. □

Anhang: Über Graphen

Graphen sind fundamentale mathematische Strukturen. Dementsprechend gibt es von ihnen viele verschiedene Versionen, Darstellungen und Inkarnationen. Abstrakt ist ein *Graph* ein Paar $G = (V, E)$, wobei V die Menge der *E*cken ist, E die Menge der *K*anten, und jede Kante $e \in E$ zwei Ecken $v, w \in V$ „verbindet". Wir betrachten nur endliche Graphen, für die V und E endlich sind.

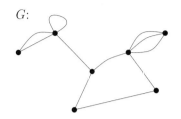

Ein Graph G mit 7 Ecken und 11 Kanten. Er hat eine Schlinge, eine Doppelkante und eine Dreifachkante.

Üblicherweise haben wir es mit *einfachen Graphen* zu tun. Dann lassen wir keine *Schlingen* zu, also keine Kanten, die eine Ecke mit sich selbst verbinden, und keine *vielfachen Kanten*, die dieselbe Eckenmenge haben. Ecken eines Graphen heißen *benachbart* oder *adjazent*, wenn sie durch eine Kante verbunden sind. Eine Ecke und eine Kante heißen *inzident*, wenn die Kante die Ecke mit einer anderen verbindet.

Hier kommt eine kleine Bildergalerie von wichtigen (einfachen) Graphen:

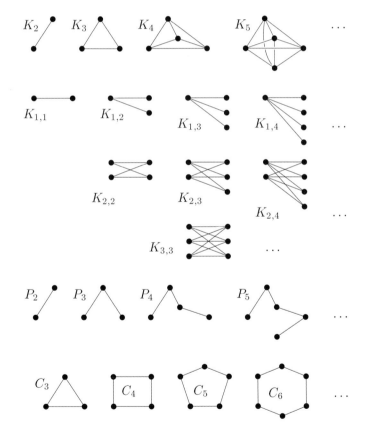

Die *vollständigen Graphen* K_n mit n Ecken und $\binom{n}{2}$ Kanten

Die *vollständigen bipartiten Graphen* K_{m+n} mit $m+n$ Ecken

Die *Wege* P_n mit n Ecken

Die *Kreise* C_n mit n Ecken

Zwei Graphen $G = (V, E)$ und $G' = (V', E')$ heißen *isomorph*, wenn es Bijektionen $V \to V'$ und $E \to E'$ gibt, die die Inzidenzen zwischen Ecken und den sie verbindenden Kanten erhalten. Es ist ein großes ungelöstes Problem, ob es ein effektives Verfahren gibt um zu testen, ob zwei gegebene

ist ein Untergraph von

Graphen isomorph sind. Dieser Begriff von „isomorph" erlaubt es uns, über *den* vollständigen Graphen K_5 auf fünf Ecken zu reden, usw.

$G' = (V', E')$ ist ein *Untergraph* von $G = (V, E)$, wenn $V' \subseteq V$ und $E' \subseteq E$ ist, und wenn jede Kante $e \in E'$ dieselben Ecken in G' verbindet wie in G. Dabei ist G' ein *induzierter Untergraph*, wenn zusätzlich *alle* Kanten von G, die Ecken von G' verbinden, auch Kanten von G' sind.

Viele Begriffe über Graphen sind ziemlich naheliegend: Zum Beispiel ist ein Graph G *zusammenhängend*, wenn es zwischen zwei verschiedenen Ecken von G immer einen Weg in G gibt, oder äquivalent dazu, wenn man G nicht in zwei nicht-leere Untergraphen mit disjunkten Eckenmengen aufteilen kann.

Wir beenden diese Übersicht über graphentheoretische Konzepte mit ein paar zusätzlichen Begriffen: Eine *Clique* in G ist ein vollständiger Untergraph. Eine *unabhängige Menge* in G ist ein induzierter Untergraph ohne Kanten, also eine Menge von Ecken, in der keine zwei durch eine Kante verbunden sind. Ein Graph ist ein *Wald*, wenn er keine Kreise enthält. Ein *Baum* ist ein zusammenhängender Wald. Schließlich ist ein Graph *bipartit*, wenn er zu einem Untergraphen eines vollständigen bipartiten Graphen isomorph ist, wenn man also seine Eckenmenge als Vereinigung $V = V_1 \cup V_2$ von zwei unabhängigen Mengen schreiben kann.

Literatur

[1] N. G. DE BRUIJN & P. ERDŐS: *On a combinatorial problem,* Proc. Kon. Ned. Akad. Wetensch. **51** (1948), 1277-1279.

[2] H. S. M. COXETER: *A problem of collinear points,* Amer. Math. Monthly **55** (1948), 26-28 (enthält Kellys Beweis).

[3] P. ERDŐS: *Problem 4065 — Three point collinearity,* Amer. Math. Monthly **51** (1944), 169-171 (enthält Gallais Beweis).

[4] R. L. GRAHAM & H. O. POLLAK: *On the addressing problem for loop switching,* Bell System Tech. J. **50** (1971), 2495-2519.

[5] J. J. SYLVESTER: *Mathematical Question 11851,* The Educational Times **46** (1893), 156.

[6] H. TVERBERG: *On the decomposition of K_n into complete bipartite graphs,* J. Graph Theory **6** (1982), 493-494.

Wenige Steigungen Kapitel 9

Versuchen Sie selbst — bevor Sie weiterlesen — Punkte in der Ebene so anzuordnen, dass sie „relativ wenige" verschiedene Steigungen bestimmen. Dafür nehmen wir natürlich an, dass die $n \geq 3$ Punkte nicht alle auf einer Geraden liegen. Aus Kapitel 8 über „Geraden in der Ebene" kennen wir den Satz von Erdős und de Bruijn, wonach n Punkte mindestens n verschiedene Geraden bestimmen. Aber natürlich können viele von diesen Geraden parallel sein, und deshalb dieselbe Steigung haben.

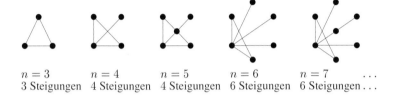

oder

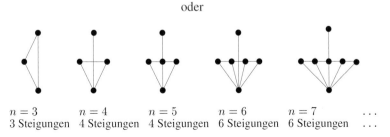

Durch Ausprobieren für kleine n findet man Folgen von Punktkonfigurationen wie die hier gezeigten, mit „relativ wenig" verschiedenen Steigungen.

Nachdem auch weiteres Ausprobieren und Experimentieren keine „besseren" Konfigurationen liefert als die hier gezeigten, liegt es nahe — wie Scott 1970 — die folgende Aussage zu vermuten.

Satz. *Wenn $n \geq 3$ Punkte in der Ebene nicht alle auf einer Geraden liegen, dann bestimmen sie mindestens $n - 1$ verschiedene Steigungen, wobei der Extremfall von genau $n - 1$ Steigungen nur für ungerades $n \geq 5$ möglich ist.*

Die oben gezeigten Beispiele — die Skizzen stellen jeweils die ersten fünf Konfigurationen einer unendlichen Folge dar — zeigen, dass dieser Satz *bestmöglich* ist: Für jedes ungerade $n \geq 5$ gibt es wirklich eine Konfiguration von n Punkten, die genau $n-1$ verschiedene Steigungen bestimmen, und für jedes andere $n \geq 3$ gibt es eine Anordnung von Punkten mit genau n Steigungen.

Die hier gezeigten Konfigurationen sind jedoch bei weitem nicht die einzigen. So haben beispielsweise Jamison und Hill vier unendliche Familien von Konfigurationen beschrieben, von denen jede aus Konfigurationen mit ungerader Anzahl n von Punkten besteht, die genau $n-1$ Steigungen bestimmen („steigungs-kritische Konfigurationen"). Darüber hinaus haben sie einen Katalog von 102 „sporadischen" Beispielen erstellt, die in keine unendliche Familie zu passen scheinen. Die meisten von ihnen wurden durch aufwendige Computersuche gefunden.

Eine bewährte Faustregel besagt, dass Extremalprobleme meist sehr schwer exakt zu lösen sind, wenn die extremalen Konfigurationen so unterschiedlich und unregelmäßig sind wie für dieses Problem. In der Tat kann man zwar eine ganze Menge sagen über die Struktur von steigungs-kritischen Konfigurationen [2], aber eine vollständige Klassifikation scheint außer Reichweite zu sein. Trotzdem gibt es für den von Scott vermuteten Satz einen einfachen Beweis, der zwei wesentliche Zutaten hat: eine Reduktion auf ein kombinatorisches Modell von Eli Goodman und Ricky Pollack, und ein elegantes Argument in diesem Modell, mit dem Peter Ungar den Beweis 1982 abgeschlossen hat.

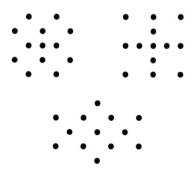

Drei hübsche sporadische Beispiele aus der Sammlung von Jamison-Hill

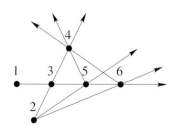

Diese Konfiguration von $n=6$ Punkten bestimmt $t=6$ verschiedene Steigungen.

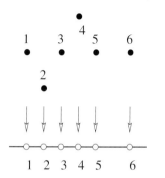

Eine senkrechte Startrichtung ergibt hier $\pi_0 = 123456$.

■ **Beweis.** (1) Zunächst einmal reicht es zu zeigen, dass jede „gerade" Menge von $n = 2m$ Punkten in der Ebene ($m \geq 2$) mindestens n Steigungen bestimmt. Der Fall $n = 3$ ist nämlich trivial, und für jede Menge von $n = 2m + 1 \geq 5$ Punkten (nicht alle auf einer Geraden) finden wir eine Teilmenge von $n - 1 = 2m$ Punkten, wiederum nicht alle auf einer Geraden, die selbst schon $n - 1$ Steigungen bestimmt. Deshalb reicht es für das Folgende, eine Konfiguration von $n = 2m$ Punkten in der Ebene zu betrachten, die insgesamt $t \geq 2$ verschiedene Steigungen bestimmen.

(2) Das kombinatorische Modell für die Punktkonfiguration besteht aus einer periodischen Folge von Permutationen. Um diese zu konstruieren, beginnen wir mit einer beliebigen Richtung in der Ebene, die nicht gerade einer der Steigungen der Konfiguration entspricht, und nummerieren die Punkte $1, \ldots, n$ in der Reihenfolge, in der sie in der 1-dimensionalen Projektion entlang der gewählten Richtung auftauchen. Damit bezeichnet die Permutation $\pi_0 = 123\ldots n$ die Reihenfolge der n Punkte für unsere Startrichtung.

Nun drehen wir die Projektionsrichtung langsam im Gegenuhrzeigersinn und beobachten, wie sich die Projektion und ihre Permutation ändern. Die Reihenfolge der projizierten Punkte ändert sich immer genau dann, wenn die Projektionsrichtung eine der Steigungen der Punktkonfiguration überstreicht.

Die Änderungen in der Projektion sind dabei überhaupt nicht beliebig oder zufällig: Wenn wir eine $180°$-Drehung der Projektionsrichtung durchführen, dann erhalten wir eine Folge von Permutationen,

$$\pi_0 \to \pi_1 \to \pi_2 \to \ldots \to \pi_{t-1} \to \pi_t,$$

die die folgenden Eigenschaften hat:

- Die Folge beginnt mit $\pi_0 = 123\ldots n$ und hört mit $\pi_t = n\ldots 321$ auf.
- Die Länge t der Folge ist die Anzahl der Steigungen in unserer Punktkonfiguration.
- In der Folge von Permutationen wird jedes Paar $i < j$ genau einmal umgedreht. Dies bedeutet, dass auf dem Weg von $\pi_0 = 123\ldots n$ zu $\pi_t = n\ldots 321$, jeweils nur *aufsteigende* Teile der Permutation umgedreht werden.
- Jeder Einzelschritt besteht im Umdrehen von einem oder mehreren disjunkten aufsteigenden Teilwörtern der Permutation (die der einen oder den mehreren Geraden mit der Steigung entsprechen, die wir gerade überstreichen).

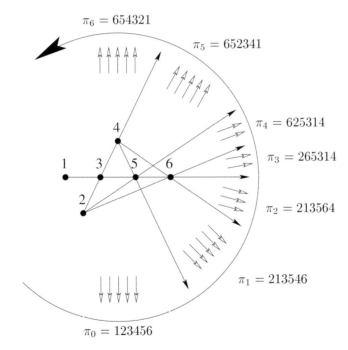

Konstruktion der Folge von Permutationen für unser kleines Beispiel

Wenn wir die Projektionsrichtung weiterdrehen, können wir die Folge von Permutationen als Teil einer in beide Richtungen unbegrenzten, periodischen Folge von Permutationen

$$\to \pi_{-1} \to \pi_0 \to \ldots \to \pi_t \to \pi_{t+1} \to \ldots \to \pi_{2t} \to \ldots$$

sehen, wobei π_{i+t} genau die Umkehrung der Permutation π_i ist für alle i, und damit $\pi_{i+2t} = \pi_i$ für alle $i \in \mathbb{Z}$.

Wir werden nun zeigen, dass *jede* Folge mit den genannten Eigenschaften (und $t \geq 2$) die Länge $t \geq n$ haben muss.

(3) Der Schlüssel zum Beweis ist, jede Permutation in eine „linke Hälfte" und eine „rechte Hälfte" von gleicher Größe $m = \frac{n}{2}$ aufzuteilen, und in jedem Schritt die Ziffern zu zählen, die die imaginäre *Trennlinie* zwischen der linken und der rechten Hälfte überqueren.

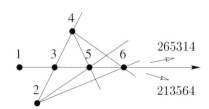

Ein Kreuzungsschritt

Wir nennen $\pi_i \to \pi_{i+1}$ einen *Kreuzungsschritt*, wenn eines der Teilwörter, die dabei umgedreht werden, Ziffern von beiden Seiten der Trennlinie enthält. Der Kreuzungsschritt hat die *Ordnung* d, wenn dabei $2d$ Ziffern die Seite wechseln, das heißt, wenn das dabei umgedrehte Teilwort genau d Ziffern auf der einen Seite und mindestens d Ziffern auf der anderen Seite der Trennlinie hat. So ist in unserem Beispiel

$$\pi_2 = 2\underline{13{:}56}4 \longrightarrow 2\overline{65{:}31}4 = \pi_3$$

ein Kreuzungsschritt der Ordnung $d = 2$ (dabei wechseln $1, 3, 5, 6$ auf die jeweils andere Seite der Trennlinie, die wir mit : markiert haben),

$$65\underline{2{:}34}1 \longrightarrow 65\overline{4{:}32}1$$

ist ein Kreuzungsschritt der Ordnung $d = 1$, während etwa

$$6\underline{25{:}31}4 \longrightarrow 6\overline{52{:}34}1$$

kein Kreuzungsschritt ist.

In der Folge von Permutationen $\pi_0 \to \pi_1 \to \ldots \to \pi_t$ muss jede der Ziffern $1, 2, \ldots, n$ die Trennlinie mindestens einmal überqueren. Wenn wir die Ordnungen der c Kreuzungsschritte mit $d_1, \ldots, d_c$ bezeichnen, so folgt

$$\sum_{i=1}^{c} 2d_i = \#\{\text{Ziffern, die die Trennlinie überqueren}\} \geq n.$$

Daraus folgt auch, dass es mindestens zwei Kreuzungsschritte gibt, weil ein Kreuzungsschritt mit $2d_i = n$ nur dann auftreten kann, wenn alle Punkte auf genau einer Gerade liegen, also für $t = 1$. Geometrisch entspricht jeder Kreuzungsschritt der Richtung einer Geraden, die von der Punktkonfiguration aufgespannt wird, so dass auf jeder Seite der Geraden weniger als m Punkte der Konfiguration liegen.

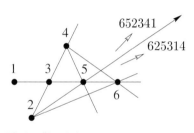

Ein Berührschritt

(4) Ein *Berührschritt* ist ein Schritt, bei dem ein Teilwort umgedreht wird, das die Trennlinie berührt, aber nicht überquert. Zum Beispiel ist

$$\pi_4 = 6\underline{25{:}31}4 \longrightarrow 6\overline{52{:}34}1 = \pi_5$$

ein Berührschritt. Geometrisch entspricht dem die Steigung einer Geraden der Konfiguration, für die genau m Punkte auf der einen Seite und entsprechend höchstens $m - 2$ Punkte auf der anderen Seite liegen.

Schritte, die weder Berührschritte noch Kreuzungsschritte sind, werden wir *Normalschritte* nennen. Dafür ist

$$\pi_1 = 213{:}5\underline{46} \longrightarrow 213{:}5\overline{64} = \pi_2$$

ein Beispiel. Damit ist jeder Schritt entweder ein Kreuzungsschritt oder ein Berührschritt oder ein Normalschritt, und wir verwenden die Buchstaben K, B, N, um solche Schritte zu bezeichnen, und genauer notieren wir $K(d)$ für einen Kreuzungsschritt der Ordnung d. Damit erhalten wir für unser kleines Beispiel

$$\pi_0 \xrightarrow{B} \pi_1 \xrightarrow{N} \pi_2 \xrightarrow{K(2)} \pi_3 \xrightarrow{N} \pi_4 \xrightarrow{B} \pi_5 \xrightarrow{K(1)} \pi_6.$$

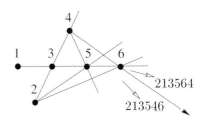

Ein Normalschritt

Noch kürzer können wir diese Folge auch mit $B, N, K(2), N, B, K(1)$ bezeichnen.

(5) Um den Beweis fertigzustellen, brauchen wir die folgenden beiden Tatsachen:

Zwischen zwei Kreuzungsschritten gibt es immer mindestens einen Berührschritt.

Zwischen einem Kreuzungsschritt der Ordnung d und dem nächsten Berührschritt liegen immer mindestens d − 1 Normalschritte.

Beides ist leicht zu sehen: Nach einem Kreuzungsschritt der Ordnung d ist die Trennlinie in einem symmetrischen absteigenden Teilwort der Länge $2d$ enthalten, mit d Ziffern auf jeder Seite der Trennlinie. Bis zum nächsten Kreuzungsschritt muss die Trennlinie aber in einem aufsteigenden Teilwort der Länge mindestens 2 enthalten sein. Aber nur Berührschritte haben Einfluß darauf, ob die Trennlinie in einem aufsteigenden Teilwort enthalten ist. Daraus folgt die erste Tatsache. Für die zweite Tatsache beobachten wir, dass jeder Normalschritt (der ja nur *aufsteigende* Teilwörter umdreht) ein absteigendes $2d$-Teilwort um höchstens eine Ziffer auf jeder Seite verkürzen kann. Und solange das absteigende Teilwort eine Länge von mindestens 4 Ziffern hat, ist auch ein Berührschritt unmöglich. Daraus folgt die zweite Tatsache.

Wenn wir nun die Folge der Permutationen mit derselben Startrichtung konstruieren, aber eine Drehung im Uhrzeigersinn durchführen, dann bekommen wir gerade die umgekehrte Folge von Permutationen. Deshalb erfüllt die Folge von Schritten, die wir uns notiert haben, auch die Umkehrung der zweiten Tatsache:

Zwischen einem Berührschritt und dem nächsten Kreuzungsschritt, der Ordnung d hat, liegen mindestens d − 1 Normalschritte.

(6) Wenn wir nun das B-N-K-Muster der Folge $\pi_0 \longrightarrow \ldots \longrightarrow \pi_t$ aus **(2)** beliebig oft wiederholen, so erhalten wir das unendliche B-N-K-Muster für unsere Punktkonfiguration. Mit den Tatsachen aus **(5)** sehen wir jetzt, dass in der unendlichen Folge von Schritten jeder Kreuzungsschritt der Ordnung d in ein B-N-K-Muster vom Typ

$$B, \underbrace{N, N, \ldots, N}_{\geq d-1}, K(d), \underbrace{N, N, \ldots, N}_{\geq d-1}, \qquad (*)$$

der Länge $1 + (d-1) + 1 + (d-1) = 2d$ eingebettet ist.

In der unendlichen Folge betrachten wir nun ein endliches Teilsegment der Länge t, das mit einem Berührschritt beginnt. Dieses Teilsegment besteht aus Teilen vom Typ $(*)$ plus möglicherweise zusätzlichen Bs. Daraus folgt, dass seine Länge t

$$t \geq \sum_{i=1}^{c} 2d_i \geq n$$

erfüllt, und dies vervollständigt den Beweis. □

Literatur

[1] J. E. GOODMAN & R. POLLACK: *A combinatorial perspective on some problems in geometry,* Congressus Numerantium **32** (1981), 383-394.

[2] R. E. JAMISON & D. HILL: *A catalogue of slope-critical configurations,* Congressus Numerantium **40** (1983), 101-125.

[3] P. R. SCOTT: *On the sets of directions determined by n points,* Amer. Math. Monthly **77** (1970), 502-505.

[4] P. UNGAR: *2N noncollinear points determine at least 2N directions,* J. Combinatorial Theory Ser. A **33** (1982), 343-347.

Drei Anwendungen der Eulerschen Polyederformel

Kapitel 10

Ein Graph ist *planar*, wenn er in die Ebene $\mathbb{R}^2$ gezeichnet werden kann ohne dass sich Kanten kreuzen (oder, äquivalent dazu, auf die Kugeloberfläche). Wir sprechen von *ebenen* Graphen, wenn eine solche Zeichnung schon gegeben ist. Die Zeichnung zerlegt dann die Ebene oder Sphäre in eine endliche Anzahl von zusammenhängenden *Gebieten*, wobei wir das äußere (unbeschränkte) Gebiet mitzählen. Die Eulersche „Polyederformel" liefert eine Beziehung zwischen der Anzahl der Ecken, Kanten und Gebiete, die für jeden ebenen Graphen gültig ist. Euler hat das Resultat zuerst in einem Brief an seinen Freund Goldbach 1750 erwähnt, aber er hatte damals keinen vollständigen Beweis dafür. Von den vielen Beweisen der Eulerschen Formel präsentieren wir hier einen hübschen „selbstdualen", der ohne Induktion auskommt. Er geht auf die „Geometrie der Lage" von Karl Georg Christian von Staudt (1847) zurück.

Leonhard Euler

Die Eulersche Polyederformel. *Für jeden zusammenhängenden ebenen Graphen G mit n Ecken, e Kanten und f Gebieten gilt*
$$n - e + f = 2.$$

■ **Beweis.** Sei $T \subseteq E$ die Kantenmenge eines aufspannenden Baumes für G, also eines minimalen Untergraphen, der alle Ecken von G verbindet. Dieser Graph enthält keinen Kreis wegen der Minimalitätsannahme.

Jetzt brauchen wir den *Dualgraphen* G^* von G: Um ihn zu konstruieren, legen wir eine neue Ecke in jedes Gebiet von G und verbinden zwei solche Ecken von G^* durch Kanten, die die gemeinsame Randkante der entsprechenden Gebiete überqueren. Wenn es mehrere gemeinsame Randkanten gibt, dann zeichnen wir mehrere Verbindungskanten in den Dualgraphen ein. (Also kann G^* Mehrfachkanten haben, auch wenn der ursprüngliche Graph G einfach ist.)

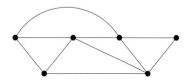

Ein ebener Graph G: $n=6, e=10, f=6$

Nun betrachten wir die Menge $T^* \subseteq E^*$ der Kanten im Dualgraphen, die den Kanten in $E \setminus T$ entsprechen. Die Kanten von T^* verbinden alle Gebiete, weil T keinen Kreis enthält; aber auch T^* enthält keinen Kreis, weil ansonsten einige Ecken von G innerhalb des Kreises von Ecken außerhalb des Kreises getrennt würden (und das kann nicht sein, weil T ein aufspannender Untergraph ist, und sich die Kanten von T und von T^* nicht kreuzen). Also ist T^* ein aufspannender Baum für G^*.

Für jeden Baum ist die Anzahl der Ecken um eins größer als die Anzahl der Kanten. Um dies zu sehen, wählen wir eine Ecke als die „Wurzel" aus, und geben allen Kanten eine Richtung „von der Wurzel weg": dies liefert

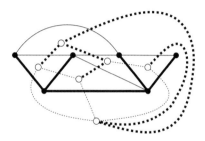

Duale aufspannende Bäume in G und in G^*

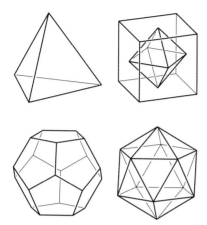

Die fünf platonischen Körper

eine Bijektion zwischen den Kanten und der Menge aller Ecken außer der Wurzel, indem wir jeder Kante die Endecke zuordnen, zu der sie hinzeigt. Angewendet auf den Baum T ergibt dies $n = e_T + 1$, und für den Baum T^* liefert es $f = e_{T^*} + 1$. Wir addieren die beiden Gleichungen und erhalten $n + f = (e_T + 1) + (e_{T^*} + 1) = e + 2$. □

Die Eulersche Formel liefert eine unerwartete *numerische* Beziehung zwischen den Elementen einer *geometrisch-topologischen* Struktur: die Anzahlen der Ecken, Kanten und Gebiete eines endlichen zusammenhängenden Graphen erfüllen $n - e + f = 2$ immer dann, wenn der Graph eben ist, oder in die Ebene oder auf eine Sphäre gezeichnet werden *kann*.

Aus der Eulerschen Formel können viele bekannte klassische Folgerungen ableitet werden. So erhält man daraus die Klassifikation der regulären konvexen Polyeder (die *platonischen Körper*), die Tatsache, dass K_5 und $K_{3,3}$ nicht planar sind (siehe unten), und den Fünffarbensatz, der besagt, dass jede ebene Karte mit höchstens fünf Farben so eingefärbt werden kann, dass keine zwei benachbarten Gebiete dieselbe Farbe bekommen. Aber dafür haben wir einen viel besseren Beweis, für den man nicht einmal die Eulersche Formel braucht — siehe Kapitel 27.

In diesem Kapitel versammeln sich drei weitere elegante Beweise, für die die Eulersche Formel „des Pudels Kern" ist. Die ersten beiden, ein Beweis des Sylvester-Gallai-Satzes und ein Satz über zwei-gefärbte Punktkonfigurationen, verwenden die Eulersche Formel in schlauer Kombination mit anderen Beziehungen zwischen grundlegenden Graphenparametern. Deshalb sehen wir uns zunächst diese Parameter an.

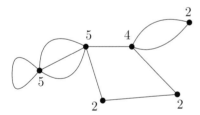

Hier ist jede Ecke mit ihrem Grad bezeichnet. Zählen der Ecken anhand ihres Grades liefert $n_2 = 3$, $n_3 = 0$, $n_4 = 1$, $n_5 = 2$.

Der *Grad einer Ecke* einer Ecke ist die Anzahl der Kanten, die von der Ecke ausgehen, wobei Schlingen doppelt zählen. Mit n_i bezeichnen wir die Anzahl der Ecken vom Grad i in G. Wenn wir die Ecken anhand ihres Grades zählen, so erhalten wir

$$n \;=\; n_0 + n_1 + n_2 + n_3 + \ldots \tag{1}$$

Andererseits hat jede Kante genau zwei Enden, sie trägt also 2 zur Summe aller Grade bei, und wir erhalten für diese Summe

$$2e \;=\; n_1 + 2n_2 + 3n_3 + 4n_4 + \ldots \tag{2}$$

Man kann diese Gleichung so interpretieren, dass hier auf zwei verschiedene Weisen die Enden der Kanten abgezählt werden, also die Kanten-Ecken-Inzidenzen. Der *Durchschnittsgrad* $\overline{d}$ der Ecken ist somit

$$\overline{d} \;=\; \frac{2e}{n}.$$

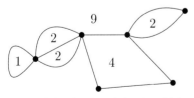

Hier ist jedes Gebiet mit der Anzahl der Seiten bezeichnet. Zählen der Gebiete mit gegebener Seitenzahl liefert $f_1 = 1$, $f_2 = 3$, $f_4 = 1$, $f_9 = 1$, und $f_i = 0$ sonst.

Als Nächstes zählen wir die Gebiete eines ebenen Graphen in Abhängigkeit von ihrer Seitenzahl. Sei f_k die Anzahl der Gebiete, die durch k Kanten begrenzt werden (wobei wir eine Kante doppelt zählen, wenn sie auf beiden Seiten dasselbe Gebiet begrenzt). Durch Zählen aller Gebiete erhalten wir

$$f \;=\; f_1 + f_2 + f_3 + f_4 + \ldots \tag{3}$$

Abzählen der Kanten anhand der Gebiete, die sie begrenzen, liefert

$$2e \;=\; f_1 + 2f_2 + 3f_3 + 4f_4 + \ldots \qquad (4)$$

Dies können wir wieder, wie vorher, als doppeltes Abzählen der Kanten-Gebiet-Inzidenzen interpretieren. Damit ist die durchschnittliche Seitenzahl der Gebiete gegeben durch

$$\overline{f} \;=\; \frac{2e}{f}.$$

Jetzt wollen wir daraus — unter Verwendung der Eulerschen Formel — schnell ableiten, dass der vollständige Graph K_5 und der vollständige bipartite Graph $K_{3,3}$ nicht planar sind. Für eine hypothetische ebene Darstellung von K_5 berechnen wir $n = 5$, $e = \binom{5}{2} = 10$, und damit $f = e + 2 - n = 7$ und $\overline{f} = \frac{2e}{f} = \frac{20}{7} < 3$. Aber wenn die durchschnittliche Seitenzahl kleiner als 3 ist, dann muss die Einbettung ein Gebiet haben, das durch höchstens zwei Seiten begrenzt wird, was nicht sein kann.

Genauso erhalten wir für $K_{3,3}$, dass $n = 6$, $e = 9$, $f = e + 2 - n = 5$ und damit $\overline{f} = \frac{2e}{f} = \frac{18}{5} < 4$ ist, was auch nicht stimmen kann, weil $K_{3,3}$ einfach und bipartit ist, also alle seine Kreise mindestens Länge 4 haben.

K_5 mit nur einer Kreuzung

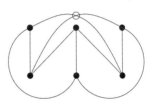

$K_{3,3}$ mit nur einer Kreuzung

Es ist natürlich kein Zufall, dass die Gleichungen (3) und (4) für die f_is den Gleichungen (1) und (2) für die n_is so ähnlich sehen. Sie gehen ineinander über, wenn wir die Dualgraph-Konstruktion $G \to G^*$ durchführen.

Aus den durch doppeltes Abzählen gewonnen Identitäten leiten wir jetzt die folgenden „lokalen" Schlußfolgerungen aus der Eulerschen Formel ab.

Proposition. *Sei G ein einfacher, ebener Graph. Dann gilt:*

(A) *G hat eine Ecke vom Grad höchstens 5.*

(B) *G hat höchstens $3n - 6$ Kanten.*

(C) *Wenn die Kanten von G zwei-gefärbt werden, dann gibt es eine Ecke von G mit höchstens zwei Farbwechseln in der zyklischen Ordnung der Kanten um die Ecke herum.*

■ **Beweis.** Für jede der drei Aussagen können wir annehmen, dass G zusammenhängend ist.

(A) Jedes Gebiet wird durch mindestens drei Kanten begrenzt (weil G einfach ist). Also liefern (3) und (4)

$$\begin{aligned} f &= f_3 + f_4 + f_5 + \ldots \\ 2e &= 3f_3 + 4f_4 + 5f_5 + \ldots, \end{aligned}$$

und damit $2e - 3f \geq 0$.

Wenn jetzt jede Ecke mindestens Grad 6 hat, dann folgt aus (1) und (2)

$$\begin{aligned} n &= n_6 + n_7 + n_8 + \ldots \\ 2e &= 6n_6 + 7n_7 + 8n_8 + \ldots, \end{aligned}$$

also $2e - 6n \geq 0$.

Durch Kombination der beiden Ungleichungen erhalten wir

$$6(e - n - f) = (2e - 6n) + 2(2e - 3f) \geq 0$$

und damit $e \geq n + f$, was der Eulerschen Formel widerspricht.

(B) Wie im ersten Schritt von Teil (A) erhalten wir $2e - 3f \geq 0$, und damit

$$3n - 6 = 3e - 3f \geq e$$

aus der Eulerschen Formel.

(C) Sei c die Anzahl der „Winkel", die von verschiedenfarbigen Kanten gebildet werden. Nehmen wir an, dass die Aussage falsch ist, dann gibt es $c \geq 4n$ solche Winkel, weil es an jeder Ecke ja eine gerade Anzahl von Farbwechseln geben muss. Ein Gebiet mit $2k$ oder $2k + 1$ Kanten hat höchstens $2k$ solche Winkel mit Farbwechsel, und daraus schließen wir

$$\begin{aligned} 4n \leq c &\leq 2f_3 + 4f_4 + 4f_5 + 6f_6 + 6f_7 + 8f_8 + \ldots \\ &\leq 2f_3 + 4f_4 + 6f_5 + 8f_6 + 10f_7 + \ldots \\ &= 2(3f_3 + 4f_4 + 5f_5 + 6f_6 + 7f_7 + \ldots) \\ &\quad -4(f_3 + f_4 + f_5 + f_6 + f_7 + \ldots) \\ &= 4e - 4f, \end{aligned}$$

Pfeilspitzen zeigen hier in die Winkel zwischen verschiedenfarbigen Kanten.

wobei wir wieder (3) und (4) verwendet haben. Also folgt $e \geq n + f$, was abermals der Eulerschen Formel widerspricht. □

1. Noch einmal: der Sylvester-Gallai-Satz

Offenbar hat Norman Steenrod als erster bemerkt, dass Teil (A) der Proposition einen überraschend einfachen Beweis des Sylvester-Gallai-Satzes aus Kapitel 8 liefert.

Der Sylvester-Gallai-Satz. *Wenn $n \geq 3$ Punkte in der Ebene nicht alle auf einer Geraden liegen, dann gibt es eine Gerade, die genau zwei der Punkte enthält.*

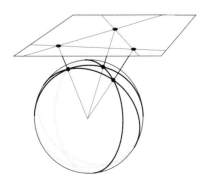

■ **Beweis.** Wenn wir die Ebene $\mathbb{R}^2$ in den $\mathbb{R}^3$ nahe der Einheitssphäre S^2 einbetten, wie das in der Zeichnung angedeutet ist, dann entspricht jedem Punkt im $\mathbb{R}^2$ ein Paar von gegenüberliegenden Punkten auf der S^2, und die Geraden im $\mathbb{R}^2$ entsprechen Großkreisen auf der S^2. Damit ist der Sylvester-Gallai-Satz zur folgenden Aussage äquivalent:

Wenn $n \geq 3$ Paare von einander gegenüberliegenden Punkten auf der Sphäre gegeben sind, die nicht alle auf einem Großkreis liegen, dann gibt es immer einen Großkreis, der genau zwei der Punktepaare enthält.

Nun dualisieren wir, indem wir jedes Paar von gegenüber liegenden Punkten durch den entsprechenden Großkreis auf der Sphäre ersetzen. Das heißt, statt der Punkte $\pm v \in S^2$ betrachten wir nun die orthogonalen Kreise, die durch $C_v := \{x \in S^2 : \langle x, v \rangle = 0\}$ gegeben sind. (Dieses C_v ist der Äquator, wenn wir v als Nordpol der Sphäre interpretieren.)

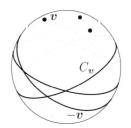

Damit müssen wir für das Sylvester-Gallai-Problem das Folgende beweisen:

Wenn $n \geq 3$ Großkreise auf der S^2 gegeben sind, die nicht alle durch einen Punkt gehen, dann gibt es immer einen Punkt, der auf genau zweien der Großkreise liegt.

Aber das Arrangement von Großkreisen liefert einen ebenen Graphen auf der S^2: seine Ecken entsprechen den Schnittpunkten dieser Großkreise, und die Kanten den Großkreisabschnitten zwischen je zwei Schnittpunkten. Alle Eckengrade des Graphen sind gerade, und sie sind alle mindestens 4, nach Konstruktion. Also liefert Teil (A) der Proposition die Existenz einer Ecke vom Grad 4. Das ist alles! □

2. Einfarbige Geraden

Die folgende „farbige" Variation des Sylvester-Gallai-Satzes stammt von Don Chakerian.

Satz. *Wenn endlich viele „schwarze" und „weiße" Punkte in der Ebene gegeben sind, die nicht alle auf einer Geraden liegen, dann gibt es immer eine „einfarbige" Gerade: eine Gerade, die mindestens zwei Punkte einer Farbe enthält und keine der anderen Farbe.*

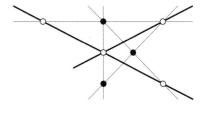

■ **Beweis.** Wie zuvor für das Sylvester-Gallai-Problem übersetzen wir das Problem auf die Einheitssphäre und dualisieren es dort. Also müssen wir beweisen:

Für jede endliche Menge von „schwarzen" und „weißen" Großkreisen auf der Einheitssphäre, die nicht alle durch einen Punkt gehen, gibt es einen Schnittpunkt, der entweder nur auf weißen Großkreisen liegt oder nur auf schwarzen Großkreisen.

Hier folgt die (positive) Antwort aus Teil (C) der Proposition, weil es in jeder Ecke, in der sich Großkreise verschiedener Farbe schneiden, immer mindestens 4 Winkel mit Farbwechseln gibt. □

3. Der Satz von Pick

Der Satz von Pick aus dem Jahr 1899 ist ein wunderschönes und überraschendes Resultat, er ist aber auch eine „klassische" Folgerung aus der Eulerschen Formel.

Im Folgenden nennen wir ein konvexes Polygon $P \subseteq \mathbb{R}^2$ *elementar*, wenn seine Ecken ganzzahlig sind, es aber keine weiteren ganzzahligen Punkte enthält.

Lemma. *Jedes elementare Dreieck $\Delta = \mathrm{conv}\{p_0, p_1, p_2\} \subseteq \mathbb{R}^2$ hat die Fläche $A(\Delta) = \tfrac{1}{2}$.*

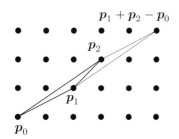

■ **Beweis.** Sowohl das Parallelogramm P mit den Ecken p_0, p_1, p_2 und $p_1 + p_2 - p_0$ als auch das Gitter $\mathbb{Z}^2$ sind symmetrisch bezüglich der Abbildung

$$\sigma : x \longmapsto p_1 + p_2 - x,$$

der Spiegelung im Mittelpunkt der Strecke von p_1 nach p_2. Damit ist das Parallelogramm $P = \Delta \cup \sigma(\Delta)$ auch elementar, und seine ganzzahligen Translate pflastern die Ebene. Also ist $\{p_1 - p_0, p_2 - p_0\}$ eine Basis des Gitters $\mathbb{Z}^2$, und hat Determinante 1, P hat die Fläche 1, und Δ hat Fläche $\tfrac{1}{2}$. (Der Kasten unten liefert eine Erklärung dieser Begriffe.) □

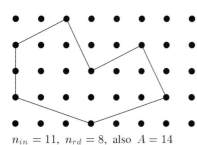

$n_{in} = 11$, $n_{rd} = 8$, also $A = 14$

Der Satz von Pick. *Die Fläche eines (nicht notwendigerweise konvexen) Polygons $Q \subseteq \mathbb{R}^2$ mit ganzzahligen Ecken ist durch*

$$A(Q) \;=\; n_{in} + \tfrac{1}{2} n_{rd} - 1$$

gegeben, wobei n_{in} und n_{rd} die Anzahlen der ganzzahligen Punkte im Inneren bzw. auf dem Rand von Q sind.

Gitterbasen

Eine *Basis* des $\mathbb{Z}^2$ ist ein Paar von linear unabhängigen Vektoren e_1, e_2, so dass

$$\mathbb{Z}^2 \;=\; \{\lambda_1 e_1 + \lambda_2 e_2 : \lambda_1, \lambda_2 \in \mathbb{Z}\}$$

ist. Seien $e_1 = \binom{a}{b}$ und $e_2 = \binom{c}{d}$, dann ist die Fläche des Parallelogramms, das durch e_1 und e_2 aufgespannt wird, gleich $A(e_1, e_2) = |\det(e_1, e_2)| = |\det \binom{a\ c}{b\ d}|$. Wenn $f_1 = \binom{r}{s}$ und $f_2 = \binom{t}{u}$ eine andere Basis bilden, dann gibt es eine umkehrbare ganzzahlige Matrix Q mit $\binom{r\ t}{s\ u} = \binom{a\ c}{b\ d} Q$. Weil $QQ^{-1} = \binom{1\ 0}{0\ 1}$ gilt und die Determinanten ganzzahlig sind, folgt daraus $|\det Q| = 1$ und damit $|\det(f_1, f_2)| = |\det(e_1, e_2)|$. Also haben alle Basisparallelogramme dieselbe Fläche 1, da $A\big(\binom{1}{0}, \binom{0}{1}\big) = 1$ ist.

■ **Beweis.** Jedes solche Polygon besitzt eine Triangulierung, die alle n_{in} Gitterpunkte im Inneren verwendet, und alle n_{rd} Gitterpunkte auf dem Rand von Q. (Das ist nicht ganz offensichtlich, insbesondere weil wir ja gar nicht annehmen, dass Q konvex sein muss, aber im Kapitel 28 über das Museumswächterproblem wird dies bewiesen.)

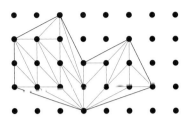

Nun interpretieren wir die Triangulierung als einen ebenen Graphen, der die Ebene in ein unbegrenztes Gebiet plus $f - 1$ Dreiecke der Fläche $\frac{1}{2}$ unterteilt, so dass also
$$A(Q) = \tfrac{1}{2}(f - 1)$$
gilt. Jedes Dreieck hat drei Seiten, wobei jede der e_{in} inneren Kanten zwei Dreiecke begrenzt, wohingegen die e_{rd} Randkanten nur für je ein Dreieck verwendet werden. Also gilt $3(f - 1) = 2e_{in} + e_{rd}$ und damit $f = 2(e - f) - e_{rd} + 3$. Weiterhin verwenden wir, dass das Polygon die gleiche Anzahl von Randkanten und -ecken hat, also $e_{rd} = n_{rd}$. Diese Gleichungen liefern zusammen mit der Eulerschen Formel

$$\begin{aligned} f &= 2(e - f) - e_{rd} + 3 \\ &= 2(n - 2) - n_{rd} + 3 = 2n_{in} + n_{rd} - 1, \end{aligned}$$

und damit

$$A(Q) = \tfrac{1}{2}(f - 1) = n_{in} + \tfrac{1}{2} n_{rd} - 1. \qquad \square$$

Literatur

[1] G. D. CHAKERIAN: *Sylvester's problem on collinear points and a relative,* Amer. Math. Monthly **77** (1970), 164-167.

[2] D. EPPSTEIN: *Seventeen proofs of Euler's formula: $V - E + F = 2$,* in: Geometry Junkyard, http://www.ics.uci.edu/~eppstein/junkyard/euler/.

[3] G. PICK: *Geometrisches zur Zahlenlehre,* Sitzungsberichte Lotos (Prag), Natur-med. Verein für Böhmen **19** (1899), 311-319.

[4] K. G. C. VON STAUDT: *Geometrie der Lage,* Verlag der Fr. Korn'schen Buchhandlung, Nürnberg 1847.

[5] N. E. STEENROD: *Solution 4065/Editorial Note,* Amer. Math. Monthly **51** (1944), 170-171.

Der Starrheitssatz von Cauchy   Kapitel 11

Cauchys Starrheitssatz für 3-dimensionale Polyeder ist ein berühmtes Resultat, das ganz entscheidend von der Eulerschen Formel (genauer gesagt, dem Teil (C) der Proposition im vorherigen Kapitel) abhängt.

Für die Begriffe von Kongruenz und kombinatorischer Äquivalenz, die wir im Folgenden verwenden, sei auf den Anhang über Polytope und Polyeder im Kapitel über Hilberts drittes Problem (Seite 52) verwiesen.

> **Satz.** *Wenn zwei 3-dimensionale konvexe Polyeder P und P' kombinatorisch äquivalent sind, so dass die entsprechenden Facetten kongruent sind, dann sind auch die Winkel zwischen den entsprechenden Paaren von adjazenten Facetten gleich, und damit ist P kongruent zu P'.*

Augustin Cauchy

Die Illustration im Rand zeigt zwei 3-dimensionale Polyeder, die kombinatorisch äquivalent sind, so dass die entsprechenden Seitenflächen kongruent sind. Aber die Polyeder sind nicht kongruent, und nur eines von beiden ist konvex. Also ist die Konvexitätsannahme für den Satz von Cauchy wichtig!

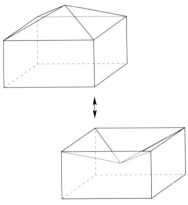

■ **Beweis.** Wir folgen im Wesentlichen dem Originalbeweis von Cauchy. Nehmen wir an, dass zwei konvexe Polyeder P und P' mit kongruenten Seitenflächen gegeben sind. Wir färben die Kanten von P folgendermaßen: Eine Kante wird schwarz (oder „positiv") gefärbt, wenn der entsprechende Innenwinkel zwischen den benachbarten Seitenflächen an dieser Kante in P' größer ist als in P; die Kante wird weiß (oder „negativ") gefärbt, wenn der entsprechende Winkel in P' kleiner ist als in P.

Die schwarzen und weißen Kanten von P bilden zusammen einen zweigefärbten ebenen Graphen auf der Oberfläche von P. Wir können annehmen, dass der Nullpunkt im Inneren von P liegt, und damit diesen Graphen durch radiale Projektion auf die Oberfläche der Einheitssphäre abbilden. Wenn P und P' nicht ohnehin schon kongruent sind, dann ist der Graph nicht leer. Mit Teil (C) der Proposition im vorhergehenden Kapitel finden wir jetzt, dass es eine Ecke p gibt, von der zumindest eine schwarze oder weiße Kante ausgeht, und für die es höchstens zwei Farbwechsel zwischen schwarzen und weißen Kanten (in zyklischer Reihenfolge um die Ecke herum) gibt.

Nun schneiden wir P mit einer kleinen Sphäre S_ε (vom Radius ε) mit Mittelpunkt p und schneiden P' mit einer Sphäre S'_ε mit demselben Radius ε

und mit der entsprechenden Ecke p' als Mittelpunkt. Auf S_ε und S'_ε gibt es jetzt konvexe sphärische Polygone Q und Q', für die die entsprechenden Kanten dieselbe Länge haben, weil diese kongruenten Facetten von P und P' entsprechen, und weil wir denselben Radius ε für beide Sphären gewählt haben.

Nun markieren wir mit einem + die Winkel von Q, für die der entsprechende Winkel in Q' größer ist, und mit − die Winkel, für die der entsprechende Winkel in Q' kleiner ist. Wenn wir von Q zu Q' übergehen, dann werden die Winkel mit einem + also „geöffnet", die Winkel mit einem − werden „geschlossen", während alle Kantenlängen und die nicht-markierten Winkel gleich groß bleiben.

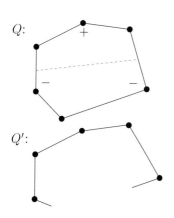

Nun hatten wir p ja so gewählt, dass *mindestens ein* + oder − auftritt, und so, dass es in zyklischer Reihenfolge in dem Polygon höchstens zwei Wechsel zwischen + und − gibt. Wenn es nur eine Art von Vorzeichen gibt, dann liefert das Lemma unten sofort einen Widerspruch, weil es besagt, dass eine Kante ihre Länge ändern muss. Wenn beide Arten von Vorzeichen auftreten, dann gibt es eine „Trennlinie", die zwei Kantenmittelpunkte verbindet, und die die Ecken mit einem + von den Ecken mit einem − trennt, weil ja insgesamt nur zwei Vorzeichenwechsel auftreten. Damit bekommen wir wieder aus dem folgenden Lemma einen Widerspruch, weil die Trennlinie im Vergleich von Q' und Q nicht gleichzeitig länger und kürzer sein kann. □

Cauchys Arm-Lemma.
Wenn Q und Q' konvexe (ebene oder sphärische) n-Ecke sind, die wie in der Zeichnung beschriftet werden,

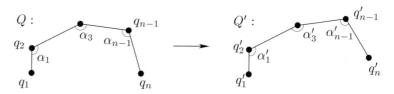

wenn für $1 \leq i \leq n-1$ die Kantenlängen $\overline{q_i q_{i+1}} = \overline{q'_i q'_{i+1}}$ gleich sind, und wenn für $2 \leq i \leq n-1$ die Winkel $\alpha_i \leq \alpha'_i$ übereinstimmen, dann erfüllt die „fehlende" Kantenlänge die Ungleichung

$$\overline{q_1 q_n} \leq \overline{q'_1 q'_n},$$

mit Gleichheit dann und nur dann, wenn $\alpha_i = \alpha'_i$ für alle i gilt.

Intuitiv heißt das: Wenn sich beim „die Arme Öffnen" die Winkel an allen Gelenken vergrößern, dann entfernen sich die Hände voneinander. Aber: von einer kontinuierlichen Bewegung ist im Arm-Lemma nicht die Rede! Und: Das Lemma ist nur unter etlichen Vorsichtsmaßnahmen richtig — es ist wichtig, daß wir es mit einer ebenen (oder sphärischen) Figur zu tun haben, und daß wir mit konvexen Polgonen hantieren. Interessanterweise

Der Starrheitssatz von Cauchy

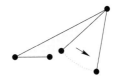

war Cauchys eigener Beweis für dieses Lemma falsch: eine stetige Bewegung, mit der wir die Winkel öffnen und die Kantenlängen konstant halten, kann die Konvexität zerstören — wie in der Abbildung! Aber das Lemma stimmt trotzdem: Und der Beweis, den wir hier vorführen, aus einem Brief von I. J. Schoenberg an S. K. Zaremba, funktioniert sowohl für ebene als auch für sphärische Polygone.

■ **Beweis.** Wir verwenden Induktion über n. Der Fall $n = 3$ ist einfach: Wenn wir in einem Dreieck den Winkel γ zwischen zwei Seiten von festen Längen a und b vergrößern, dann vergrößert sich auch die Länge der gegenüberliegenden Seite. Analytisch folgt dies aus dem Kosinussatz

$$c^2 = a^2 + b^2 - 2ab\cos\gamma$$

im ebenen Fall und aus der entsprechenden Gleichung

$$\cos c = \cos a \cos b + \sin a \sin b \cos\gamma$$

in sphärischer Trigonometrie. Da werden dann die Kantenlängen a, b, c auf der Oberfläche einer Sphäre vom Radius 1 gemessen, und haben dementsprechend Werte im Intervall $[0, \pi]$.

Sei nun $n \geq 4$. Wenn für irgendein $i \in \{2, \ldots, n-1\}$ die Winkel $\alpha_i = \alpha_i'$ gleich sind, dann können wir die entsprechenden Ecken „abschneiden", indem wir die Diagonale von q_{i-1} nach q_{i+1} bzw. von q_{i-1}' nach q_{i+1}' einzeichnen, mit $\overline{q_{i-1}q_{i+1}} = \overline{q_{i-1}'q_{i+1}'}$, so dass wir nach Induktion fertig sind. Also können wir annehmen, dass $\alpha_i < \alpha_i'$ für $2 \leq i \leq n-1$ gilt.

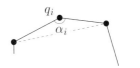

Nun erzeugen wir ein neues Polygon Q^* aus Q, indem wir α_{n-1} durch den größtmöglichen Winkel $\alpha_{n-1}^* \leq \alpha_{n-1}'$ ersetzen, der Q^* konvex hält. Dafür ersetzen wir q_n durch q_n^*, halten aber alle anderen Ecken q_i, die Kantenlängen und die Winkel aus Q fest.

Wenn wir wirklich $\alpha_{n-1}^* = \alpha_{n-1}'$ setzen können, und dabei Q^* konvex bleibt, dann bekommen wir $\overline{q_1 q_n} < \overline{q_1 q_n^*} \leq \overline{q_1' q_n'}$, wobei wir den Fall $n = 3$ für die erste Ungleichung und Induktion wie oben für den zweiten Fall verwenden.

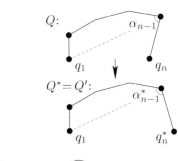

Wenn wir aber „stecken bleiben", so liefert die Bewegung bis zum Steckenbleiben

$$\overline{q_1 q_n^*} > \overline{q_1 q_n}, \tag{1}$$

wobei die Bewegung damit endet, dass q_2, q_1 und q_n^* kollinear sind, mit

$$\overline{q_2 q_1} + \overline{q_1 q_n^*} = \overline{q_2 q_n^*}. \tag{2}$$

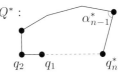

Jetzt vergleichen wir dieses Q^* mit Q' und erhalten

$$\overline{q_2 q_n^*} \leq \overline{q_2' q_n'} \tag{3}$$

durch Induktion über n (wobei wir die Ecke q_1 bzw. q_1' ignorieren). Also haben wir

$$\overline{q_1'q_n'} \stackrel{(*)}{\geq} \overline{q_2'q_n'} - \overline{q_1'q_2'} \stackrel{(3)}{\geq} \overline{q_2q_n^*} - \overline{q_1q_2} \stackrel{(2)}{=} \overline{q_1q_n^*} \stackrel{(1)}{>} \overline{q_1q_n},$$

wobei $(*)$ die Dreiecksungleichung ist, und alle anderen Relationen schon gezeigt wurden. □

Wir haben schon an einem Beispiel gesehen, dass die Aussage des Satzes von Cauchy für *nicht-konvexe* Polyeder nicht mehr stimmt. Bei dem angegebenen Beispiel muss man aber von der einen Version des Polyeders in die andere „springen"; man kann also nicht die Seitenflächen kongruent lassen und gleichzeitig die Winkel „langsam" von der einen in die andere Stellung bewegen. Man könnte ja mehr verlangen:

> *Kann es für ein nicht-konvexes Polyeder eine **stetige** Bewegung geben, die die Seitenflächen flach und kongruent hält?*

Es war verschiedentlich vermutet worden, dass keine triangulierte Fläche, konvex oder nicht, eine solche Bewegung zulässt. Es war deshalb eine ziemliche Überraschung, als 1977 — mehr als 160 Jahre nach Cauchys Arbeit — Robert Connelly Gegenbeispiele beschrieb: Es gibt im $\mathbb{R}^3$ geschlossene triangulierte Sphären ohne Selbstüberschneidungen, die stetige Bewegungen zulassen, die alle Kantenlängen festhalten, bei denen also alle Dreiecksflächen kongruent bleiben. Die folgende Zeichnung zeigt maßstabsgetreu ein wunderschönes Beispiel einer solchen beweglichen Fläche, das von Klaus Steffen konstruiert wurde.

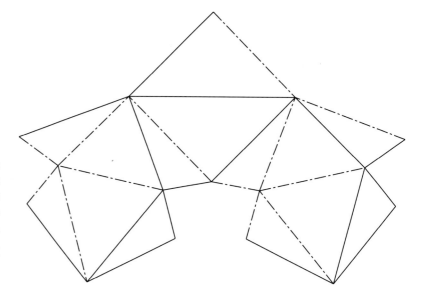

Die gestrichelten Linien in diesem „Ausschneidemodell" entsprechen den nicht-konvexen Kanten. Wir falten also die durchgezogenen Kanten als „Berge" und die gestrichelten Kanten als „Täler". Die Kanten in dem Beispiel haben die Längen 5, 10, 11, 12 und 17 Einheiten.

Die Theorie starrer Flächen hat noch mehr Überraschungen auf Lager: Erst vor sehr kurzem konnten Connelly, Sabitov und Walz zeigen, dass bei jeder solchen Bewegung einer triangulierten Fläche das eingeschlossene *Volumen* gleich bleibt. Ihr Beweis ist auch wegen der überraschenden Verwendung algebraischer Hilfsmittel ausgesprochen schön (liegt deshalb aber auch außer der Reichweite dieses Buches).

Literatur

[1] A. CAUCHY: *Sur les polygones et les polyèdres, seconde mémoire,* J. École Polytechnique XVIe Cahier, Tome IX (1813), 87-98; Œuvres Complètes, IIe Série, Vol. 1, Paris 1905, 26-38.

[2] R. CONNELLY: *A counterexample to the rigidity conjecture for polyhedra,* Inst. Haut. Etud. Sci., Publ. Math. **47** (1978), 333-338.

[3] R. CONNELLY: *The rigidity of polyhedral surfaces,* Mathematics Magazine **52** (1979), 275-283.

[4] R. CONNELLY, I. SABITOV & A. WALZ: *The bellows conjecture,* Beiträge zur Algebra und Geometrie **38** (1997), 1-10.

[5] J. SCHOENBERG & S.K. ZAREMBA: *On Cauchy's lemma concerning convex polygons,* Canadian J. Math. **19** (1967), 1062-1071.

Simplexe, die einander berühren   Kapitel 12

Wie viele d-dimensionale Simplexe kann man so im $\mathbb{R}^d$ anordnen, dass sie einander paarweise berühren, also so, dass der Schnitt von je zweien immer genau $(d-1)$-dimensional ist?

Das ist eine sehr alte und naheliegende Frage. Wir werden die Antwort des Problems mit $f(d)$ bezeichnen und notieren $f(1) = 2$, ganz trivial. Für $d = 2$ zeigt die Anordnung von vier Dreiecken im Rand, dass $f(2) \geq 4$ gilt. Es gibt keine entsprechende Anordnung von fünf Dreiecken, weil dafür die Konstruktion des dualen Graphen, die in unserem Beispiel mit vier Dreiecken eine ebene Zeichnung des K_4 gibt, eine ebene Einbettung des K_5 liefern würde, was nicht möglich ist (siehe Seite 69). Also gilt

$$f(2) = 4.$$

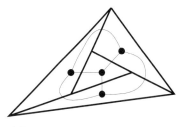

$f(2) \geq 4$

In drei Dimensionen ist $f(3) \geq 8$ noch relativ einfach zu sehen. Dafür verwenden wir die Anordnung von acht Dreiecken, die im Rand gezeigt wird. Die vier schraffierten Dreiecke verbinden wir mit einem Punkt x unterhalb der „Zeichenebene", was vier Tetraeder liefert, die die Zeichenebene von unten berühren. Genauso werden die vier weißen Dreiecke mit einem Punkt y oberhalb der Zeichenebene verbunden. So erhalten wir eine Anordnung von acht einander berührenden Tetraedern im $\mathbb{R}^3$, also ist $f(3) \geq 8$.

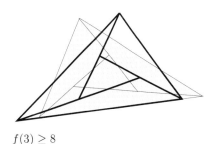

$f(3) \geq 8$

Im Jahr 1965 hat Baston ein Buch geschrieben, mit dem er $f(3) \leq 9$ bewies, und 1991 hat Zaks ein weiteres Buch benötigt, um

$$f(3) = 8$$

zu beweisen. Mit $f(1) = 2$, $f(2) = 4$ und $f(3) = 8$ braucht man nicht mehr viel Inspiration, um bei der folgenden Vermutung zu landen, die erstmals Bagemihl 1956 aufgestellt hat.

Vermutung. *Die maximale Anzahl von einander paarweise berührenden d-dimensionalen Simplexen im $\mathbb{R}^d$ ist*

$$f(d) = 2^d.$$

Die untere Schranke, $f(d) \geq 2^d$, ist relativ leicht nachzuweisen, wenn wir das „richtig anstellen". Dazu braucht man einerseits einen massiven Einsatz von affinen Koordinatenwechseln, und andererseits eine Induktion über die Dimension, die die folgende, stärkere Aussage von Zaks liefert.

„Simplexe, die einander berühren"

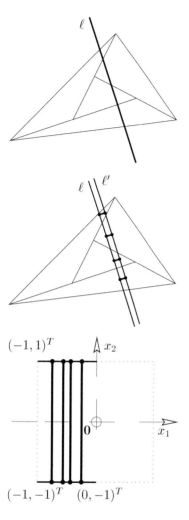

Satz 1. *Für jedes $d \geq 2$ gibt es eine Anordnung von 2^d einander paarweise berührenden d-Simplexen im $\mathbb{R}^d$ mit einer Geraden, die für jedes der 2^d Simplexe durch das Innere geht.*

■ **Beweis.** Für $d = 2$ hat die Familie von vier Dreiecken zur Linken schon eine solche Durchstoßgerade. Für den Induktionsbeweis betrachten wir jetzt eine d-dimensionale Anordnung von einander berührenden Simplexen, die eine Durchstoßgerade ℓ hat. Jede parallele Gerade ℓ' in ihrer Nähe ist ebenfalls eine Durchstoßgerade. Wenn wir jetzt ℓ' und ℓ parallel und nahe genug beieinander wählen, dann enthält jedes der Simplexe auch eine orthogonale (kürzeste) Verbindungsstrecke zwischen den beiden Geraden. Nur ein beschränkter Teil der Geraden ℓ und ℓ' ist in einem der Simplexe der Anordnung enthalten. Wir können deshalb zwei weitere Verbindungsstrecken außerhalb der Anordnung hinzufügen, so dass das Rechteck, das von den beiden außerhalb liegenden Verbindungsstrecken aufgespannt wird, alle anderen Verbindungsstrecken enthält. Damit haben wir eine „Leiter" so positioniert, dass jedes der Simplexe in unserer Anordnung eine der Sprossen der Leiter im Inneren hat, während die vier Enden der Leiter alle außerhalb der Anordnung liegen.

Der wesentliche Schritt besteht nun darin, eine Koordinatentransformation durchzuführen, die den $\mathbb{R}^d$ auf den $\mathbb{R}^d$ abbildet, und die das Rechteck, das durch die Leiter aufgespannt wird, auf das Rechteck (halbe Quadrat) abgebildet wird, das in der Zeichnung links dargestellt und formal durch

$$R^1 = \{(x_1, x_2, 0, \ldots, 0)^T : -1 \leq x_1 \leq 0; -1 \leq x_2 \leq 1\}$$

gegeben ist.

Die Anordnung Σ^1 von einander berührenden Simplexen im $\mathbb{R}^d$, die wir so erhalten, hat die x_1-Achse als Durchstoßgerade, und sie ist so positioniert worden, dass jedes der Simplexe eine Strecke der Form

$$S^1(\alpha) = \{(\alpha, x_2, 0, \ldots, 0)^T : -1 \leq x_2 \leq 1\}$$

im Inneren enthält (für ein α mit $-1 < \alpha < 0$), während der Ursprung $\mathbf{0}$ außerhalb von allen Simplexen liegt.

Nun erzeugen wir ein zweites Exemplar dieser Anordnung, indem wir die erste in der durch $x_1 = x_2$ gegebenen Hyperebene spiegeln. Die zweite Anordnung Σ^2 hat die x_2-Achse als Durchstoßgerade, und in ihr enthält jedes Simplex eine Strecke der Form

$$S^2(\beta) = \{(x_1, \beta, 0, \ldots, 0)^T : -1 \leq x_1 \leq 1\}$$

im Inneren, mit $-1 < \beta < 0$. Aber jede Strecke $S^1(\alpha)$ schneidet jede Strecke $S^2(\beta)$, und damit schneidet das Innere jedes der Simplexe von Σ^1 das Innere von jedem der Simplexe von Σ^2. Wenn wir jetzt also eine neue Koordinate x_{d+1} hinzufügen, und Σ als

$$\{\mathrm{conv}(P_i \cup \{-\mathbf{e}_{d+1}\}) : P_i \in \Sigma^1\} \cup \{\mathrm{conv}(P_j \cup \{\mathbf{e}_{d+1}\}) : P_j \in \Sigma^2\}$$

definieren, so liefert dies eine Anordnung von 2^{d+1} einander berührenden $(d+1)$-Simplexen im $\mathbb{R}^{d+1}$. Weiter gilt, dass die Antidiagonale

$$A \;=\; \{(x, -x, 0, \ldots, 0)^T : x \in \mathbb{R}\} \;\subseteq\; \mathbb{R}^d$$

alle Strecken $S^1(\alpha)$ und $S^2(\beta)$ schneidet. Wir können die dann ein bisschen „kippen" und erhalten so eine Gerade

$$L_\varepsilon \;=\; \{(x, -x, 0, \ldots, 0, \varepsilon x)^T : x \in \mathbb{R}\} \;\subseteq\; \mathbb{R}^{d+1},$$

die für alle sehr kleinen $\varepsilon > 0$ alle Simplexe aus Σ durchstößt. Und dies schließt unseren Induktionsschritt ab. □

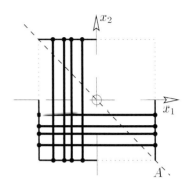

Im Gegensatz zu dieser exponentiellen unteren Schranke sind scharfe obere Schranken viel schwieriger zu beweisen. Ein naives Induktionsargument (in dem man die von Facetten aufgespannten Hyperebenen in einer Konfiguration getrennt betrachtet) liefert nur

$$f(d) \;\leq\; \frac{2}{3}(d+1)!,$$

und dies ist von der unteren Schranke im Satz 1 ziemlich weit weg. Micha Perles hat aber den folgenden wunderbaren Beweis für eine viel bessere Schranke gefunden.

Satz 2. *Für alle $d \geq 1$ gilt $f(d) < 2^{d+1}$.*

■ **Beweis.** Für eine gegebene Anordnung von r einander berührenden d-Simplexen $P_1, P_2, \ldots, P_r$ im $\mathbb{R}^d$ nummerieren wir als erstes die verschiedenen Hyperebenen $H_1, H_2, \ldots, H_s$, die durch die Facetten der P_i aufgespannt werden, und für jede von diesen wählen wir ganz beliebig eine positive Seite H_i^+ und nennen die andere Seite H_i^-.
So finden wir zum Beispiel für die 2-dimensionale Konfiguration von $r = 4$ Dreiecken am Rand insgesamt $s = 6$ Hyperebenen (für $d = 2$ sind dies Geraden).

Aus diesen Daten konstruieren wir die *B-Matrix*, eine $(r \times s)$-Matrix mit Einträgen aus $\{+1, -1, 0\}$, wie folgt: Wir setzen

$$B_{ij} := \begin{cases} +1 & P_i \text{ hat eine Facette in } H_j, \text{ und } P_i \subseteq H_j^+, \\ -1 & P_i \text{ hat eine Facette in } H_j, \text{ und } P_i \subseteq H_j^-, \\ 0 & P_i \text{ hat keine Facette in } H_j. \end{cases}$$

Die 2-dimensionale Anordnung im Rand liefert so zum Beispiel die Matrix

$$B = \begin{pmatrix} 1 & 0 & 1 & 0 & 1 & 0 \\ -1 & -1 & 1 & 0 & 0 & 0 \\ -1 & 1 & 0 & 1 & 0 & 0 \\ 0 & -1 & -1 & 0 & 0 & 1 \end{pmatrix}.$$

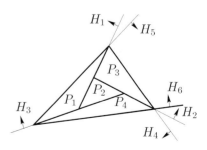

Drei Eigenschaften der so erhaltenen B-Matrix wollen wir festhalten.

Erstens: Weil jedes d-Simplex $d+1$ Facetten hat, enthält jede Zeile von B genau $d+1$ von Null verschiedene Einträge und enthält dementsprechend genau $s-(d+1)$ Nullen.

Zweitens: Wir haben es mit einer Anordnung von einander paarweise berührenden Simplexen zu tun, und dementsprechend gibt es für jedes Paar von Zeilen eine Spalte, in der die eine Zeile einen Eintrag $+1$ hat, während die andere Zeile in dieser Spalte eine -1 hat. Die Zeilen sind also unterschiedlich, *sogar wenn wir ihre Null-Einträge ignorieren.*

Drittens: Die Zeilen von B „stellen die Simplexe P_i dar", als

$$P_i \;=\; \bigcap_{j:B_{ij}=1} H_j^+ \;\cap\; \bigcap_{j:B_{ij}=-1} H_j^-. \qquad (*)$$

Nun leiten wir aus B eine neue Matrix C ab, in der jede Zeile von B durch all die Zeilenvektoren ersetzt wird, die man aus ihr erzeugen kann, indem man alle Nullen durch $+1$ oder durch -1 ersetzt. Weil jede Zeile von B genau $s-d-1$ Nullen hat, und B insgesamt r Zeilen hat, hat die Matrix C insgesamt $2^{s-d-1}r$ Zeilen.

Für unser Beispiel ist C eine (32×6)-Matrix, die mit

$$C = \begin{pmatrix} 1 & 1 & 1 & 1 & 1 & 1 \\ 1 & 1 & 1 & 1 & 1 & -1 \\ 1 & 1 & 1 & -1 & 1 & 1 \\ 1 & 1 & 1 & -1 & 1 & -1 \\ 1 & -1 & 1 & 1 & 1 & 1 \\ 1 & -1 & 1 & 1 & 1 & -1 \\ 1 & -1 & 1 & -1 & 1 & 1 \\ 1 & -1 & 1 & -1 & 1 & -1 \\ \hline -1 & -1 & 1 & 1 & 1 & 1 \\ -1 & -1 & 1 & 1 & 1 & -1 \\ \vdots & \vdots & \vdots & \vdots & \vdots & \vdots \end{pmatrix}$$

anfängt, wobei die ersten acht Zeilen von C aus der ersten Zeile von B abgeleitet sind, die zweiten acht Zeilen entstehen aus der zweiten Zeile von B, usw.

Der springende Punkt ist jetzt, dass alle Zeilen von C verschieden sind: Wenn zwei Zeilen aus derselben Zeile von B abgeleitet sind, dann sind sie verschieden, weil ihre Nullen unterschiedlich ersetzt worden sind; wenn sie aber aus verschiedenen Zeilen von B entstanden sind, dann unterscheiden sie sich, ganz egal wie die Nullen ersetzt worden sind. Aber die Zeilen von C sind (± 1)-Vektoren der Länge s, und es gibt nur 2^s verschiedene solche Vektoren. Weil die Zeilen von C alle verschieden sind, kann C höchstens 2^s verschiedene Zeilen haben, und damit gilt

$$2^{s-d-1}r \;\leq\; 2^s,$$

was bereits $r \leq 2^{d+1}$ ergibt.

Aber nicht alle möglichen (± 1)-Vektoren treten in C auf, was eine strikte Ungleichung $2^{s-d-1}r < 2^s$ liefert, und damit $r < 2^{d+1}$. Um dies zu sehen, beobachten wir, dass jede Zeile von C einen Schnitt von Halbräumen darstellt — genauso, wie dies die Zeilen von B getan haben, durch die Formel (∗). Dieser Schnitt ist eine Teilmenge des Simplex P_i, die durch die entsprechende Zeile von B gegeben war. Jetzt wählen wir einen Punkt $x \in \mathbb{R}^d$, der auf keiner der Hyperebenen H_j liegt, und auch nicht in einem der Simplexe P_i. Aus diesem x leiten wir einen (± 1)-Vektor ab, der für jedes j notiert, ob $x \in H_j^+$ oder $x \in H_j^-$. Dieser (± 1)-Vektor tritt in C nicht auf, weil der Halbraumschnitt nach (∗) den Punkt x enthält, und damit nicht in einem der Simplexe P_i enthalten ist.

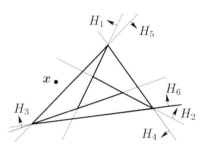

Für unser kleines Beispiel wird dies im Rand illustriert: Die erste Zeile der C-Matrix stellt das schattierte Dreieck dar, während die zweite Zeile einem leeren Schnitt von Halbräumen entspricht. Der Punkt x liefert die Zeile

$$\begin{pmatrix} 1 & -1 & 1 & 1 & -1 & 1 \end{pmatrix},$$

die nicht in der C-Matrix auftritt. □

Literatur

[1] F. BAGEMIHL: *A conjecture concerning neighboring tetrahedra,* Amer. Math. Monthly **63** (1956) 328-329.

[2] V. J. D. BASTON: *Some Properties of Polyhedra in Euclidean Space,* Pergamon Press, Oxford 1965.

[3] M. A. PERLES: *At most 2^{d+1} neighborly simplices in E^d,* Annals of Discrete Math. **20** (1984), 253-254.

[4] J. ZAKS: *Neighborly families of 2^d d-simplices in E^d,* Geometriae Dedicata **11** (1981), 279-296.

[5] J. ZAKS: *No Nine Neighborly Tetrahedra Exist,* Memoirs Amer. Math. Soc. No. 447, Vol. 91, 1991.

Stumpfe Winkel   Kapitel 13

Ungefähr 1950 hat Paul Erdős vermutet, dass jede Menge von mehr als 2^d Punkte im $\mathbb{R}^d$ einen *stumpfen Winkel* bestimmt, also einen Winkel, der echt größer ist als $\frac{\pi}{2}$. Mit anderen Worten, eine Teilmenge des $\mathbb{R}^d$, die nur spitze Winkel (oder rechte Winkel) enthält, besteht aus höchstens 2^d Punkten. Das Problem wurde als Preisaufgabe von der Niederländischen Mathematischen Gesellschaft gestellt — bei der aber nur Lösungen für $d = 2$ und für $d = 3$ eingereicht wurden.

Für $d = 2$ ist das Problem einfach: Wir betrachten eine Menge von $2^d + 1 = 5$ Punkten in der Ebene. Wenn diese fünf Punkte ein konvexes Fünfeck bilden, dann findet sich darin ein stumpfer Winkel (sogar ein Winkel von mindestens $108°$); wenn nicht, dann ist ein Punkt in der konvexen Hülle von drei anderen enthalten, die ein Dreieck bilden. Aber dieser Punkt „sieht" die drei Kanten des Dreiecks unter drei Winkeln, deren Summe $360°$ ist, also ist einer der Winkel mindestens $120°$. (Im zweiten Fall sind auch Situationen enthalten, in denen wir drei Punkte auf einer Gerade haben, und damit einen $180°$-Winkel.)

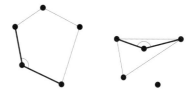

Völlig unabhängig davon, hat Victor Klee ein paar Jahre später gefragt — und Erdős die Frage verbreitet — wie groß denn eine Punktmenge im $\mathbb{R}^d$ sein könnte, die die folgende „Antipodalitätseigenschaft" hat: Für *beliebige* zwei Punkte der Menge gibt es immer einen Streifen (durch zwei parallele Hyperebenen begrenzt), der die ganze Punktmenge enthält, und der die beiden ausgewählten Punkte auf verschiedenen Seiten des Randes hat.

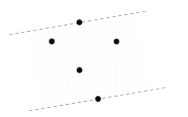

Dann, 1962, haben Ludwig Danzer und Branko Grünbaum beide Probleme auf einen Streich gelöst: sie haben die Maximalgrößen für beide Probleme in eine Kette von Ungleichungen eingehängt, die mit 2^d anfängt und aufhört. Also ist die Antwort 2^d, sowohl für Erdős' als auch für Klees Problem.

Im Folgenden betrachten wir (endliche) Punktmengen $S \subseteq \mathbb{R}^d$, ihre konvexen Hüllen $\text{conv}(S)$, und allgemeine konvexe Polytope $Q \subseteq \mathbb{R}^d$. (Auf Seite 52 findet sich eine Diskussion der grundlegenden Konzepte über Polytope.) Wir nehmen an, dass diese Mengen volldimensional sind, also nicht in einer Hyperebene enthalten. Konvexe Mengen *berühren einander*, wenn sie mindestens einen Randpunkt gemeinsam haben, sich aber nicht im Inneren schneiden. Für beliebige Teilmengen $Q \subseteq \mathbb{R}^d$ und Vektoren $s \in \mathbb{R}^d$ bezeichnen wir mit $Q + s$ das Bild von Q unter der Verschiebung, die $\mathbf{0}$ nach s verschiebt. Genauso erhält man $Q - s$ aus Q mit der Abbildung, die s in den Ursprung verschiebt.

Keine Angst: dieses Kapitel ist ein Ausflug in die d-dimensionale Geometrie, aber die Argumente im Folgenden verlangen keine „hoch-dimensionale Intuition", weil man sie alle im drei-dimensionalen Raum und sogar in der Ebene verfolgen, visualisieren, und damit auch *verstehen* kann. Unsere Abbildungen werden dementsprechend den Beweis für $d = 2$ illustrieren (wo eine „Hyperebene" einfach eine Gerade ist), und es bleibt Ihnen überlassen, sich Bilder für $d = 3$ zurechtzulegen (wo die „Hyperebenen" Ebenen sind).

Satz 1. *Für jedes $d \geq 2$ gilt die folgende Kette von Ungleichungen:*

$$2^d \overset{(1)}{\leq} \max \# \left\{ S \subseteq \mathbb{R}^d \,\middle|\, \sphericalangle(s_i, s_j, s_k) \leq \tfrac{\pi}{2} \text{ für alle } \{s_i, s_j, s_k\} \subseteq S \right\}$$

$$\overset{(2)}{\leq} \max \# \left\{ S \subseteq \mathbb{R}^d \,\middle|\, \begin{array}{l} \text{Für je zwei Punkte } \{s_i, s_j\} \subseteq S \text{ liegt } S \text{ in} \\ \text{einem Streifen } \mathcal{S}(i,j), \text{ dessen parallele Be-} \\ \text{grenzungshyperebenen } s_i \text{ bzw. } s_j \text{ enthalten} \end{array} \right\}$$

$$\overset{(3)}{=} \max \# \left\{ S \subseteq \mathbb{R}^d \,\middle|\, \begin{array}{l} \text{Die Translate } P - s_i \text{ von } P := \mathrm{conv}(S) \\ \text{schneiden sich in einem gemeinsamen Punkt,} \\ \text{berühren einander aber nur} \end{array} \right\}$$

$$\overset{(4)}{\leq} \max \# \left\{ S \subseteq \mathbb{R}^d \,\middle|\, \begin{array}{l} \text{Die Translate } Q + s_i \text{ eines } d\text{-dimensionalen} \\ \text{konvexen Polytops } Q \text{ berühren einander paar-} \\ \text{weise} \end{array} \right\}$$

$$\overset{(5)}{=} \max \# \left\{ S \subseteq \mathbb{R}^d \,\middle|\, \begin{array}{l} \text{Die Translate } Q^* + s_i \text{ eines } d\text{-dimensionalen} \\ \text{zentralsymmetrischen konvexen Polytops } Q^* \\ \text{berühren einander paarweise} \end{array} \right\}$$

$$\overset{(6)}{\leq} 2^d.$$

■ **Beweis.** Wir müssen sechs Behauptungen (Gleichungen und Ungleichungen) begründen. Und los gehts!

(1) Wir nehmen als $S := \{0,1\}^d$ die Eckenmenge des Standard-Einheitswürfels im $\mathbb{R}^d$ und wählen $s_i, s_j, s_k \in S$. Aus Symmetriegründen können wir annehmen, dass $s_j = \mathbf{0}$ der Nullvektor ist. Also können wir den Winkel als

$$\cos \sphericalangle(s_i, s_j, s_k) = \frac{\langle s_i, s_k \rangle}{|s_i||s_k|}$$

berechnen, und das ist offensichtlich nicht-negativ. Also ist S eine Menge mit $|S| = 2^d$, die keine stumpfen Winkel enthält.

(2) Wenn S keine stumpfen Winkel enthält, dann können wir für beliebige $s_i, s_j \in S$ parallele Hyperebenen $H_{ij} + s_i$ und $H_{ij} + s_j$ durch s_i bzw. s_j definieren, die senkrecht auf der Strecke $[s_i, s_j]$ stehen. Dabei bezeichnet $H_{ij} = \{x \in \mathbb{R}^d : \langle x, s_i - s_j \rangle = 0\}$ die Hyperebene durch den Ursprung, die auf der Geraden durch s_i und s_j senkrecht steht, und $H + s_j = \{x + s_j : x \in H\}$ ist die zu H parallele Hyperebene, die durch s_j geht, usw. Also besteht der Streifen zwischen $H_{ij} + s_i$ und $H_{ij} + s_j$, außer s_i und s_j, genau aus all den Punkten $x \in \mathbb{R}^d$, für die die Winkel $\sphericalangle(s_i, s_j, x)$ und $\sphericalangle(s_j, s_i, x)$ nicht stumpf sind. Damit enthält der Streifen die ganze Menge S.

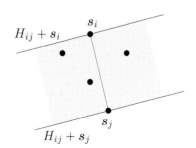

(3) P ist in dem Halbraum bezüglich $H_{ij} + s_j$, der s_i enthält, dann und nur dann enthalten, wenn $P - s_j$ in dem Halbraum von H_{ij} enthalten ist, der $s_i - s_j$ enthält: Eine Eigenschaft „ein Objekt ist in einem Halbraum enthalten" wird nicht zerstört, wenn wir sowohl das Objekt als auch den Halbraum um denselben Vektor (nämlich um $-s_j$) verschieben. Genauso ist P in dem Halbraum von $H_{ij} + s_i$, der s_j enthält, dann und nur dann enthalten, wenn $P - s_i$ in dem Halbraum von H_{ij} enthalten ist, der $s_j - s_i$ enthält.

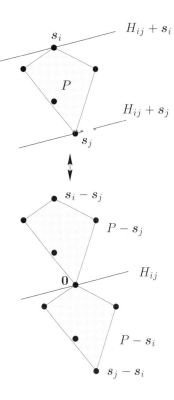

Kombination dieser beiden Aussagen liefert nun, dass das Polytop P in dem Streifen zwischen $H_{ij} + s_i$ und $H_{ij} + s_j$ genau dann enhalten ist, wenn $P - s_i$ und $P - s_j$ in verschiedenen Halbräumen bezüglich der Hyperebene H_{ij} liegen. Diese Beziehung wird durch die Zeichnung im Rand illustriert. Zusätzlich liefert uns $s_i \in P = \mathrm{conv}(S)$, dass der Ursprung $\mathbf{0}$ in allen Translaten $P - s_i$ ($s_i \in S$) enthalten ist. Also schneiden sich die Mengen $P - s_i$ alle in $\mathbf{0}$, aber sie berühren einander nur: sie können keine inneren Punkte gemeinsam haben, weil sie auf unterschiedlichen Seiten der entsprechenden Hyperebenen H_{ij} liegen.

(4) Dies kriegen wir umsonst: Die Aussage „die Translate müssen einander paarweise berühren" ist schwächer als „sie schneiden sich in einem gemeinsamen Punkt, aber berühren einander nur". Genauso schwächen wir eine Bedingung ab, wenn wir für P ein beliebiges konvexes d-Polytop im $\mathbb{R}^d$ zulassen. Schließlich können wir auch S durch $-S$ ersetzen.

(5) Hier ist „$\geq$" trivial, aber das ist nicht die Richtung, die uns wirklich interessiert. Unser Ausgangspunkt ist eine Konfiguration $S \subseteq \mathbb{R}^d$ und ein beliebiges d-Polytop $Q \subseteq \mathbb{R}^d$, so dass die Translate $Q + s_i$ ($s_i \in S$) einander paarweise berühren. Die Behauptung ist, dass wir in dieser Situation

$$Q^* := \{ \tfrac{1}{2}(\boldsymbol{x} - \boldsymbol{y}) \in \mathbb{R}^d : \boldsymbol{x}, \boldsymbol{y} \in Q \}$$

anstelle von Q verwenden können. Aber dies ist nicht schwer zu sehen: Erstens ist Q^* d-dimensional, konvex und zentralsymmetrisch. Man kann auch zeigen, dass Q^* ein Polytop ist (mit Ecken von der Form $\frac{1}{2}(\boldsymbol{q}_i - \boldsymbol{q}_j)$, für Ecken $\boldsymbol{q}_i, \boldsymbol{q}_j$ von Q), aber das ist für uns nicht wichtig. Als Nächstes überlegen wir uns, dass $Q + s_i$ und $Q + s_j$ einander *dann und nur dann* berühren, wenn dasselbe für $Q^* + s_i$ und $Q^* + s_j$ zutrifft. Dafür wandeln wir sozusagen auf den Spuren von Minkowski, indem wir die Äquivalenzen

$(Q^* + s_i) \cap (Q^* + s_j) \neq \emptyset$
$\iff \exists\, \boldsymbol{q}'_i, \boldsymbol{q}''_i, \boldsymbol{q}'_j, \boldsymbol{q}''_j \in Q : \tfrac{1}{2}(\boldsymbol{q}'_i - \boldsymbol{q}''_i) + s_i = \tfrac{1}{2}(\boldsymbol{q}'_j - \boldsymbol{q}''_j) + s_j$
$\iff \exists\, \boldsymbol{q}'_i, \boldsymbol{q}''_i, \boldsymbol{q}'_j, \boldsymbol{q}''_j \in Q : \tfrac{1}{2}(\boldsymbol{q}'_i + \boldsymbol{q}''_j) + s_i = \tfrac{1}{2}(\boldsymbol{q}'_j + \boldsymbol{q}''_i) + s_j$
$\iff \exists\, \boldsymbol{q}_i, \boldsymbol{q}_j \in Q : \boldsymbol{q}_i + s_i = \boldsymbol{q}_j + s_j$
$\iff (Q + s_i) \cap (Q + s_j) \neq \emptyset$

nachweisen. Dabei verwenden für die dritte (und entscheidende) Äquivalenz „$\iff$", dass jedes $\boldsymbol{q} \in Q$ als $\boldsymbol{q} = \tfrac{1}{2}(\boldsymbol{q} + \boldsymbol{q})$ geschrieben werden kann, was „⇐" liefert, und dass wegen der Konvexität von Q die beiden Punkte $\frac{1}{2}(\boldsymbol{q}'_i + \boldsymbol{q}''_j)$ und $\frac{1}{2}(\boldsymbol{q}'_j + \boldsymbol{q}''_i)$ in Q liegen, woraus „⇒" folgt.

Damit erhält also der Übergang von Q auf Q^* (den man als *Minkowski-Symmetrisierung* kennt) die Eigenschaft, dass sich zwei Translate $Q + \boldsymbol{s}_i$ und $Q + \boldsymbol{s}_j$ schneiden. Damit haben wir gezeigt, dass sich für eine beliebige konvexe Menge Q zwei Translate $Q + \boldsymbol{s}_i$ und $Q + \boldsymbol{s}_j$ dann und nur dann schneiden, wenn sich die Translate $Q^* + \boldsymbol{s}_i$ und $Q^* + \boldsymbol{s}_j$ schneiden.

Die folgende Charakterisierung zeigt nun, dass die Symmetrisierung auch die Eigenschaft erhält, dass zwei Translate einander berühren:

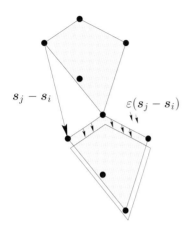

$Q + \boldsymbol{s}_i$ und $Q + \boldsymbol{s}_j$ berühren einander dann und nur dann, wenn sie sich schneiden, aber $Q + \boldsymbol{s}_i$ und $Q + \boldsymbol{s}_j + \varepsilon(\boldsymbol{s}_j - \boldsymbol{s}_i)$ für jedes $\varepsilon > 0$ disjunkt sind.

(6) Nehmen wir nun an, dass $Q^* + \boldsymbol{s}_i$ und $Q^* + \boldsymbol{s}_j$ einander berühren. Für einen beliebigen Schnittpunkt
$$\boldsymbol{x} \in (Q^* + \boldsymbol{s}_i) \cap (Q^* + \boldsymbol{s}_j)$$
haben wir dann
$$\boldsymbol{x} - \boldsymbol{s}_i \in Q^* \quad \text{und} \quad \boldsymbol{x} - \boldsymbol{s}_j \in Q^*,$$
und damit, da Q^* zentralsymmetrisch ist,
$$\boldsymbol{s}_i - \boldsymbol{x} = -(\boldsymbol{x} - \boldsymbol{s}_i) \in Q^*,$$
und schließlich, weil Q^* konvex ist,
$$\tfrac{1}{2}(\boldsymbol{s}_i - \boldsymbol{s}_j) = \tfrac{1}{2}\left((\boldsymbol{x} - \boldsymbol{s}_j) + (\boldsymbol{s}_i - \boldsymbol{x})\right) \in Q^*.$$

Daraus schließen wir, dass $\frac{1}{2}(\boldsymbol{s}_i + \boldsymbol{s}_j)$ für alle i in $Q^* + \boldsymbol{s}_j$ enthalten ist. Für $P := \mathrm{conv}(S)$ liefert dies
$$P_j := \tfrac{1}{2}(P + \boldsymbol{s}_j) = \mathrm{conv}\left\{\tfrac{1}{2}(\boldsymbol{s}_i + \boldsymbol{s}_j) : \boldsymbol{s}_i \in S\right\} \subseteq Q^* + \boldsymbol{s}_j,$$

und daraus folgt, dass die Mengen $P_j = \frac{1}{2}(P + \boldsymbol{s}_j)$ einander nur berühren können.

Die Mengen P_j sind aber alle in P enthalten, denn alle Punkte $\boldsymbol{s}_i$, $\boldsymbol{s}_j$ und $\frac{1}{2}(\boldsymbol{s}_i + \boldsymbol{s}_j)$ sind in P enthalten, weil P konvex ist. Aber die P_js sind nur verkleinerte Translate von P, die in P enthalten sind. Der Verkleinerungsfaktor ist $\frac{1}{2}$, woraus
$$\mathrm{vol}(P_j) = \frac{1}{2^d}\mathrm{vol}(P)$$
folgt, weil wir es mit d-dimensionalen Mengen zu tun haben. Dies bedeutet, dass höchstens 2^d Mengen P_j in P hineinpassen, und damit $|S| \leq 2^d$. Und dies beendet unseren Beweis: die Ungleichungskette ist geschlossen. □

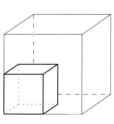

Verkleinerungsfaktor $\frac{1}{2}$, $\mathrm{vol}(P_j) = \frac{1}{8}\mathrm{vol}(P)$

... aber dies ist nicht das Ende der Geschichte. Ludwig Danzer und Branko Grünbaum haben die folgende, sehr naheliegende Frage gestellt:

*Was passiert, wenn man fordert, dass die Winkel alle **spitz** sein müssen, wenn also rechte Winkel auch verboten sind?*

Sie haben Konfigurationen von $2d-1$ Punkten im $\mathbb{R}^d$ konstruiert, für die nur spitze Winkel auftreten, und haben vermutet, dass dies bestmöglich ist. Grünbaum hat bewiesen, dass dies für $d \leq 3$ wirklich stimmt. Aber einundzwanzig Jahre später, 1983, haben Paul Erdős und Zoltan Füredi gezeigt, dass die Vermutung falsch ist — extrem falsch, wenn die Dimension groß ist! Ihr Beweis ist ein großartiges Beispiel für den erfolgreichen Einsatz von Ideen aus der Wahrscheinlichkeitstheorie; in Kapitel 32 werden wir eine Einführung in die hier exemplarisch vorgeführte „probabilistische Methode" geben.

Satz 2. *Für jedes $d \geq 1$ gibt es eine Menge S von $\lfloor \frac{1}{2}\left(\frac{2}{\sqrt{3}}\right)^d \rfloor$ Punkten in $\{0,1\}^d$ (Ecken des d-dimensionalen Einheitswürfels), in der nur spitze Winkel auftreten.*
Insbesondere gibt es in Dimension $d = 35$ eine Menge von $76 > 2\cdot 35 - 1$ Punkten mit nur spitzen Winkeln.

■ **Beweis.** Wir setzen $m := \lfloor \frac{1}{2}\left(\frac{2}{\sqrt{3}}\right)^d \rfloor$ und wählen $2m$ Vektoren

$$x(1), x(2), \ldots, x(2m) \in \{0,1\}^d,$$

indem wir alle ihre Koordinaten unabhängig und zufällig auf 0 oder 1 setzen, jeweils mit Wahrscheinlichkeit $\frac{1}{2}$ für jede Alternative. (Man könnte eine perfekte Münze $2md$-Mal dafür werfen; aber für großes d wird dies sehr schnell langweilig.)

Nun bestimmen drei Vektoren $x(i), x(j), x(k)$ genau dann einen rechten Winkel mit Spitze $x(j)$, wenn das Skalarprodukt

$$\langle x(i) - x(j), x(k) - x(j) \rangle$$

verschwindet, das heißt, wenn

$$x(i)_\ell - x(j)_\ell = 0 \quad \text{oder} \quad x(k)_\ell - x(j)_\ell = 0$$

für jede Koordinate ℓ gilt. Wir nennen (i,j,k) ein *schlechtes Tripel* wenn dies passiert. (Wenn $x(i) = x(j)$ oder $x(j) = x(k)$ ist, dann ist der Winkel nicht definiert, aber dann ist das Tripel ganz sicher schlecht.)

Die Wahrscheinlichkeit, dass ein ganz bestimmtes Tripel schlecht ist, ist genau $\left(\frac{3}{4}\right)^d$: Es ist nämlich genau dann gut, wenn für mindestens eine der d Koordinaten ℓ

entweder $\quad x(i)_\ell = x(k)_\ell = 0, \quad x(j)_\ell = 1,$
oder $\quad\ \ \ x(i)_\ell = x(k)_\ell = 1, \quad x(j)_\ell = 0$

gilt. Damit haben wir sechs schlechte Möglichkeiten von insgesamt acht gleich-wahrscheinlichen, und ein Tripel ist dann schlecht, wenn für jede der d Koordinaten eine schlechte Möglichkeit (mit Wahrscheinlichkeit $\frac{3}{4}$) eintritt.

Die Anzahl der Tripel, über die wir uns Sorgen machen müssen, ist $3\binom{2m}{3}$, weil es insgesamt $\binom{2m}{3}$ Mengen von drei Vektoren gibt, und dann jeweils drei Möglichkeiten die Spitze auszuwählen. Die Wahrscheinlichkeiten, dass verschiedene Tripel gut oder schlecht sind, sind natürlich nicht unabhängig voneinander: aber die *Linearität des Erwartungswerts* (die wir durch Mittelwertbildung über alle möglichen Auswahlen bekommen; siehe Anhang) liefert, dass die *erwartete* Anzahl der schlechten Tripel genau $3\binom{2m}{3}\left(\frac{3}{4}\right)^d$ ist. Dies bedeutet (und an diesem Punkt zeigt die probabilistische Methode, was sie kann), dass es *mindestens eine* Möglichkeit gibt, die $2m$ Vektoren auszuwählen, so dass es höchstens $3\binom{2m}{3}\left(\frac{3}{4}\right)^d$ schlechte Tripel gibt, wobei

$$3\binom{2m}{3}\left(\tfrac{3}{4}\right)^d < 3\frac{(2m)^3}{6}\left(\tfrac{3}{4}\right)^d = m(2m)^2\left(\tfrac{3}{4}\right)^d \leq m$$

gilt, weil wir m genau für diesen Zweck richtig gewählt haben.

Aber wenn es nicht mehr als m schlechte Tripel gibt, dann können wir m der $2m$ Vektoren $x(i)$ weglassen, so dass die übrig bleibenden m Vektoren kein schlechtes Tripel enthalten, also nur spitze Winkel bestimmen. □

Anhang: Drei Werkzeuge aus der Wahrscheinlichkeitstheorie

Hier versammeln wir drei grundlegende Werkzeuge aus der diskreten Wahrscheinlichkeitstheorie, die immer wieder benötigt werden: Zufallsvariable, die Linearität des Erwartungswerts und die Markov-Ungleichung.

Sei (Ω, p) ein endlicher *Wahrscheinlichkeitsraum*, das heißt Ω ist eine endliche Menge und $p = \text{Prob}$ ist eine Abbildung von Ω in das Intervall $[0, 1]$ mit $\sum_{\omega \in \Omega} p(\omega) = 1$. Eine *Zufallsvariable* X auf Ω ist eine Abbildung $X : \Omega \longrightarrow \mathbb{R}$. Wir definieren einen Wahrscheinlichkeitsraum auf der Bildmenge $X(\Omega)$, indem wir $p(X = x) := \sum_{X(\omega) = x} p(\omega)$ setzen. Ein einfaches Beispiel dafür ist ein fairer Würfel (alle Wahrscheinlichkeiten $p(\omega) = \frac{1}{6}$) mit $X = $ „die Anzahl der Punkte auf der oberen Fläche, wenn der Würfel geworfen wird".

Der *Erwartungswert* EX von X ist der erwartete Mittelwert, also

$$EX = \sum_{\omega \in \Omega} p(\omega) X(\omega).$$

Wenn nun X und Y zwei Zufallsvariablen auf Ω sind, dann ist die Summe $X + Y$ wieder eine Zufallsvariable, und wir erhalten

$$\begin{aligned} E(X + Y) &= \sum_{\omega} p(\omega)(X(\omega) + Y(\omega)) \\ &= \sum_{\omega} p(\omega) X(\omega) + \sum_{\omega} p(\omega) Y(\omega) = EX + EY. \end{aligned}$$

Dies kann man offenbar genauso für eine endliche Linearkombination von Zufallsvariablen zeigen: das Ergebnis ist die *Linearität des Erwartungswerts*. Man beachte, dass wir dafür überhaupt keine Annahme darüber brauchen, ob die Zufallsvariablen in irgendeinem Sinne „voneinander unabhängig" sind!

Unser drittes Hilfsmittel befasst sich mit Zufallsvariablen X, die nur nichtnegative Werte annehmen, was wir üblicherweise mit $X \geq 0$ abkürzen. Sei

$$\text{Prob}(X \geq a) = \sum_{\omega : X(\omega) \geq a} p(\omega)$$

die Wahrscheinlichkeit, dass X einen Wert annimmt, der mindestens so groß ist wie $a > 0$. Dann gilt

$$EX = \sum_{\omega : X(\omega) \geq a} p(\omega) X(\omega) + \sum_{\omega : X(\omega) < a} p(\omega) X(\omega) \geq a \sum_{\omega : X(\omega) \geq a} p(\omega),$$

und damit haben wir die *Markov-Ungleichung*

$$\text{Prob}(X \geq a) \leq \frac{EX}{a}$$

bewiesen.

Literatur

[1] L. DANZER & B. GRÜNBAUM: *Über zwei Probleme bezüglich konvexer Körper von P. Erdős und von V. L. Klee,* Math. Zeitschrift **79** (1962), 95-99.

[2] P. ERDŐS & Z. FÜREDI: *The greatest angle among n points in the d-dimensional Euclidean space,* Annals of Discrete Math. **17** (1983), 275-283.

[3] H. MINKOWSKI: *Dichteste gitterförmige Lagerung kongruenter Körper,* Nachrichten Königl. Ges. Wiss. Göttingen, Math.-Phys. Klasse 1904, 311-355.

Die Borsuk-Vermutung Kapitel 14

Der Aufsatz „Drei Sätze über die n-dimensionale euklidische Sphäre" von Karol Borsuk aus dem Jahr 1933 ist berühmt, weil er ein wichtiges Resultat enthält, das von Stanisław Ulam vermutet worden war, und das man jetzt als den Borsuk-Ulam-Satz kennt:

> *Jede stetige Abbildung $f : S^d \to \mathbb{R}^d$ bildet zwei gegenüberliegende Punkte der Sphäre S^d auf denselben Punkt im $\mathbb{R}^d$ ab.*

Derselbe Aufsatz ist aber auch wegen eines Problems berühmt, das ganz an seinem Ende gestellt wird, und das als die Borsuk-Vermutung bekannt geworden ist:

> *Kann jede Menge $S \subseteq \mathbb{R}^d$ von beschränktem, positivem Durchmesser in höchstens $d + 1$ Mengen von kleinerem Durchmesser zerlegt werden?*

Karol Borsuk

Die Schranke $d+1$ ist dabei bestmöglich: Wenn S ein reguläres d-dimensionales Simplex ist, oder aber auch nur die Menge seiner $d+1$ Ecken, dann kann kein Teil einer Zerlegung in Teile von kleinerem Durchmesser mehr als eine der Ecken enthalten. Wenn $f(d)$ die kleinste Zahl bezeichnet, so dass jede beschränkte Menge $S \subseteq \mathbb{R}^d$ eine Durchmesser-reduzierende Zerlegung in $f(d)$ Teile hat, dann zeigt das Beispiel eines regulären Simplex, dass $f(d) \geq d+1$ ist.

Die Borsuk-Vermutung wurde für den Fall bewiesen, wenn S eine Sphäre ist (von Borsuk selbst), für glatte Körper S, und auch für $d \leq 3$... aber die allgemeine Vermutung blieb offen. Die beste allgemeine obere Schranke für $f(d)$ wurde von Oded Schramm gezeigt, der bewies, dass

$$f(d) \leq (1{,}23)^d$$

für alle großen d gilt. Diese Schranke sieht ziemlich schwach aus, wenn man sie mit der Vermutung „$f(d) = d+1$" vergleicht, aber sie sah schon wieder viel besser aus, als Jeff Kahn und Gil Kalai 1993 die Borsuk-Vermutung drastisch widerlegten. Sechzig Jahre nach dem Aufsatz von Borsuk konnten Kahn und Kalai zeigen, dass $f(d) \geq (1{,}2)^{\sqrt{d}}$ für alle großen d gilt.

Eine BUCH-Version des Kahn-Kalai-Beweises hat A. Nilli gefunden: Kurz und ohne weitere Hilfsmittel lieferte sie ein explizites Gegenbeispiel für die

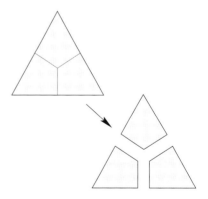

Jedes d-Simplex *kann* in $d+1$ Teile von kleinerem Durchmesser zerlegt werden.

A. Nilli

Borsuk-Vermutung in der Dimension $d = 946$. Wir führen hier eine Abwandlung dieses Beweises vor, die von Andrei M. Raigorodskii und Bernulf Weißbach stammt, und die ein Gegenbeispiel in der Dimension $d = 561$ und sogar für $d = 560$ liefert. Einen neuen „Rekord" von $d = 323$ hat Aicke Hinrichs im Sommer 2000 aufgestellt.

Satz. *Sei $q = p^m$ eine Primzahlpotenz, sei $n := 4q - 2$, und sei $d := \binom{n}{2} = (2q-1)(4q-3)$. Dann gibt es eine Menge $S \subseteq \{+1, -1\}^d$ von 2^{n-2} Punkten im $\mathbb{R}^d$, so dass jede Zerlegung von S in Teile von kleinerem Durchmesser mindestens*

$$\frac{2^{n-2}}{\sum_{i=0}^{q-2} \binom{n-1}{i}}$$

Teile benötigt. Für $q = 9$ impliziert dies, dass die Borsuk-Vermutung in Dimension $d = 561$ falsch ist. Weiterhin folgt daraus $f(d) > (1{,}2)^{\sqrt{d}}$ für alle sehr großen d.

■ **Beweis.** Die Konstruktion der Menge S geschieht in vier Schritten.

(1) Sei q eine Primzahlpotenz, $n := 4q - 2$, und sei

$$Q := \left\{ \boldsymbol{x} \in \{+1, -1\}^n : x_1 = 1,\ \#\{i : x_i = -1\} \text{ ist gerade} \right\}.$$

Dieses Q ist eine Menge von 2^{n-2} Vektoren im $\mathbb{R}^n$. Wir werden sehen, dass $\langle \boldsymbol{x}, \boldsymbol{y} \rangle \equiv 2 \pmod{4}$ für alle Vektoren $\boldsymbol{x}, \boldsymbol{y} \in Q$ gilt. Wir nennen $\boldsymbol{x}, \boldsymbol{y}$ *fast-orthogonal*, wenn $|\langle \boldsymbol{x}, \boldsymbol{y} \rangle| = 2$ ist. Wir werden zeigen, dass eine Teilmenge

$$\boldsymbol{x} = \begin{pmatrix} 1 \\ -1 \\ -1 \\ 1 \\ -1 \end{pmatrix} \implies$$

$$\boldsymbol{x}^T = \begin{pmatrix} 1 & -1 & -1 & 1 & -1 \end{pmatrix}$$

$$\boldsymbol{x}\boldsymbol{x}^T = \begin{pmatrix} 1 & -1 & -1 & 1 & -1 \\ -1 & 1 & 1 & -1 & 1 \\ -1 & 1 & 1 & -1 & 1 \\ 1 & -1 & -1 & 1 & -1 \\ -1 & 1 & 1 & -1 & 1 \end{pmatrix}$$

Vektoren, Matrizen und Skalarprodukte

In unserer Notation sind alle Vektoren $\boldsymbol{x}, \boldsymbol{y}, \ldots$ Spaltenvektoren; die transponierten Vektoren $\boldsymbol{x}^T, \boldsymbol{y}^T, \ldots$ sind also Zeilenvektoren. Das Matrixprodukt $\boldsymbol{x}\boldsymbol{x}^T$ ist daher eine Matrix vom Rang 1, mit $(\boldsymbol{x}\boldsymbol{x}^T)_{ij} = x_i x_j$.

Wenn $\boldsymbol{x}, \boldsymbol{y}$ Spaltenvektoren sind, dann ist ihr *Skalarprodukt*

$$\langle \boldsymbol{x}, \boldsymbol{y} \rangle = \sum_i x_i y_i = \boldsymbol{x}^T \boldsymbol{y}.$$

Wir brauchen aber auch Skalarprodukte von Matrizen $X, Y \in \mathbb{R}^{n \times n}$, die dafür als Vektoren der Länge n^2 interpretiert werden, so dass ihr Skalarprodukt durch

$$\langle X, Y \rangle := \sum_{i,j} x_{ij} y_{ij}$$

gegeben ist.

$Q' \subseteq Q$, die keine fast-orthogonalen Vektoren enthält, „klein" sein muss: für sie gilt $|Q'| \leq \sum_{i=0}^{q-2} \binom{n-1}{i}$.

(2) Aus Q konstruieren wir die Menge
$$R := \{\boldsymbol{xx}^T : \boldsymbol{x} \in Q\}$$
von 2^{n-2} symmetrischen $(n \times n)$-Matrizen vom Rang 1. Wir interpretieren sie als Vektoren mit n^2 Komponenten, $R \subseteq \mathbb{R}^{n^2}$. Wir werden zeigen, dass es nur spitze Winkel zwischen diesen Vektoren gibt: sie haben positives Skalarprodukt, das mindestens 4 ist. Und wenn eine Teilmenge $R' \subseteq R$ keine zwei Vektoren mit minimalem Skalarprodukt 4 enthält, dann ist $|R'|$ „klein": $|R'| \leq \sum_{i=0}^{q-2} \binom{n-1}{i}$.

(3) Aus R erhalten wir eine Menge von Vektoren im $\mathbb{R}^{\binom{n}{2}}$, deren Koordinaten durch die Einträge unter der Diagonalen der entsprechenden Matrizen gegeben sind:
$$S := \{(\boldsymbol{xx}^T)_{i>j} : \boldsymbol{xx}^T \in R\}.$$
Die Menge S besteht aus 2^{n-2} Punkten. Den maximalen Abstand zwischen diesen Punkten erhält man genau dann, wenn die entsprechenden Vektoren $\boldsymbol{x}, \boldsymbol{y} \in Q$ fast-orthogonal sind. Wir schließen daraus, dass jede Teilmenge $S' \subseteq S$ von kleinerem Durchmesser als S „klein" sein muss: $|S'| \leq \sum_{i=0}^{q-2} \binom{n-1}{i}$.

(4) Abschätzungen: Aus **(3)** sehen wir, dass jede Durchmesser-reduzierende Zerlegung von S mindestens
$$g(q) := \frac{2^{4q-4}}{\sum_{i=0}^{q-2} \binom{4q-3}{i}}$$
Teile hat. Deshalb gilt
$$f(d) \geq \max\{g(q), d+1\} \quad \text{für} \quad d = \binom{n}{2} = (2q-1)(4q-3).$$
Also haben wir ein Gegenbeispiel für die Borsuk-Vermutung in Dimension $d = (2q-1)(4q-3)$ gefunden, wenn $g(q) > (2q-1)(4q-3) + 1$ ist. Wir werden nachrechnen, dass $g(9) > 562$ ist, und damit ein Gegenbeispiel in Dimension $d = 561$ erhalten, und weiterhin
$$g(q) > \frac{e}{64\,q^2} \left(\frac{27}{16}\right)^q,$$
was die asymptotische Schranke $f(d) > (1{,}2)^{\sqrt{d}}$ für alle großen d liefert.

Details für (1): Wir beginnen mit ein paar harmlosen Teilbarkeitsüberlegungen.

Lemma. *Die Funktion $P(z) := \binom{z-2}{q-2}$ ist ein Polynom vom Grad $q-2$. Es liefert ganzzahlige Werte für alle ganzzahligen z. Die ganze Zahl $P(z)$ ist dann und nur dann durch p teilbar, wenn z modulo q nicht zu 0 oder 1 kongruent ist.*

Behauptung. *Gilt $a \equiv b \not\equiv 0 \pmod{q}$, so enthalten a und b dieselbe Anzahl von p-Faktoren.*

■ **Beweis.** Wir haben $a = b + sp^m$, wobei b nicht durch $p^m = q$ teilbar ist. Also gilt $k < m$ für jede Potenz p^k, die b teilt, also teilt sie auch a — und umgekehrt. □

■ **Beweis.** Wir schreiben den Binomialkoeffizienten als

$$P(z) = \binom{z-2}{q-2} = \frac{(z-2)(z-3) \cdot \ldots \cdot (z-q+1)}{(q-2)(q-3) \cdot \ldots \ldots \cdot 2 \cdot 1} \quad (*)$$

und vergleichen die Anzahl der p-Faktoren im Zähler und im Nenner. Der Nenner $(q-2)!$ hat dieselbe Anzahl von p-Faktoren wie $(q-1)!$, weil $q-1$ nicht durch p teilbar ist. Die Hilfsaussage auf dem Rand liefert uns sogar, dass wir eine ganze Zahl mit genau derselben Anzahl von p-Faktoren bekommen, wenn wir ein *beliebiges* Produkt von $q-1$ ganzen Zahlen so wählen, dass wir genau eine Zahl aus jeder Restklasse modulo q auswählen, mit Ausnahme der Restklasse der 0.

Wenn nun z zu 0 oder 1 kongruent ist $\pmod{q}$, dann ist der Zähler von diesem Typ: Alle Faktoren im Produkt sind aus verschiedenen Restklassen und die einzigen Klassen, die nicht auftreten, sind die Restklasse der 0 (die Vielfachen von q), und die Restklasse entweder von -1 oder $+1$, aber weder $+1$ noch -1 sind durch p teilbar. Also haben dann Zähler und Nenner dieselbe Anzahl von p-Faktoren, und damit ist der Quotient nicht durch p teilbar.

Andernfalls, wenn $z \not\equiv 0, 1 \pmod{q}$ ist, dann enthält der Zähler von $(*)$ einen Faktor, der durch $q = p^m$ teilbar ist. Gleichzeitig fehlen in dem Produkt Faktoren aus zwei benachbarten anderen Restklassen: eine von diesen besteht aus Zahlen, die überhaupt keine p-Faktoren haben, und die andere aus Zahlen mit weniger p-Faktoren als $q = p^m$. Also haben wir dann insgesamt mehr p-Faktoren im Zähler als im Nenner, und der Quotient ist durch p teilbar. □

Nun betrachten wir eine beliebige Teilmenge $Q' \subseteq Q$, die keine fast-orthogonalen Vektoren enthält. Wir wollen zeigen, dass Q' „klein" sein muss.

Behauptung 1. *Wenn x, y verschiedene Vektoren aus Q sind, dann ist $\frac{1}{4}(\langle x, y \rangle + 2)$ eine ganze Zahl in dem Bereich*

$$-(q-2) \leq \tfrac{1}{4}(\langle x, y \rangle + 2) \leq q-1.$$

Sowohl x als auch y hat eine gerade Anzahl von (-1)-Komponenten, so dass die Anzahl der Komponenten, in denen sich x und y unterscheiden, ebenfalls gerade ist. Also gilt

$$\langle x, y \rangle = (4q-2) - 2\#\{i : x_i \neq y_i\} \equiv -2 \pmod{4}$$

für alle $x, y \in Q$, und damit ist $\frac{1}{4}(\langle x, y \rangle + 2)$ eine ganze Zahl.
Aus $x, y \in \{+1, -1\}^{4q-2}$ folgern wir $-(4q-2) \leq \langle x, y \rangle \leq 4q-2$, also $-(q-1) \leq \frac{1}{4}(\langle x, y \rangle + 2) \leq q$. Die untere Schranke kann nie mit Gleichheit gelten, weil $x_1 = y_1 = 1$ impliziert, dass $x \neq -y$ ist. Die obere Schranke gilt mit Gleichheit genau für $x = y$.

Behauptung 2. *Für jedes $y \in Q'$ hat das Polynom in n Variablen $x_1, \ldots, x_n$ vom Grad $q-2$, das durch*

$$F_{\boldsymbol{y}}(\boldsymbol{x}) \;:=\; P\big(\tfrac{1}{4}(\langle \boldsymbol{x}, \boldsymbol{y}\rangle + 2)\big) \;=\; \binom{\tfrac{1}{4}(\langle \boldsymbol{x}, \boldsymbol{y}\rangle + 2) - 2}{q-2}$$

gegeben ist, die folgende Eigenschaft: $F_{\boldsymbol{y}}(\boldsymbol{x})$ ist für alle $\boldsymbol{x} \in Q'\setminus\{\boldsymbol{y}\}$ durch p teilbar, aber nicht für $\boldsymbol{x} = \boldsymbol{y}$.

Die Darstellung als Binomialkoeffizient zeigt, dass $F_{\boldsymbol{y}}(\boldsymbol{x})$ ein Polynom ist, das nur ganzzahlige Werte annimmt. Für $\boldsymbol{x} = \boldsymbol{y}$ erhalten wir den Wert $F_{\boldsymbol{y}}(\boldsymbol{y}) = 1$. Für $\boldsymbol{x} \neq \boldsymbol{y}$ zeigt das Lemma, dass $F_{\boldsymbol{y}}(\boldsymbol{x})$ dann und nur dann durch p teilbar ist, wenn $\tfrac{1}{4}(\langle \boldsymbol{x}, \boldsymbol{y}\rangle + 2)$ modulo q zu 0 oder 1 kongruent ist. Nach Behauptung 1 passiert dies nur, wenn $\tfrac{1}{4}(\langle \boldsymbol{x}, \boldsymbol{y}\rangle + 2)$ entweder 0 oder 1 ist, also für $\langle \boldsymbol{x}, \boldsymbol{y}\rangle \in \{-2, +2\}$. Dafür müssten aber $\boldsymbol{x}$ und $\boldsymbol{y}$ fast-orthogonal sein, was der Definition von Q' widerspricht.

Behauptung 3. *Dasselbe gilt für die Polynome $\overline{F}_{\boldsymbol{y}}(\boldsymbol{x})$ in den $n-1$ Variablen $x_2, \ldots, x_n$, die man folgendermaßen erhält: Entwickle $F_{\boldsymbol{y}}(\boldsymbol{x})$ in Monome; eliminiere dann die Variable x_1 und reduziere alle höheren Potenzen der anderen Variablen durch die Substitutionen $x_1 = 1$ und $x_i^2 = 1$ für $i > 1$. Die Polynome $\overline{F}_{\boldsymbol{y}}(\boldsymbol{x})$ haben höchstens Grad $q-2$.*

Die Vektoren $\boldsymbol{x} \in Q \subseteq \{+1, -1\}^n$ erfüllen alle $x_1 = 1$ und $x_i^2 = 1$. Damit verändern die Substitutionen nicht die Werte, die die Polynome auf der Menge Q annehmen. Sie erhöhen auch den Grad nicht, so dass $\overline{F}_{\boldsymbol{y}}(\boldsymbol{x})$ höchstens Grad $q-2$ hat.

Behauptung 4. *Zwischen den Polynomen $\overline{F}_{\boldsymbol{y}}(\boldsymbol{x})$ gibt es keine lineare Abhängigkeit mit rationalen Koeffizienten, das heißt, die Polynome $\overline{F}_{\boldsymbol{y}}(\boldsymbol{x})$ mit $\boldsymbol{y} \in Q'$ sind über $\mathbb{Q}$ linear unabhängig. Insbesondere sind sie paarweise verschieden.*

Nehmen wir an, dass es eine Relation der Form $\sum_{\boldsymbol{y} \in Q'} \alpha_{\boldsymbol{y}} \overline{F}_{\boldsymbol{y}}(\boldsymbol{x}) = 0$ gibt, in der nicht alle Koeffizienten $\alpha_{\boldsymbol{y}}$ verschwinden. Nach Multiplikation mit einer geeigneten ganzen Zahl können wir annehmen, dass die Koeffizienten alle ganzzahlig sind, aber nicht alle durch p teilbar. Für jedes $\boldsymbol{y} \in Q'$ liefert dann jedoch die Auswertung an der Stelle $\boldsymbol{x} := \boldsymbol{y}$, dass $\alpha_{\boldsymbol{y}} \overline{F}_{\boldsymbol{y}}(\boldsymbol{y})$ durch p teilbar ist, also auch $\alpha_{\boldsymbol{y}}$, denn $\overline{F}_{\boldsymbol{y}}(\boldsymbol{y})$ ist ja nicht durch p teilbar.

Behauptung 5. *$|Q'|$ ist durch die Anzahl der quadratfreien Monome vom Grad höchstens $q-2$ in $n-1$ Variablen beschränkt, also durch $\sum_{i=0}^{q-2} \binom{n-1}{i}$.*

Nach Konstruktion sind die Polynome $\overline{F}_{\boldsymbol{y}}$ quadratfrei: keines ihrer Monome enthält eine Variable in höherer Potenz als 1. Also ist jedes $\overline{F}_{\boldsymbol{y}}(\boldsymbol{x})$ eine Linearkombination der quadratfreien Monome vom Grad höchstens $q-2$

in den $n-1$ Variablen $x_2,\ldots,x_n$. Da die Polynome $\overline{F}_{\boldsymbol{y}}(\boldsymbol{x})$ linear unabhängig sind, kann ihre Anzahl (also $|Q'|$) nicht größer sein als die entsprechende Anzahl der Monome.

Details für (2): Die erste Spalte von $\boldsymbol{x}\boldsymbol{x}^T$ ist $\boldsymbol{x}$. Also erhalten wir für verschiedene $\boldsymbol{x} \in Q$ wirklich verschiedene Matrizen $M(\boldsymbol{x}) := \boldsymbol{x}\boldsymbol{x}^T$. Wir interpretieren diese Matrizen als Vektoren der Länge n^2 mit Komponenten $x_i x_j$. Eine einfache Rechnung

$$\langle M(\boldsymbol{x}), M(\boldsymbol{y})\rangle = \sum_{i=1}^n \sum_{j=1}^n (x_i x_j)(y_i y_j)$$
$$= \Big(\sum_{i=1}^n x_i y_i\Big)\Big(\sum_{j=1}^n x_j y_j\Big) = \langle \boldsymbol{x},\boldsymbol{y}\rangle^2 \geq 4$$

zeigt, dass das Skalarprodukt von $M(\boldsymbol{x})$ und $M(\boldsymbol{y})$ genau dann minimal wird, also der Winkel zwischen $M(\boldsymbol{x})$ und $M(\boldsymbol{y})$ maximal wird, wenn $\boldsymbol{x},\boldsymbol{y} \in Q$ fast-orthogonal sind.

Details für (3): Es bezeichne $U(\boldsymbol{x}) \in \{+1,-1\}^d$ den Vektor der Komponenten von $M(\boldsymbol{x})$ unter der Diagonalen. Weil $M(\boldsymbol{x}) = \boldsymbol{x}\boldsymbol{x}^T$ symmetrisch ist, mit Diagonaleinträgen $+1$, sehen wir, dass $M(\boldsymbol{x}) \neq M(\boldsymbol{y})$ auch $U(\boldsymbol{x}) \neq U(\boldsymbol{y})$ impliziert. Weiter gilt

$$4 \leq \langle M(\boldsymbol{x}), M(\boldsymbol{y})\rangle = 2\langle U(\boldsymbol{x}), U(\boldsymbol{y})\rangle + n,$$

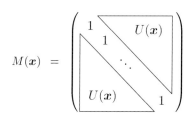

also

$$\langle U(\boldsymbol{x}), U(\boldsymbol{y})\rangle \geq -\frac{n}{2} + 2,$$

mit Gleichheit dann und nur dann, wenn $\boldsymbol{x}$ und $\boldsymbol{y}$ fast-orthogonal sind. Weil die Vektoren $U(\boldsymbol{x}) \in S$ alle dieselbe Länge $\sqrt{\langle U(\boldsymbol{x}), U(\boldsymbol{x})\rangle} = \sqrt{\binom{n}{2}}$ haben, bedeutet dies, dass der maximale Abstand zwischen zwei Punkten $U(\boldsymbol{x}), U(\boldsymbol{y}) \in S$ genau dann auftritt, wenn $\boldsymbol{x}$ und $\boldsymbol{y}$ fast-orthogonal sind.

Details für (4): Für $q = 9$ haben wir $g(9) \approx 758{,}31$, was größer ist als $d+1 = \binom{34}{2} + 1 = 562$.

Um eine allgemeine Schranke für großes d zu erhalten, verwenden wir, dass die Binomialkoeffizienten monoton und unimodal sind, sowie die Ungleichungen $n! > e(\frac{n}{e})^n$ und $n! < en(\frac{n}{e})^n$ (siehe Seite 12) und leiten

$$\sum_{i=0}^{q-2}\binom{4q-3}{i} < q\binom{4q}{q} = q\frac{(4q)!}{q!(3q)!} < q\frac{e\,4q\,\left(\frac{4q}{e}\right)^{4q}}{e\left(\frac{q}{e}\right)^q e\left(\frac{3q}{e}\right)^{3q}} = \frac{4q^2}{e}\left(\frac{256}{27}\right)^q$$

ab. Dies liefert uns die Abschätzung

$$f(d) \geq g(q) = \frac{2^{4q-4}}{\sum_{i=0}^{q-2}\binom{4q-3}{i}} > \frac{e}{64q^2}\left(\frac{27}{16}\right)^q.$$

Daraus erhalten wir mit

$$d = (2q-1)(4q-3) = 5q^2 + (q-3)(3q-1) \geq 5q^2 \quad \text{für } q \geq 3,$$

$$q = \tfrac{5}{8} + \sqrt{\tfrac{d}{8} + \tfrac{1}{64}} > \sqrt{\tfrac{d}{8}} \quad \text{und} \quad \left(\tfrac{27}{16}\right)^{\sqrt{\frac{1}{8}}} > 1{,}2032,$$

die untere Schranke

$$f(d) > \frac{e}{13d}(1{,}2032)^{\sqrt{d}} > (1{,}2)^{\sqrt{d}}, \quad \text{wenn } d \text{ groß genug ist.} \quad \square$$

Ein Gegenbeispiel in Dimension 560 erhält man aus der Beobachtung, dass für $q = 9$ der Quotient $g(q) \approx 758$ *viel* größer ist als die Dimension $d(q) = 561$. Daraus erhält man ein Gegenbeispiel der Dimension 560, indem man nur „dreiviertel" der Menge S nimmt, nämlich all die Punkte von Q, die $(x_1, x_2, x_3) \neq (1, 1, 1)$ erfüllen.

Die Borsuk-Vermutung ist für $d \leq 3$ bewiesenermaßen richtig, aber sie konnte bisher für keine größere Dimension gezeigt werden. Im Gegensatz dazu ist sie wahr bis $d = 8$, wenn wir sie auf Teilmengen der Form $S \subseteq \{1, -1\}^d$ einschränken, wie in der obigen Konstruktion (siehe [8]). Aber im allgemeinen wie im speziellen Fall ist es durchaus denkbar und plausibel, dass es auch in „vernünftig kleinen" Dimensionen schon Gegenbeispiele zur Borsuk-Vermutung gibt.

Literatur

[1] K. BORSUK: *Drei Sätze über die n-dimensionale euklidische Sphäre*, Fundamenta Math. **20** (1933), 177-190.

[2] A. HINRICHS: *Spherical codes and Borsuk's conjecture*, Preprint, 2000; Discrete Math., to appear.

[3] J. KAHN & G. KALAI: *A counterexample to Borsuk's conjecture*, Bulletin Amer. Math. Soc. **29** (1993), 60-62.

[4] A. NILLI: *On Borsuk's problem*, in: "Jerusalem Combinatorics '93" (H. Barcelo and G. Kalai, eds.), Contemporary Mathematics **178**, Amer. Math. Soc. 1994, 209-210.

[5] A. M. RAIGORODSKII: *On the dimension in Borsuk's problem*, Russian Math. Surveys (6) **52** (1997), 1324-1325.

[6] O. SCHRAMM: *Illuminating sets of constant width*, Mathematika **35** (1988), 180-199.

[7] B. WEISSBACH: *Sets with large Borsuk number*, Beiträge zur Algebra und Geometrie **41** (2000), 417-423.

[8] G. M. ZIEGLER: *Coloring Hamming graphs, optimal binary codes, and the 0/1-Borsuk problem in low dimensions*, Lecture Notes in Computer Science **2122**, Springer-Verlag 2001, 164-175.

Analysis

15
Mengen, Funktionen,
und die Kontinuumshypothese *105*

16
Ein Lob der Ungleichungen *119*

17
Ein Satz von Pólya
über Polynome *127*

18
Ein Lemma von
Littlewood und Offord *137*

19
Der Kotangens und
der Herglotz-Trick *141*

20
Das Nadel-Problem
von Buffon *147*

„Hilberts Strandhotel"

Mengen, Funktionen, und die Kontinuumshypothese

Kapitel 15

Die Mengenlehre, begründet von Georg Cantor in der zweiten Hälfte des neunzehnten Jahrhunderts, hat die Mathematik vollkommen verändert. Die Mathematik, wie wir sie heute kennen, ist undenkbar ohne das Konzept einer Menge, oder wie David Hilbert sagte: „Niemand wird uns aus dem Paradies (der Mengenlehre) vertreiben, das Cantor für uns erschaffen hat."

Einer der fundamentalen Begriffe von Cantor war die *Mächtigkeit* oder *Kardinalität* einer Menge M, bezeichnet mit $|M|$. Für endliche Mengen bereitet dies keine Schwierigkeiten: Wir zählen einfach die Anzahl der Elemente und sagen, dass M eine n-Menge ist, oder dass M die Mächtigkeit n hat, falls M genau n Elemente enthält. Also haben zwei endliche Mengen M und N die gleiche Größe, in Zeichen $|M| = |N|$, wenn sie dieselbe Anzahl von Elementen enthalten.

Um diesen Begriff der *gleichen Größe* auf unendliche Mengen zu übertragen, verwenden wir das folgende Gedankenexperiment für endliche Mengen. Nehmen wir an, eine Anzahl von Personen steigt in einen Bus. Wann werden wir sagen, dass die Zahl der Menschen genau dieselbe ist wie die Zahl der vorhandenen Sitze? Es liegt nahe, was wir tun werden: Wir fordern alle Leute auf, sich hinzusetzen. Falls jeder von ihnen einen Sitz findet, und kein Sitz frei bleibt, dann und nur dann werden die beiden Mengen (der Leute und der Sitze) in ihrer Größe übereinstimmen. Mit anderen Worten, die beiden Mächtigkeiten sind gleich, falls es eine *Bijektion* der einen Menge auf die andere gibt.

Georg Cantor

Und das ist auch schon unsere Definition: Zwei beliebige Mengen M und N (endlich oder unendlich) haben dieselbe *Mächtigkeit* oder *Kardinalität* genau dann, wenn es eine Bijektion von M auf N gibt. Offenbar definiert dieser Begriff der gleichen Mächtigkeit eine Äquivalenzrelation auf den Mengen, und wir können somit eine „Zahl" mit jeder Äquivalenzklasse assoziieren, genannt die *Kardinalzahl* dieser Klasse. Zum Beispiel erhalten wir für endliche Mengen die Kardinalzahlen $0, 1, 2, \ldots, n, \ldots$, wobei n für die Klasse der n-Mengen steht und insbesondere 0 für die *leere Menge*. Wir bemerken fernerhin die offensichtliche Tatsache, dass eine echte Teilmenge einer endlichen Menge M stets kleinere Größe als M hat.

Diese Theorie wird sehr interessant (und in höchstem Maße nicht-intuitiv), wenn wir sie auf unendliche Mengen anwenden. Betrachten wir zum Beispiel die Menge $\mathbb{N} = \{1, 2, 3, \ldots\}$ der natürlichen Zahlen. Wir nennen eine Menge M *abzählbar*, wenn sie bijektiv auf die Menge $\mathbb{N}$ abgebildet werden kann. Mit anderen Worten, M ist abzählbar, falls wir die Elemente von M in der Form $m_1, m_2, m_3, \ldots$ durchnummerieren können. Aber jetzt passiert etwas Unerwartetes. Angenommen, wir geben zu $\mathbb{N}$ ein neues Element x dazu. Dann ist $\mathbb{N} \cup \{x\}$ immer noch abzählbar und hat daher dieselbe Mächtigkeit wie $\mathbb{N}$!

Eine hübsche Illustration für dieses merkwürdige Phänomen ist „Hilberts Hotel". Wir nehmen an, ein Hotel hat abzählbar viele Zimmer, mit den Nummern $1, 2, 3, \ldots$, wobei der Gast g_i den Raum mit Nummer i belegt; das Hotel ist also vollkommen ausgebucht. Nun kommt ein neuer Gast x an und verlangt ein Zimmer, worauf ihm der Hotelmanager sagt: Tut mir leid, alle Zimmer sind belegt. Kein Problem, sagt der neue Gast: Bitte Sie doch den Gast g_1 in Zimmer 2 zu gehen, g_2 in Zimmer 3, g_3 in Zimmer 4 und so fort, und dann werde ich den freien Raum 1 belegen können. Zur Überraschung des Managers (er ist kein Mathematiker) funktioniert das: er kann tatsächlich alle Gäste wieder unterbringen, plus den neuen Gast x!

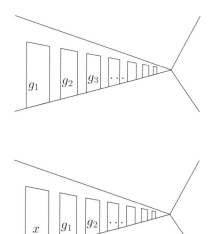

Nun ist klar, dass der Manager einen weiteren Gast y unterbringen kann und dann einen weiteren z, und so fort. Insbesondere bemerken wir, im Gegensatz zu endlichen Mengen, dass es durchaus vorkommen kann, dass eine echte Teilmenge einer *unendlichen* Menge M dieselbe Mächtigkeit hat wie die Menge M. Tatsächlich charakterisiert dies, wie wir sehen werden, unendliche Mengen: Eine Menge ist unendlich dann und nur dann, wenn sie dieselbe Mächtigkeit hat wie eine echte Teilmenge.

Verlassen wir Hilberts Hotel und sehen wir uns ein paar vertraute Zahlbereiche an. Die Menge $\mathbb{Z}$ der ganzen Zahlen ist wieder abzählbar, da wir $\mathbb{Z}$ in der Form $\mathbb{Z} = \{0, 1, -1, 2, -2, 3, -3, \ldots\}$ durchnummerieren können. Es ist schon etwas überraschender, dass auch die Menge $\mathbb{Q}$ der rationalen Zahlen abzählbar ist. Wenn wir die Menge $\mathbb{Q}^+$ der positiven rationalen Zahlen auflisten, wie es in dem Schema am Rand vorgeschlagen wird (wobei wir Zahlen, die schon vorgekommen sind, auslassen), so sehen wir, dass $\mathbb{Q}^+$ abzählbar ist. Und somit ist auch $\mathbb{Q}$ abzählbar: Wir setzen 0 an den Anfang der Liste und schreiben $-\frac{p}{q}$ direkt hinter $\frac{p}{q}$. Mit dieser Auflistung erhalten wir

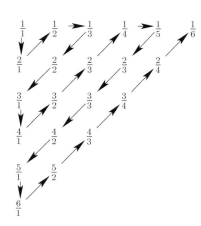

$$\mathbb{Q} = \{0, 1, -1, 2, -2, \tfrac{1}{2}, -\tfrac{1}{2}, \tfrac{1}{3}, -\tfrac{1}{3}, 3, -3, 4, -4, \tfrac{3}{2}, -\tfrac{3}{2}, \ldots\}.$$

Wir können die Abbildung auch folgendermaßen interpretieren:

Jede Vereinigung von abzählbar vielen abzählbaren Mengen M_n ist wieder abzählbar.

Um dies zu sehen, setzen wir $M_n = \{a_{n1}, a_{n2}, a_{n3}, \ldots\}$ und zählen die Vereinigung genauso auf wie vorher:

$$\bigcup_{n=1}^{\infty} M_n = \{a_{11}, a_{21}, a_{12}, a_{13}, a_{22}, a_{31}, a_{41}, a_{32}, a_{23}, a_{14}, \ldots\}$$

Wie steht es mit den reellen Zahlen $\mathbb{R}$? Ist diese Menge ebenfalls abzählbar? Nein, die reellen Zahlen sind nicht mehr abzählbar, und die Idee, mit der dies gezeigt wird — Cantors *Diagonalisierungsmethode* — ist nicht nur von fundamentaler Bedeutung für die gesamte Mengenlehre, sondern gehört ohne Zweifel auch in das BUCH als das Werk eines Genies.

Satz 1. *Die Menge $\mathbb{R}$ der reellen Zahlen ist nicht abzählbar.*

■ **Beweis.** Zunächst stellen wir fest, dass jede Teilmenge N einer abzählbaren Menge $M = \{m_1, m_2, m_3, \ldots\}$ *höchstens* abzählbar ist (also endlich oder abzählbar). Dazu brauchen wir nur die Elemente von N in der Reihenfolge aufzulisten, in der sie in M erscheinen. Wenn wir wir also eine Teilmenge von $\mathbb{R}$ finden, die nicht abzählbar ist, dann ist auch $\mathbb{R}$ a fortiori nicht abzählbar. Die Teilmenge M von $\mathbb{R}$, die wir betrachten wollen, ist das Intervall $(0,1]$ aller positiven reellen Zahlen r mit $0 < r \leq 1$. Nehmen wir im Gegenteil an, dass M abzählbar ist — dann sei $M = \{r_1, r_2, r_3, \ldots\}$ eine Auflistung von M. Wir schreiben nun r_n als die eindeutige nicht-endende Dezimalentwicklung (ohne eine unendliche Folge von Nullen am Ende):

$$r_n = 0{,}a_{n1}a_{n2}a_{n3}\ldots$$

mit $a_{ni} \in \{0, 1, \ldots, 9\}$ für alle n und i. Zum Beispiel ist $0{,}7 = 0{,}6999\ldots$. Nun betrachten wir das unendliche Schema

$$
\begin{aligned}
r_1 &= 0{,}a_{11}a_{12}a_{13}\ldots \\
r_2 &= 0{,}a_{21}a_{22}a_{23}\ldots \\
&\vdots \\
r_n &= 0{,}a_{n1}a_{n2}a_{n3}\ldots \\
&\vdots
\end{aligned}
$$

Für jedes n wählen wir $b_n \in \{1, \ldots, 8\}$ verschieden von a_{nn}; offensichtlich ist dies möglich. Dann ist $b = 0{,}b_1 b_2 b_3 \ldots b_n \ldots$ eine reelle Zahl in unserer Menge M und hat daher einen Index, sagen wir $b = r_k$. Aber das kann nicht sein, da b_k verschieden ist von a_{kk}. Und das ist der ganze Beweis! □

Bleiben wir noch einen Moment bei den reellen Zahlen. Wir stellen fest, dass alle vier Typen von Intervallen $(0,1), (0,1], [0,1)$ und $[0,1]$ dieselbe Mächtigkeit haben. Beweisen wir dies beispielsweise für die Intervalle $(0,1]$ und $(0,1)$. Die Abbildung $f : (0,1] \longrightarrow (0,1)$, $x \longmapsto y$, definiert durch

$$y := \begin{cases} \frac{3}{2} - x & \text{für } \frac{1}{2} < x \leq 1, \\ \frac{3}{4} - x & \text{für } \frac{1}{4} < x \leq \frac{1}{2}, \\ \frac{3}{8} - x & \text{für } \frac{1}{8} < x \leq \frac{1}{4}, \\ \quad \vdots \end{cases}$$

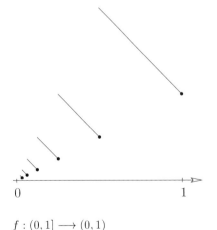

$f : (0,1] \longrightarrow (0,1)$

ist bijektiv. Wir brauchen dazu nur zu beobachten, dass der Wertebereich von y in der ersten Zeile $\frac{1}{2} \leq y < 1$ ist, in der zweiten Zeile $\frac{1}{4} \leq y < \frac{1}{2}$, in der dritten Zeile $\frac{1}{8} \leq y < \frac{1}{4}$, und so fort.

Als Nächstes stellen wir fest, dass zwei *beliebige* Intervalle (einer endlichen Länge > 0) immer die gleiche Mächtigkeit haben, indem wir die Zentralprojektion betrachten wie in der nebenstehenden Abbildung. Ja es gilt sogar

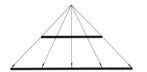

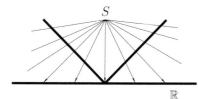

noch mehr: *Jedes* Intervall (der Länge > 0) hat dieselbe Größe wie die gesamte reelle Gerade $\mathbb{R}$. Die Zeichnung zur Linken demonstriert dies. Wir biegen das offene Intervall $(0,1)$ und projizieren es auf $\mathbb{R}$ vom Zentrum S.

Fassen wir zusammen: Alle offenen, halb-offenen, geschlossenen (endlichen oder unendlichen) Intervalle einer Länge > 0 haben alle dieselbe Mächtigkeit. Diese Mächtigkeit wird üblicherweise mit c bezeichnet, wobei c für *Kontinuum* steht (dieser Name wurde früher meist für das Intervall $[0,1]$ verwendet).

Vielleicht kam es nicht völlig überraschend, dass endliche und unendliche Intervalle dieselbe Mächtigkeit haben. Aber hier ist eine Tatsache, die jeder Intuition zu widersprechen scheint.

Satz 2. *Die Menge $\mathbb{R}^2$ aller geordneten Paare von reellen Zahlen (also die reelle Ebene) hat dieselbe Größe wie $\mathbb{R}$.*

■ **Beweis.** Um das zu sehen, genügt es zu beweisen, dass die Menge aller Paare (x,y) mit $0 < x, y \leq 1$ bijektiv auf das Intervall $(0,1]$ abgebildet werden kann. Der Beweis ist wieder aus dem BUCH. Betrachten wir das Paar (x,y) und schreiben wir x,y in ihrer eindeutigen unendlichen Dezimaldarstellung wie in dem folgenden Beispiel

$$x = 0{,}3 \quad 01 \quad 2 \quad 007 \quad 08 \ldots$$
$$y = 0{,}009 \quad 2 \quad 05 \quad 1 \quad 0008 \ldots$$

Man beobachte, dass wir dabei die Ziffern von x und y in Gruppen aufgeschrieben haben, wobei wir jeweils bis zur nächsten Ziffer ungleich Null gehen. Nun assoziieren wir zu (x,y) die Zahl $z \in (0,1]$, indem wir die erste x-Gruppe hinschreiben, danach die erste y-Gruppe, dann die zweite x-Gruppe usw. In unserem Beispiel erhalten wir somit

$$z = 0{,}3 \; 009 \; 01 \; 2 \; 2 \; 05 \; 007 \; 1 \; 08 \; 0008 \ldots$$

Da weder x noch y ab einem gewissen Punkt nur noch Nullen enthalten, finden wir, dass der Ausdruck für z wieder eine nicht-endende Dezimaldarstellung ist. Umgekehrt können wir aus der Entwicklung von z unmittelbar das Urbild (x,y) ablesen. Da die Abbildung bijektiv ist, ist der Beweis beendet. □

Mit der Bijektion $(x,y) \longmapsto x+iy$ von $\mathbb{R}^2$ auf die komplexen Zahlen $\mathbb{C}$ können wir schließen, dass $|\mathbb{C}| = |\mathbb{R}| = c$ ist. Warum ist das Resultat $|\mathbb{R}^2| = |\mathbb{R}|$ so unerwartet? Nun, es geht vollkommen gegen unsere Intuition der *Dimension*. Es sagt aus, dass die 2-dimensionale Ebene $\mathbb{R}^2$ bijektiv auf die 1-dimensionale Gerade $\mathbb{R}$ abgebildet werden kann. Die Dimension bleibt also durch bijektive Abbildungen im Allgemeinen nicht erhalten. Wenn wir aber zusätzlich fordern, dass die Abbildung und ihre Inverse beide stetig sind, dann bleibt die Dimension tatsächlich erhalten — ein berühmtes Resultat, das zuerst von Luitzen Brouwer gezeigt wurde. Der Beweis lässt sich mit Hilfe des Sperner-Lemmas führen, das wir im Kapitel 21 kennenlernen werden.

Gehen wir ein wenig weiter. Bis jetzt haben wir den Begriff der gleichen
Mächtigkeit diskutiert. Wann werden wir sagen, dass M höchstens so groß
wie N ist? Wieder weisen uns Abbildungen den richtigen Weg. Wir sagen,
dass die Kardinalzahl **m** *kleiner oder gleich* **n** ist, falls für Mengen M und
N mit $|M| = \mathbf{m}, |N| = \mathbf{n}$ eine *Injektion* von M nach N existiert. Offenbar
ist die Relation $\mathbf{m} \leq \mathbf{n}$ unabhängig von den jeweilig gewählten Mengen
M und N. Bei endlichen Mengen entspricht dies genau unserer Intuition.
Eine m-Menge ist höchstens so groß wie eine n-Menge genau dann, wenn
$m \leq n$ ist.

Nun ergibt sich aber sofort ein grundlegendes Problem. Wir wollen natürlich, dass die üblichen Gesetze für Ungleichungen auch für Kardinalzahlen
gelten. Sind sie aber auch wirklich richtig für unendliche Kardinalzahlen?
Ist es insbesondere richtig, dass $\mathbf{m} \leq \mathbf{n}$ und $\mathbf{n} \leq \mathbf{m}$ zusammen $\mathbf{m} = \mathbf{n}$
implizieren? Die Antwort, dass dies tatsächlich immer gilt, ist Inhalt des
berühmten Satzes von Schroeder-Bernstein. Der folgende Beweis für dieses
Resultat, den uns Andrei Zelevinsky mitgeteilt hat, ist ein wahres Juwel.

Satz 3. *Wenn jede von zwei Mengen M und N injektiv in die jeweils andere
abgebildet werden kann, dann existiert eine Bijektion von M auf N, das
heißt, es gilt dann $|M| = |N|$.*

■ **Beweis.** Seien $f : M \longrightarrow N$ und $g : N \longrightarrow M$ Injektionen. Für jede
Teilmenge $A \subseteq M$ definieren wir die Menge $F(A) \subseteq M$ durch

$$F(A) := M \setminus g(N \setminus f(A)).$$

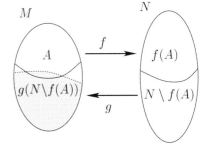

Das heißt, jede Teilmenge $A \subseteq M$ wird erst auf $f(A) \subseteq N$ abgebildet,
dann nehmen wir das Komplement $N \setminus f(A)$ in N, dann wird dieses Komplement zurückabgebildet, um $g(N \setminus f(A)) \subseteq M$ zu erhalten, und von
dieser Menge nehmen wir schließlich das Komplement in M — siehe die
Skizze zur Rechten.

Nehmen wir an, es gibt ein A_0 mit $F(A_0) = A_0$, also eine Menge mit
$g(N \setminus f(A_0)) = M \setminus A_0$. Offenbar ist dann

$$\phi(x) := \begin{cases} f(x) & \text{für } x \in A_0 \\ g^{-1}(x) & \text{für } x \notin A_0 \end{cases}$$

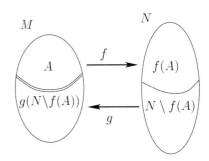

eine Bijektion von M auf N. Es genügt also, solch eine „Fixmenge" A_0 zu
finden. Unsere Methode, um solch eine Menge zu bestimmen, beruht auf
der folgenden Beobachtung:

Behauptung. *Sei $A_1, A_2, A_3, \ldots$ eine Familie von Teilmengen
von M, dann gilt*

$$F(\bigcap_{i \geq 1} A_i) = \bigcap_{i \geq 1} F(A_i).$$

Um dies einzusehen, beobachten wir (i) zunächst, dass $f(\bigcap A_i) = \bigcap f(A_i)$
gilt, da f eine Injektion ist. Wir werden auch (ii) benutzen, dass $g(\bigcup B_i) =
\bigcup g(B_i)$ ist, was für beliebige Abbildungen $g : N \longrightarrow M$ und beliebige

Mengen $B_i \subseteq N$ gilt. Nun haben wir

$$
\begin{array}{rcll}
F(\bigcap A_i) & = & M \setminus g(N \setminus f(\bigcap A_i)) & \\
& = & M \setminus g(N \setminus \bigcap f(A_i)) & \text{nach (i)} \\
& = & M \setminus g(\bigcup (N \setminus f(A_i))) & \text{de Morgans Gesetz} \\
& = & M \setminus (\bigcup g(N \setminus f(A_i))) & \text{nach (ii)} \\
& = & \bigcap (M \setminus g(N \setminus f(A_i))) & \text{de Morgans Gesetz} \\
& = & \bigcap F(A_i),
\end{array}
$$

und die Behauptung ist bewiesen. Nun betrachten wir die Kette von Teilmengen

$$M \supseteq F(M) \supseteq F^2(M) \supseteq F^3(M) \cdots,$$

und definieren A_0 als den Durchschnitt aller Mengen in der Kette, also als

$$A_0 := M \cap F(M) \cap F^2(M) \cap F^3(M) \cdots.$$

Unsere Behauptung ergibt nun

$$F(A_0) = F(M) \cap F^2(M) \cap F^3(M) \cdots,$$

und somit $F(A_0) = A_0$, und das ist der ganze Beweis! □

„Schroeder und Bernstein malen"

Wie steht es mit den anderen Ungleichungen? Wie üblich setzen wir $\mathfrak{m} < \mathfrak{n}$, falls $\mathfrak{m} \leq \mathfrak{n}$ ist, aber $\mathfrak{m} \neq \mathfrak{n}$. Wir haben eben gesehen, dass für je zwei Kardinalzahlen $\mathfrak{m}$ und $\mathfrak{n}$ höchstens eine der drei Möglichkeiten

$$\mathfrak{m} < \mathfrak{n},\ \mathfrak{m} = \mathfrak{n},\ \mathfrak{n} > \mathfrak{m}$$

gilt, und es folgt aus der Theorie der Kardinalzahlen, dass in Wahrheit genau eine dieser Relationen gültig ist. (Siehe den Anhang zu diesem Kapitel, Proposition 2).

Des Weiteren besagt der Satz von Schroeder-Bernstein, dass die Relation $<$ transitiv ist, das heißt $\mathfrak{m} < \mathfrak{n}$ und $\mathfrak{n} < \mathfrak{p}$ implizieren $\mathfrak{m} < \mathfrak{p}$. Die Kardinalzahlen erscheinen also in linearer Ordnung, beginnend mit den endlichen Zahlen $0, 1, 2, 3, \ldots$. Wenn wir das übliche Zermelo-Fraenkel Axiomensystem verwenden (insbesondere das Auswahlaxiom), so stellen wir sofort fest, dass jede unendliche Menge M eine abzählbare Teilmenge enthält. Um dies zu sehen, nehmen wir ein Element von M, sagen wir m_1. Die Menge $M \setminus \{m_1\}$ ist nicht leer (da sie unendlich ist) und enthält daher ein weiteres Element m_2. Nun betrachten wir $M \setminus \{m_1, m_2\}$ und stellen die Existenz eines weiteren Elementes m_3 fest, und so fort. Die Mächtigkeit einer abzählbaren Menge ist somit die *kleinste unendliche Kardinalzahl*, üblicherweise bezeichnet mit $\aleph_0$ (ausgesprochen „Aleph Null").

„Die kleinste unendliche Kardinalität"

Als eine Folgerung aus $\aleph_0 \leq \mathfrak{m}$ für jede unendliche Kardinalzahl $\mathfrak{m}$ können wir sofort „Hilberts Hotel" für jede beliebige unendliche Kardinalzahl $\mathfrak{m}$ beweisen, das heißt, es gilt $|M \cup \{x\}| = |M|$ für jede unendliche Menge M. Dazu betrachten wir eine Teilmenge $N = \{m_1, m_2, m_3, \ldots\}$ der Menge M. Nun bilden wir x auf m_1 ab, m_1 auf m_2, usw., und halten die Elemente von $M \setminus N$ fest. Dies ergibt offenbar die gewünschte Bijektion.

Damit haben wir auch ein Resultat bewiesen, das wir schon früher vorweg genommen haben:

Jede unendliche Menge enthält eine echte Teilmenge derselben Mächtigkeit.

Bis jetzt kennen wir die Kardinalzahlen $0, 1, 2, \ldots, \aleph_0$, und wissen weiterhin, dass die Kardinalzahl c von $\mathbb{R}$ größer ist als $\aleph_0$. Der Übergang von $\mathbb{Q}$ mit $|\mathbb{Q}| = \aleph_0$ zu $\mathbb{R}$ mit $|\mathbb{R}| = c$ legt sofort die nächste Frage nahe:

Ist $c = |\mathbb{R}|$ die nächste unendliche Kardinalzahl nach $\aleph_0$?

Dabei ergibt sich das grundlegende Problem, ob eine „nächste Kardinalzahl" überhaupt existiert, oder mit anderen Worten, ob $\aleph_1$ überhaupt eine sinnvolle Bedeutung hat. Nun, $\aleph_1$ existiert tatsächlich — der Beweis dafür ist ebenfalls im Anhang zu diesem Kapitel skizziert.

Die Aussage $c = \aleph_1$ ist als die *Kontinuumshypothese* bekannt geworden. Die Frage, ob die Kontinuumshypothese wahr ist, stellte für viele Jahrzehnte eine der größten Herausforderungen in der gesamten Mathematik dar. Die Antwort, die schließlich von Kurt Gödel und Paul Cohen gegeben wurde, bringt uns an die Grenzen des logischen Denkens. Sie zeigten, dass die Aussage $c = \aleph_1$ vom Zermelo-Fraenkel Axiomensystem *unabhängig* ist, in demselben Sinn, wie das Parallelenaxiom von den anderen Axiomen der Euklidischen Geometrie unabhängig ist. Es gibt Modelle, in denen $c = \aleph_1$ gültig ist, und andere Modelle der Mengenlehre, in denen $c \neq \aleph_1$ gilt.

Im Licht dieser Tatsache ist es interessant zu fragen, ob es noch weitere Aussagen gibt (zum Beispiel aus der Analysis), die ebenfalls äquivalent zur Kontinuumshypothese sind. Im Folgenden wollen wir eine solche Aussage vorstellen und die besonders elegante und einfache Lösung durch Paul Erdős. Im Jahre 1962 stellte Wetzel die folgende Frage:

> *Sei $\{f_\alpha\}$ eine Familie von paarweise verschiedenen analytischen Funktionen auf den komplexen Zahlen, so dass für jedes $z \in \mathbb{C}$ die Menge der Werte $\{f_\alpha(z)\}$ höchstens abzählbar ist (also entweder endlich oder abzählbar); diese Eigenschaft sei mit (P_0) bezeichnet. Folgt daraus, dass die Familie selbst höchstens abzählbar ist?*

Kurze Zeit später zeigte Erdős, dass die Antwort überraschenderweise von der Kontinuumshypothese abhängt.

Satz 4. *Wenn $c > \aleph_1$ ist, so ist jede Familie $\{f_\alpha\}$, welche (P_0) erfüllt, höchstens abzählbar. Wenn andererseits $c = \aleph_1$ ist, so existiert eine Familie $\{f_\alpha\}$ mit der Eigenschaft (P_0), welche die Mächtigkeit c hat.*

Für den folgenden Beweis benötigen wir ein paar grundlegende Tatsachen über Kardinal- und Ordinalzahlen. Für Leser, die mit diesen Konzepten nicht vertraut sind, hat dieses Kapitel einen Anhang, in dem alle notwendigen Resultate zusammengefasst sind.

■ **Beweis von Satz 4.** Nehmen wir zunächst $c > \aleph_1$ an. Wir werden zeigen, dass für jede Familie $\{f_\alpha\}$ der Größe $\aleph_1$ von analytischen Funktionen eine komplexe Zahl z_0 existiert, so dass *alle* $\aleph_1$-Werte $f_\alpha(z_0)$ verschieden sind. Folglich muss eine Familie von Funktionen, die (P_0) genügt, höchstens abzählbar sein.

Um dies zu sehen, benutzen wir unsere Erkenntnisse über Ordinalzahlen. Zunächst erklären wir eine Wohlordnung auf der Familie $\{f_\alpha\}$ gemäß der initialen Ordinalzahl ω_1 von $\aleph_1$. Nach Proposition 1 des Anhangs bedeutet dies, dass die Indexmenge alle Ordinalzahlen α durchläuft, die kleiner als ω_1 sind. Als Nächstes zeigen wir, dass die Menge der Paare (α, β) mit $\alpha < \beta < \omega_1$ die Größe $\aleph_1$ hat. Da jedes $\beta < \omega_1$ eine endliche oder abzählbare Ordinalzahl ist, ist die Menge der Paare (α, β) mit $\alpha < \beta$ für jedes feste β höchstens abzählbar. Indem wir die Vereinigung aller dieser $\aleph_1$-vielen β nehmen, schließen wir aus Proposition 6 des Anhangs, dass die Menge aller Paare (α, β) mit $\alpha < \beta$ die Größe $\aleph_1$ hat.

Betrachten wir nun für ein Paar $\alpha < \beta$ die Menge

$$S(\alpha, \beta) = \{z \in \mathbb{C} : f_\alpha(z) = f_\beta(z)\}.$$

Wir behaupten, dass jede dieser Mengen $S(\alpha, \beta)$ höchstens abzählbar ist. Um dies zu sehen, betrachten wir die Kreise C_k vom Radius $k = 1, 2, 3, \ldots$ um den Ursprung in der komplexen Ebene. Falls f_α und f_β in unendlich vielen Punkten in einem dieser Kreise C_k übereinstimmen, dann sind f_α und f_β nach einem bekannten Resultat über analytische Funktionen identisch. Also können wir annehmen, dass f_α und f_β nur in endlich vielen

Punkten übereinstimmen, und dies in jedem Kreis C_k. Somit stimmen sie insgesamt in höchstens abzählbar vielen Punkten überein. Nun setzen wir $S = \bigcup_{\alpha < \beta} S(\alpha, \beta)$. Wieder nach Proposition 6 finden wir, dass S die Mächtigkeit $\aleph_1$ hat, da jede Menge $S(\alpha, \beta)$ höchstens abzählbar ist. Und hier kommt der Knackpunkt: Da, wie wir wissen, $\mathbb{C}$ die Mächtigkeit c hat, und c nach Voraussetzung größer als $\aleph_1$ ist, muss eine komplexe Zahl z_0 existieren, die nicht in S ist, und für dieses z_0 sind alle $\aleph_1$ Werte $f_\alpha(z_0)$ verschieden.

Als Nächstes setzen wir $c = \aleph_1$ voraus. Wir betrachten die Menge $D \subseteq \mathbb{C}$ der komplexen Zahlen $p+iq$, für die sowohl der Realteil p als auch der Imaginärteil q rational ist. Da für jedes p die Menge $\{p+iq : q \in \mathbb{Q}\}$ abzählbar ist, schließen wir, dass D selbst abzählbar ist. Außerdem ist D eine *dichte* Menge in $\mathbb{C}$: Jede offene Scheibe in der komplexen Ebene enthält zumindest einen Punkt aus D. Es sei $\{z_\alpha : 0 \leq \alpha < \omega_1\}$ eine Wohlordnung von $\mathbb{C}$. Im Folgenden werden wir eine Familie $\{f_\beta : 0 \leq \beta < \omega_1\}$ von $\aleph_1$-vielen verschiedenen analytischen Funktionen mit der Eigenschaft

$$f_\beta(z_\alpha) \in D \quad \text{für alle } \alpha < \beta \tag{1}$$

konstruieren. Jede solche Familie erfüllt die Bedingung (P_0). In der Tat hat jeder Punkt $z \in \mathbb{C}$ einen Index, sagen wir $z = z_\alpha$. Nun liegen für alle $\beta > \alpha$ die Werte $\{f_\beta(z_\alpha)\}$ in der *abzählbaren* Menge D. Da α eine höchstens abzählbare Ordinalzahl ist, tragen die Funktionen f_β mit $\beta \leq \alpha$ höchstens abzählbar viele weitere Werte $f_\beta(z_\alpha)$ bei, und es folgt, dass die Menge aller Werte $\{f_\beta(z_\alpha)\}$ ebenfalls höchstens abzählbar ist. Wir stellen also fest: Falls wir eine Familie $\{f_\beta\}$ konstruieren können, die (1) erfüllt, dann ist auch der zweite Teil des Satzes bewiesen.

Die Konstruktion der Familie $\{f_\beta\}$ erfolgt mit transfiniter Induktion. Als f_0 nehmen wir irgendeine analytische Funktion, zum Beispiel $f_0 = $ konstant. Angenommen wir haben f_β bereits für alle $\beta < \gamma$ konstruiert. Da γ eine höchstens abzählbare Ordinalzahl ist, können wir die Menge $\{f_\beta : 0 \leq \beta < \gamma\}$ in eine Folge $g_1, g_2, g_3, \ldots$ umordnen. Dieselbe Umordnung von $\{z_\alpha : 0 \leq \alpha < \gamma\}$ ergibt eine Folge $w_1, w_2, w_3, \ldots$. Wir konstruieren nun eine Funktion f_γ, die für jedes n die folgenden Bedingungen erfüllt:

$$f_\gamma(w_n) \in D \quad \text{und} \quad f_\gamma(w_n) \neq g_n(w_n). \tag{2}$$

Die zweite Bedingung wird sicherstellen, dass alle Funktionen f_γ (für $0 \leq \gamma < \omega_1$) verschieden sind, und die erste Bedingung ist gerade (1), und dies impliziert (P_0) mit unserer obigen Überlegung. Man beobachte, dass die Bedingung $f_\gamma(w_n) \neq g_n(w_n)$ einmal mehr ein Diagonalisierungsschluss ist.

Um f_γ zu konstruieren schreiben wir

$$\begin{aligned} f_\gamma(z) :=\ & \varepsilon_0 + \varepsilon_1(z - w_1) + \varepsilon_2(z - w_1)(z - w_2) \\ & + \varepsilon_3(z - w_1)(z - w_2)(z - w_3) + \ldots. \end{aligned}$$

Falls γ eine endliche Ordinalzahl ist, so ist f_γ ein Polynom und somit analytisch, und wir können sicherlich Zahlen ε_i wählen, so dass (2) erfüllt ist.

Nehmen wir schließlich an, γ ist eine abzählbare Ordinalzahl, dann gilt

$$f_\gamma(z) = \sum_{n=0}^{\infty} \varepsilon_n (z-w_1)\cdots(z-w_n). \qquad (3)$$

Wir bemerken, dass die Werte der ε_m ($m \geq n$) keinen Einfluss auf den Wert $f_\gamma(w_n)$ haben, das heißt, wir können die ε_n Schritt für Schritt wählen. Wenn nun die Folge (ε_n) genügend schnell gegen 0 konvergiert, dann definiert (3) eine analytische Funktion. Und schließlich können wir, da D eine dichte Menge ist, diese Folge (ε_n) so wählen, dass f_γ den Bedingungen aus (2) genügt, und der Beweis ist vollständig. $\square$

Anhang: Über Kardinalzahlen und Ordinalzahlen

Wir wollen als erstes die Frage diskutieren, ob zu jeder Kardinalzahl eine nächstgrößere existiert. Überlegen wir uns als erstes, dass zu jeder Kardinalzahl $\mathfrak{m}$ eine Kardinalzahl $\mathfrak{n}$ existiert, die jedenfalls größer als $\mathfrak{m}$ ist. Um dies zu sehen, benutzen wir wieder eine Variante der Cantorschen Diagonalisierungsmethode.

Wir behaupten, dass für jede Menge M die Menge $\mathcal{P}(M)$ *aller Teilmengen von M größer ist als M*. Indem wir $m \in M$ auf $\{m\} \in \mathcal{P}(M)$ abbilden, sehen wir, dass M bijektiv auf eine Teilmenge von $\mathcal{P}(M)$ abgebildet werden kann, so dass also $|M| \leq |\mathcal{P}(M)|$ nach Definition gilt. Es bleibt zu zeigen, dass $\mathcal{P}(M)$ umgekehrt *nicht* bijektiv auf eine Teilmenge von M abgebildet werden kann. Nehmen wir im Gegenteil an, dass $\varphi : N \longrightarrow \mathcal{P}(M)$ eine Bijektion von $N \subseteq M$ auf $\mathcal{P}(M)$ ist. Nun betrachten wir die Teilmenge $U \subseteq N$ aller Elemente von N, die *nicht* in ihrem Bild unter der Abbildung φ enthalten sind, also $U = \{m \in N : m \notin \varphi(m)\}$. Da φ eine Bijektion ist, existiert ein Element $u \in N$ mit $\varphi(u) = U$. Nun muss entweder $u \in U$ gelten oder $u \notin U$, aber beide Alternativen sind unmöglich! Denn wenn $u \in U$ ist, so ist $u \notin \varphi(u) = U$ nach Definition von U, und wenn $u \notin U = \varphi(u)$, so ist $u \in U$ — Widerspruch.

„Nach einer Legende soll St. Augustin, als er die Küste entlang wanderte und über die Unendlichkeit sinnierte, ein Kind gesehen haben, das versuchte, den Ozean mit einer kleinen Muschel auszuschöpfen ... "

Wahrscheinlich hat der Leser diesen Schluss schon einmal gesehen. Er ist nichts anderes als das alte Barbier-Rätsel: „Der Barbier ist der Mann, der genau alle jene Männer rasiert, die sich nicht selbst rasieren. Und was ist mit dem Barbier? Rasiert er sich selbst?"

Wir gehen weiter und besprechen eine andere große Idee von Cantor, geordnete Mengen und Ordinalzahlen. Eine Menge M ist durch $<$ *geordnet*, falls die Relation $<$ transitiv ist, und falls für je zwei verschiedene Elemente a und b von M entweder $a < b$ oder $b < a$ gilt. Beispielsweise können wir die natürlichen Zahlen $\mathbb{N}$ in der üblichen Weise nach ihrer Größe ordnen, $\mathbb{N} = \{1, 2, 3, 4, \ldots\}$; aber wir können ebenso gut $\mathbb{N}$ in der umgekehrten Ordnung auflisten, $\mathbb{N} = \{\ldots, 4, 3, 2, 1\}$, oder auch $\mathbb{N} = \{1, 3, 5, \ldots, 2, 4, 6, \ldots\}$, indem wir zuerst die ungeraden Zahlen und dann die geraden Zahlen hinschreiben.

Hier kommt der entscheidende Begriff. Eine geordnete Menge heißt *wohlgeordnet*, wenn jede nicht-leere Teilmenge von M ein erstes Element hat. So sind die erste und die dritte Ordnung von $\mathbb{N}$, die oben angeführt sind, Beispiele für Wohlordnungen, aber nicht die zweite. Der fundamentale *Wohlordnungssatz*, der durch die Axiome (inklusive dem Auswahlaxiom) impliziert wird, besagt nun, dass *jede* Menge M wohlgeordnet werden kann. Von nun an betrachten wir nur Mengen, die mit einer Wohlordnung versehen sind.

Wir definieren zwei wohlgeordnete Mengen M und N als *ähnlich* (oder *vom selben Ordnungstyp*), falls eine Bijektion φ von M auf N existiert, die die Ordnung respektiert, das heißt, $m <_M n$ impliziert $\varphi(m) <_N \varphi(n)$. Man beachte, dass jede geordnete Menge, die zu einer wohlgeordneten Menge ähnlich ist, selbst wohlgeordnet ist.

Die wohlgeordneten Mengen
$\mathbb{N} = \{1, 2, 3, \ldots\}$ und
$\mathbb{N} = \{1, 3, 5, \ldots, 2, 4, 6, \ldots\}$
sind *nicht* ähnlich: die erste Ordnung hat nur ein Element ohne einen unmittelbaren Vorgänger, während die zweite Ordnung deren zwei hat.

Offenbar ist die Ähnlichkeit eine Äquivalenzrelation, und wir können daher von einer *Ordinalzahl* α sprechen, welche zu einer Klasse von ähnlichen Mengen gehört. Für endliche Mengen sind je zwei Ordnungen ähnliche Wohlordnungen, und wir können somit wieder die Ordinalzahl n für die Klasse aller n-Mengen verwenden. Man beachte, dass nach Definition zwei ähnliche Mengen stets dieselbe Mächtigkeit haben. Es ist also sinnvoll, von der *Mächtigkeit* $|\alpha|$ einer Ordinalzahl α zu sprechen. Ferner sieht man, dass jede Teilmenge einer wohlgeordneten Menge selbst wohlgeordnet ist unter der induzierten Ordnung.

So wie Kardinalzahlen vergleichen wir nun Ordinalzahlen. Es sei M eine wohlgeordnete Menge, $m \in M$, dann heißt $M_m = \{x \in M : x < m\}$ der (*initiale*) *Abschnitt* von M, der von m bestimmt wird; N heißt ein Abschnitt von M, falls $N = M_m$ ist für ein gewisses Element m. Insbesondere ist M_m die leere Menge, wenn m das erste Element von M ist. Es seien nun μ und ν die Ordinalzahlen der wohlgeordneten Mengen M und N. Wir sagen, dass μ *kleiner* als ν ist, $\mu < \nu$, falls M ähnlich zu einem Abschnitt von N ist. Wieder gilt das transitive Gesetz: $\mu < \nu$ und $\nu < \pi$ implizieren $\mu < \pi$, da unter einer Ähnlichkeitsabbildung ein Abschnitt offenbar auf einen Abschnitt abgebildet wird.

Die Ordinalzahl von
$\{1, 2, 3, 4, 5, 6, \ldots\}$
ist kleiner als die Ordinalzahl von
$\{1, 3, 5, \ldots, 2, 4, 6, \ldots\}$.

Für endliche Mengen hat $m < n$ genau die übliche Bedeutung. Wir bezeichnen mit ω die Ordinalzahl von $\mathbb{N} = \{1, 2, 3, 4, \ldots\}$ angeordnet nach Größe. Indem wir den Abschnitt $\mathbb{N}_{n+1}$ betrachten, schließen wir $n < \omega$ für jede endliche Zahl n. Als Nächstes sehen wir, dass $\omega \leq \alpha$ gilt für jede unendliche Ordinalzahl α. In der Tat, wenn die unendliche wohlgeordnete Menge M die Ordinalzahl α hat, so enthält M erstes Element m_1, die Menge $M \backslash m_1$ ein erstes Element m_2, $M \backslash \{m_1, m_2\}$ ein erstes Element m_3. Fahren wir so fort, so erhalten wir die Folge $m_1 < m_2 < m_3 < \ldots$ in M. Ist $M = \{m_1, m_2, m_3, \ldots\}$, so ist M ähnlich zu $\mathbb{N}$ und daher $\alpha = \omega$. Wenn andererseits $M \backslash \{m_1, m_2, \ldots\}$ nicht-leer ist, so enthält es ein erstes Element m, und wir schließen, dass $\mathbb{N}$ ähnlich zum Abschnitt M_m ist, was nach Definition $\omega < \alpha$ bedeutet.

Wir zitieren nun drei grundlegende Resultate über Ordinalzahlen (ohne die Beweise, die aber nicht schwierig sind). Das erste Ergebnis besagt, dass es für jede Ordinalzahl μ eine kanonische wohlgeordnete Menge W_μ gibt, die sie darstellt.

Proposition 1. *Sei μ eine Ordinalzahl, und sei W_μ die Menge aller Ordinalzahlen, die kleiner als μ sind. Dann gilt:*

(i) *Die Elemente von W_μ sind paarweise vergleichbar.*

(ii) *Wenn wir die Elemente von W_μ nach ihrer Größe ordnen, so wird W_μ eine wohlgeordnete Menge und hat genau die Ordinalzahl μ.*

Proposition 2. *Zwei Ordinalzahlen μ und ν erfüllen immer genau eine der Relationen $\mu < \nu$, $\mu = \nu$ oder $\mu > \nu$.*

Proposition 3. *Jede Menge von Ordinalzahlen, geordnet nach Größe, ist wohlgeordnet.*

Nach diesem Ausflug in die Welt der Ordinalzahlen kehren wir zurück zu Kardinalzahlen. Es sei $\mathfrak{m}$ eine Kardinalzahl und $O_\mathfrak{m}$ die Menge aller Ordinalzahlen μ mit $|\mu| = \mathfrak{m}$. Nach Proposition 3 gibt es eine *kleinste* Ordinalzahl $\omega_\mathfrak{m}$ in $O_\mathfrak{m}$, welche wir die *initiale Ordinalzahl* von $O_\mathfrak{m}$ nennen. Zum Beispiel ist ω die initiale Ordinalzahl von $\aleph_0$.

Mit diesen Vorbereitungen können wir nun endgültig ein fundamentales Resultat dieses Kapitels beweisen.

Proposition 4. *Zu jeder Kardinalzahl $\mathfrak{m}$ gibt es eine wohldefinierte nächstgrößere Kardinalzahl.*

■ **Beweis.** Wir wissen schon, dass es zumindest eine Kardinalzahl $\mathfrak{n}$ gibt, die größer als $\mathfrak{m}$ ist. Es sei nun $\mathcal{K}$ die Menge aller Kardinalzahlen größer als $\mathfrak{m}$ und höchstens so groß wie $\mathfrak{n}$. Zu jedem $\mathfrak{p} \in \mathcal{K}$ assoziieren wir die initiale Ordinalzahl $\omega_\mathfrak{p}$. Unter diesen initialen Zahlen gibt es eine kleinste (Proposition 3), und die dazu korrespondierende Kardinalzahl ist dann die kleinste in $\mathcal{K}$ und daher die gewünschte nächstgrößere Kardinalzahl für $\mathfrak{m}$. □

Proposition 5. *Die unendliche Menge M habe die Kardinalzahl $\mathfrak{m}$ und sei wohlgeordnet gemäß der initialen Ordinalzahl $\omega_\mathfrak{m}$. Dann hat M kein letztes Element.*

■ **Beweis.** Wäre nämlich m das letzte Element von M, so hätte der Abschnitt M_m eine Ordinalzahl $\mu < \omega_\mathfrak{m}$ mit $|\mu| = \mathfrak{m}$, im Widerspruch zur Definition von $\omega_\mathfrak{m}$. □

Als letztes überlegen wir uns noch eine wichtige Verschärfung des Resultats, dass die Vereinigung von abzählbar vielen abzählbaren Mengen wieder abzählbar ist. Im folgenden Ergebnis betrachten wir *beliebige* Familien von abzählbaren Mengen.

Proposition 6. *Es sei $\{A_\alpha\}$ eine Familie der Mächtigkeit $\mathfrak{m}$ von höchstens abzählbaren Mengen A_α, wobei $\mathfrak{m}$ eine unendliche Kardinalzahl ist. Dann ist die Mächtigkeit der Vereinigung $\bigcup_\alpha A_\alpha$ höchstens $\mathfrak{m}$.*

■ **Beweis.** Wir können annehmen, dass die Mengen A_α abzählbar und paarweise disjunkt sind, da dies die Mächtigkeit der Vereinigung ja nur vergrößert. Es sei M mit $|M| = \mathfrak{m}$ die Indexmenge, die wir gemäß der initialen Ordinalzahl $\omega_\mathfrak{m}$ wohlordnen. Nun ersetzen wir jedes Element $\alpha \in M$ durch eine abzählbare Menge $B_\alpha = \{b_{\alpha 1} = \alpha, b_{\alpha 2}, b_{\alpha 3}, \dots\}$, geordnet gemäß ω, und nennen die neue Menge $\widetilde{M}$. Diese Menge $\widetilde{M}$ ist wieder wohlgeordnet, indem wir $b_{\alpha i} < b_{\beta j}$ für $\alpha < \beta$ und $b_{\alpha i} < b_{\alpha j}$ für $i < j$ setzen. Es sei $\widetilde{\mu}$ die Ordinalzahl von $\widetilde{M}$. Da M eine Teilmenge von $\widetilde{M}$ ist, haben wir jedenfalls $\mu \leq \widetilde{\mu}$. Falls $\mu = \widetilde{\mu}$ ist, so ist M ähnlich zu $\widetilde{M}$ und falls $\mu < \widetilde{\mu}$ ist, so ist M ähnlich zu einem Abschnitt von $\widetilde{M}$. Da nun die Ordnung $\omega_\mathfrak{m}$ kein letztes Element enthält (Proposition 5), sehen wir, dass M in beiden Fällen ähnlich zur Vereinigung von abzählbaren Mengen B_β ist und daher dieselbe Mächtigkeit hat.

Der Rest ist nun schnell erledigt. Es sei $\varphi : \bigcup B_\beta \longrightarrow M$ eine Bijektion mit $\varphi(B_\beta) = \{\alpha_1, \alpha_2, \alpha_3, \dots\}$. Wir ersetzen jedes α_i durch A_{α_i} und betrachten die Vereinigung $\bigcup A_{\alpha_i}$. Da $\bigcup A_{\alpha_i}$ die Vereinigung von *abzählbar* vielen abzählbaren Mengen ist (daher selber abzählbar), schließen wir, dass B_β dieselbe Mächtigkeit wie $\bigcup A_{\alpha_i}$ hat. Mit anderen Worten, es existiert eine Bijektion von B_β auf $\bigcup A_{\alpha_i}$ für alle β, und daher eine Bijektion ψ von $\bigcup B_\beta$ auf $\bigcup A_\alpha$. Nun ergibt $\psi \varphi^{-1}$ sofort die gewünschte Bijektion von M auf $\bigcup A_\alpha$ und wir erhalten $|\bigcup A_\alpha| = \mathfrak{m}$. □

Literatur

[1] L. E. J. BROUWER: *Beweis der Invarianz der Dimensionszahl,* Math. Annalen **70** (1911), 161-165.

[2] P. ERDŐS: *An interpolation problem associated with the continuum hypothesis,* Michigan Math. J. **11** (1964), 9-10.

[3] E. KAMKE: *Mengenlehre,* Sammlung Göschen **999/999a**, de Gruyter, 6th ed., 1969.

„Unendlich viele weitere Kardinäle"

Ein Lob der Ungleichungen Kapitel 16

Überall in der Analysis findet man Ungleichungen — eine unerschöpfliche Quelle hierfür ist das berühmte Buch „Inequalities" von Hardy, Littlewood und Pólya. Wir wollen zwei der grundlegenden Ungleichungen besprechen mit jeweils zwei Anwendungen und uns dabei nach George Pólya richten, der selbst ein Meister des BUCH-Beweises war — und sehen, was er über die Eleganz von Beweisen zu sagen hat.

Die erste Ungleichung wird üblicherweise Cauchy, Schwarz oder Buniakowski zugeschrieben:

Theorem I   (Ungleichung von Cauchy-Schwarz)
Sei $\langle a, b \rangle$ ein inneres Produkt auf einem reellen Vektorraum V (mit der Norm $|a|^2 := \langle a, a \rangle$). Dann gilt

$$\langle a, b \rangle^2 \ \leq \ |a|^2 |b|^2$$

für alle Vektoren $a, b \in V$, wobei Gleichheit genau dann gilt, wenn a und b linear abhängig sind.

■ **Beweis.** Der folgende (Folklore-)Beweis ist wahrscheinlich der kürzeste. Man betrachte die quadratische Funktion

$$|xa + b|^2 \ = \ x^2 |a|^2 + 2x \langle a, b \rangle + |b|^2$$

in der Variablen x, wobei wir $a \neq 0$ annehmen können. Falls $b = \lambda a$ ist, so gilt klarerweise $\langle a, b \rangle^2 = |a|^2 |b|^2$. Wenn aber andererseits a und b linear unabhängig sind, so haben wir $|xa + b|^2 > 0$ für alle x, und es folgt, dass die Diskriminante $\langle a, b \rangle^2 - |a|^2 |b|^2$ kleiner als 0 ist. □

Unser zweites Beispiel ist die *Ungleichung vom harmonischen, geometrischen und arithmetischen Mittel*:

Theorem II   (Harmonisches, geometrisches, arithmetisches Mittel)
Seien $a_1, \ldots, a_n$ positive reelle Zahlen, dann gilt

$$\frac{n}{\frac{1}{a_1} + \ldots + \frac{1}{a_n}} \ \leq \ \sqrt[n]{a_1 a_2 \ldots a_n} \ \leq \ \frac{a_1 + \ldots + a_n}{n},$$

wobei Gleichheit in beiden Fällen dann und nur dann eintritt, wenn alle a_i gleich sind.

■ **Beweis.** Der folgende schöne und ungewöhnliche Induktionsbeweis wird Cauchy zugeschrieben (siehe [7]). Sei $P(n)$ die Aussage der zweiten Ungleichung, die wir in der Form

$$a_1 a_2 \ldots a_n \leq \left(\frac{a_1 + \ldots + a_n}{n}\right)^n$$

schreiben.

Für $n = 2$ haben wir $a_1 a_2 \leq (\frac{a_1+a_2}{2})^2 \iff (a_1 - a_2)^2 \geq 0$, also ist die Ungleichung richtig. Nun gehen wir in zwei Schritten vor:

(A) $P(n) \implies P(n-1)$

(B) $P(n)$ und $P(2) \implies P(2n)$

und aus diesen beiden Aussagen folgt ersichtlich das vollständige Resultat.

Um **(A)** zu beweisen setzen wir $A := \sum_{k=1}^{n-1} \frac{a_k}{n-1}$, dann gilt

$$\left(\prod_{k=1}^{n-1} a_k\right) A \stackrel{P(n)}{\leq} \left(\frac{\sum_{k=1}^{n-1} a_k + A}{n}\right)^n = \left(\frac{(n-1)A + A}{n}\right)^n = A^n$$

und somit $\prod_{k=1}^{n-1} a_k \leq A^{n-1} = \left(\frac{\sum_{k=1}^{n-1} a_k}{n-1}\right)^{n-1}$.

Zu **(B)** sehen wir

$$\prod_{k=1}^{2n} a_k = \left(\prod_{k=1}^{n} a_k\right)\left(\prod_{k=n+1}^{2n} a_k\right) \stackrel{P(n)}{\leq} \left(\sum_{k=1}^{n} \frac{a_k}{n}\right)^n \left(\sum_{k=n+1}^{2n} \frac{a_k}{n}\right)^n$$

$$\stackrel{P(2)}{\leq} \left(\frac{\sum_{k=1}^{2n} \frac{a_k}{n}}{2}\right)^{2n} = \left(\frac{\sum_{k=1}^{2n} a_k}{2n}\right)^{2n}.$$

Ebenso leicht sieht man die Bedingung, unter der Gleichheit gilt.

Die linke Ungleichung, zwischen dem harmonischen und dem geometrischen Mittel, folgt nun ohne weiteres, indem man statt $a_1, \ldots, a_n$ die Reziproken $\frac{1}{a_1}, \ldots, \frac{1}{a_n}$ betrachtet. □

■ **Ein zweiter Beweis.** Unter den vielen weiteren Beweisen der Ungleichung vom arithmetisch-geometrischen Mittel (das Buch [2] führt mehr als fünfzig an) wollen wir einen besonders eleganten besprechen, der kürzlich von Alzer gegeben wurde. Tatsächlich ergibt dieser Beweis sogar die stärkere Ungleichung

$$a_1^{p_1} a_2^{p_2} \ldots a_n^{p_n} \leq p_1 a_1 + p_2 a_2 + \ldots + p_n a_n$$

für beliebige positive Zahlen $a_1, \ldots, a_n, p_1, \ldots, p_n$ mit $\sum_{i=1}^{n} p_i = 1$. Wir schreiben G für den Ausdruck auf der linken Seite und A für den auf der rechten Seite. Dabei können wir ohne Beschränkung der Allgemeinheit $a_1 \leq \ldots \leq a_n$ annehmen. Offenbar gilt $a_1 \leq G \leq a_n$, also muss es ein k geben mit $a_k \leq G \leq a_{k+1}$. Daraus folgt nun

$$\sum_{i=1}^{k} p_i \int_{a_i}^{G} \left(\frac{1}{t} - \frac{1}{G}\right) dt \; + \; \sum_{i=k+1}^{n} p_i \int_{G}^{a_i} \left(\frac{1}{G} - \frac{1}{t}\right) dt \; \geq \; 0, \qquad (1)$$

da alle Integranden > 0 sind. Umgeschrieben ergibt (1)

$$\sum_{i=1}^{n} p_i \int_{G}^{a_i} \frac{1}{G} \, dt \; \geq \; \sum_{i=1}^{n} p_i \int_{G}^{a_i} \frac{1}{t} \, dt,$$

wobei die linke Seite gleich

$$\sum_{i=1}^{n} p_i \frac{a_i - G}{G} \; = \; \frac{A}{G} - 1$$

ist, während die rechte Seite

$$\sum_{i=1}^{n} p_i (\log a_i - \log G) = \log \prod_{i=1}^{n} a_i^{p_i} - \log G = 0$$

ist. Wir folgern $\frac{A}{G} - 1 \geq 0$, also $A \geq G$. Im Falle der Gleichheit müssen alle Integrale in (1) gleich 0 sein, und dies impliziert $a_1 = \ldots = a_n = G$. □

Unsere erste Anwendung ist ein schönes Resultat von Laguerre (siehe [7]) über Nullstellen von Polynomen.

Satz 1. *Angenommen, die Nullstellen des Polynoms*

$$x^n + a_{n-1} x^{n-1} + \ldots + a_0$$

sind alle reell. Dann liegen sie in dem Intervall mit den Endpunkten

$$-\frac{a_{n-1}}{n} \; \pm \; \frac{n-1}{n} \sqrt{a_{n-1}^2 - \frac{2n}{n-1} a_{n-2}} \; .$$

■ **Beweis.** Sei y eine der Nullstellen und $y_1, \ldots, y_{n-1}$ die anderen Nullstellen. Das Polynom ist somit durch $(x-y)(x-y_1)\cdots(x-y_{n-1})$ gegeben. Daraus erhalten wir

$$\begin{aligned} -a_{n-1} &= y + y_1 + \ldots + y_{n-1}, \\ a_{n-2} &= y(y_1 + \ldots + y_{n-1}) + \sum_{i<j} y_i y_j, \end{aligned}$$

also

$$a_{n-1}^2 \;=\; y^2 + 2y(y_1 + \ldots + y_{n-1}) + 2 \sum_{i<j} y_i y_j + \sum_{i=1}^{n-1} y_i^2,$$

und daher

$$a_{n-1}^2 - 2a_{n-2} - y^2 \;=\; \sum_{i=1}^{n-1} y_i^2.$$

Cauchys Ungleichung angewendet auf die Vektoren $(y_1, \ldots, y_{n-1})$ und $(1, \ldots, 1)$ ergibt

$$\begin{aligned}(a_{n-1}+y)^2 &= (y_1 + y_2 + \ldots + y_{n-1})^2 \\ &\leq (n-1)\sum_{i=1}^{n-1} y_i^2 = (n-1)(a_{n-1}^2 - 2a_{n-2} - y^2),\end{aligned}$$

das heißt

$$y^2 + \frac{2a_{n-1}}{n}y + \frac{2(n-1)}{n}a_{n-2} - \frac{n-2}{n}a_{n-1}^2 \leq 0.$$

Also liegt y (und damit alle y_i) zwischen den beiden Wurzeln dieser quadratischen Funktion, und diese Wurzeln sind genau unsere Schranken. □

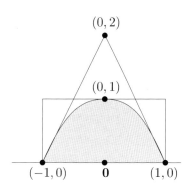

Für unsere zweite Anwendung beginnen wir mit einer wohlbekannten elementaren Eigenschaft der Parabel. Wir betrachten die Parabel gegeben durch $f(x) = 1 - x^2$ zwischen den Werten $x = -1$ und $x = 1$. Zu $f(x)$ assoziieren wir das *tangentiale Dreieck* und das *tangentiale Rechteck* wie in der Skizze am Rand.

Wir sehen, dass die schraffierte Fläche $A = \int_{-1}^{1}(1-x^2)dx$ gleich $\frac{4}{3}$ ist, und dass die Flächen T und R des Dreiecks und des Rechtecks beide gleich 2 sind. Daher ist $\frac{T}{A} = \frac{3}{2}$ und $\frac{R}{A} = \frac{3}{2}$.

In einer schönen Arbeit fragten Paul Erdős und Tibor Gallai, was passiert, wenn $f(x)$ ein beliebiges reelles Polynom vom Grad n ist mit $f(x) > 0$ für $-1 < x < 1$ und $f(-1) = f(1) = 0$. Die Fläche A ist dann durch $\int_{-1}^{1} f(x)dx$ gegeben. Nehmen wir an, dass $f(x)$ seinen maximalen Wert im Intervall $(-1, 1)$ im Punkt b annimmt, dann gilt $R = 2f(b)$. Aus den Gleichungen der Tangenten bei -1 und 1 erhalten wir nun (siehe Kasten), dass

$$T = \frac{2f'(1)f'(-1)}{f'(1) - f'(-1)} \tag{2}$$

gilt, bzw. $T = 0$ für $f'(1) = f'(-1) = 0$.

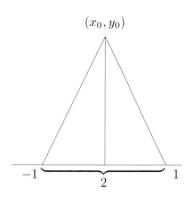

Das tangentiale Dreieck

Die Fläche T des tangentialen Dreiecks ist genau y_0, wenn (x_0, y_0) der Schnittpunkt der beiden Tangenten ist. Die Gleichungen dieser Tangenten sind $y = f'(-1)(x+1)$ bzw. $y = f'(1)(x-1)$, somit gilt

$$x_0 = \frac{f'(1) + f'(-1)}{f'(1) - f'(-1)},$$

und daher

$$y_0 = f'(1)\left(\frac{f'(1) + f'(-1)}{f'(1) - f'(-1)} - 1\right) = \frac{2f'(1)f'(-1)}{f'(1) - f'(-1)}.$$

Im Allgemeinen existieren keine nicht-trivialen Schranken für $\frac{T}{A}$ und $\frac{R}{A}$. Um das zu sehen, betrachten wir $f(x) = 1 - x^{2n}$. In diesem Fall gilt $T = 2n$, $A = \frac{4n}{2n+1}$, und daher $\frac{T}{A} > n$. Weiter erhalten wir $R = 2$ und $\frac{R}{A} = \frac{2n+1}{2n}$, und dieser Bruch nähert sich 1 an, wenn n nach ∞ strebt.

Doch für Polynome, die nur reelle Nullstellen haben, gibt es tatsächlich interessante Schranken — das sieht man an dem folgenden Resultat von Erdős und Gallai.

Satz 2. *Sei $f(x)$ ein reelles Polynom vom Grad $n \geq 2$ mit $f(x) > 0$ für $-1 < x < 1$ und $f(-1) = f(1) = 0$, dessen Nullstellen alle reell sind. Dann gilt*

$$\frac{2}{3}T \leq A \leq \frac{2}{3}R,$$

und Gleichheit gilt in beiden Fällen genau für $n = 2$.

Erdős und Gallai bewiesen ihr Resultat mit einer raffinierten Induktion. In der Besprechung ihrer Arbeit, die auf der ersten Seite der ersten Ausgabe der Mathematical Reviews 1940 erschien, erklärte George Pólya, wie die erste Ungleichung auch mit Hilfe der Ungleichung vom arithmetischen und geometrischen Mittel bewiesen werden kann — ein wunderschönes Beispiel einer gewissenhaften Besprechung und gleichzeitig eines Beweises aus dem BUCH.

■ **Beweis von $\frac{2}{3}T \leq A$.** Da $f(x)$ nur reelle Wurzeln hat, von denen keine in dem offenen Intervall $(-1, 1)$ liegt, kann $f(x)$, abgesehen von einem konstanten positiven Faktor, der am Ende herausgekürzt werden kann, in der Form

$$f(x) = (1 - x^2) \prod_i (\alpha_i - x) \prod_j (\beta_j + x) \qquad (3)$$

geschrieben werden, mit $\alpha_i \geq 1$, $\beta_j \geq 1$.

Die Fläche A ist also durch

$$A = \int_{-1}^{1} (1 - x^2) \prod_i (\alpha_i - x) \prod_j (\beta_j + x) dx$$

gegeben. Mit der Substitution $x \longmapsto -x$ erhalten wir auch

$$A = \int_{-1}^{1} (1 - x^2) \prod_i (\alpha_i + x) \prod_j (\beta_j - x) dx.$$

Wenden wir nun die Ungleichung vom arithmetischen und geometrischen Mittel an (man beachte, dass alle Faktoren ≥ 0 sind), so ergibt dies

$$A = \int_{-1}^{1} \frac{1}{2} \Big[(1-x^2) \prod_i (\alpha_i - x) \prod_j (\beta_j + x) +$$
$$(1-x^2) \prod_i (\alpha_i + x) \prod_j (\beta_j - x) \Big] dx$$
$$\geq \int_{-1}^{1} (1-x^2) \Big(\prod_i (\alpha_i^2 - x^2) \prod_j (\beta_j^2 - x^2) \Big)^{1/2} dx$$
$$\geq \int_{-1}^{1} (1-x^2) \Big(\prod_i (\alpha_i^2 - 1) \prod_j (\beta_j^2 - 1) \Big)^{1/2} dx$$
$$= \frac{4}{3} \Big(\prod_i (\alpha_i^2 - 1) \prod_j (\beta_j^2 - 1) \Big)^{1/2}.$$

An dieser Stelle berechnen wir nun $f'(1)$ und $f'(-1)$, wobei wir annehmen können, dass $f'(-1), f'(1) \neq 0$ gilt, da sonst $T = 0$ und damit die Ungleichung $\frac{2}{3}T \leq A$ trivial ist. Mit (3) sehen wir

$$f'(1) = -2 \prod_i (\alpha_i - 1) \prod_j (\beta_j + 1),$$

und ebenso
$$f'(-1) = 2 \prod_i (\alpha_i + 1) \prod_j (\beta_j - 1),$$

sodass wir also die Ungleichung

$$A \geq \frac{2}{3} (-f'(1) f'(-1))^{1/2}$$

abgeleitet haben.

Wenden wir nun die Ungleichung vom harmonischen und geometrischen Mittel auf $-f'(1)$ und $f'(1)$ an, so erhalten wir mit (2)

$$A \geq \frac{2}{3} \frac{2}{\frac{1}{-f'(1)} + \frac{1}{f'(-1)}} = \frac{4}{3} \frac{f'(1) f'(-1)}{f'(1) - f'(-1)} = \frac{2}{3} T,$$

und das ist genau, was wir beweisen wollten. Eine Analyse des Falles, wenn in allen unseren Ungleichungen Gleichheit gilt, ergibt sofort die letzte Aussage des Satzes. □

Der Leser ist eingeladen, einen ähnlich inspirierten Beweis auch für die zweite Ungleichung in Satz 2 zu finden.

Nun, wie gesagt, die Analysis ist voll von Ungleichungen, aber hier ist ein Beispiel aus der Graphentheorie, wo Ungleichungen auf überraschende Weise ins Spiel kommen. In Kapitel 29 werden wir den Satz von Turán besprechen. In seiner einfachsten Form beinhaltet er die folgende Aussage:

Satz 3. *Angenommen G ist ein Graph auf n Ecken ohne Dreiecke. Dann hat G höchstens $\frac{n^2}{4}$ Kanten, wobei Gleichheit genau dann gilt, wenn n gerade ist und G der vollständige bipartite Graph $K_{n/2,n/2}$.*

■ **Erster Beweis.** Dieser Beweis, der Cauchys Ungleichung benutzt, geht auf Mantel zurück. Sei $V = \{1,\ldots,n\}$ die Eckenmenge und E die Kantenmenge von G. Mit d_i bezeichnen wir den Grad der Ecke i; somit gilt $\sum_{i\in V} d_i = 2|E|$ (siehe Seite 158, im Kapitel über doppeltes Abzählen). Sei nun ij eine Kante. Da G keine Dreiecke enthält, gilt $d_i + d_j \leq n$, da keine Ecke gemeinsamer Nachbar von i und von j ist, und somit

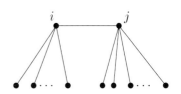

$$\sum_{ij\in E}(d_i + d_j) \;\leq\; n|E|.$$

Es ist nun klar, dass d_i genau d_i Mal in der Summe auftritt, also erhalten wir

$$n|E| \;\geq\; \sum_{ij\in E}(d_i + d_j) \;=\; \sum_{i\in V} d_i^2,$$

und somit aus der Ungleichung von Cauchy angewendet auf die Vektoren $(d_1,\ldots,d_n)^T$ und $(1,\ldots,1)^T$

$$n|E| \;\geq\; \sum_{i\in V} d_i^2 \;\geq\; \frac{(\sum d_i)^2}{n} \;=\; \frac{4|E|^2}{n},$$

und dies war genau unsere Behauptung. Im Fall der Gleichheit haben wir $d_i = d_j$ für alle i,j, und außerdem $d_i = \frac{n}{2}$ (da $d_i + d_j = n$ ist). Nun ist aber G dreiecksfrei, so dass $G = K_{n/2,n/2}$ der einzig mögliche Graph ist. □

■ **Zweiter Beweis.** Der folgende Beweis von Satz 3 beruht auf der Ungleichung vom arithmetischen und geometrischen Mittel; er ist ein Folklore-Beweis aus dem BUCH. Sei α die maximale Größe einer unabhängigen Menge A und $\beta = n - \alpha$. Da G dreiecksfrei ist, bilden die Nachbarn einer Ecke i eine unabhängige Menge, und wir schließen $d_i \leq \alpha$ für alle i.

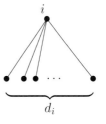

Die Menge $B := V\setminus A$ der Größe β trifft jede Kante von G. Zählen wir nun die Kanten von G gemäß ihren Endecken in B, so erhalten wir $|E| \leq \sum_{i\in B} d_i$. Die Ungleichung vom arithmetischen und geometrischen Mittel ergibt nun

$$|E| \;\leq\; \sum_{i\in B} d_i \;\leq\; \alpha\beta \;\leq\; \left(\frac{\alpha+\beta}{2}\right)^2 \;=\; \frac{n^2}{4},$$

und der Fall, in dem Gleichheit eintritt, ist ebenso leicht erledigt. □

Literatur

[1] H. ALZER: *A proof of the arithmetic mean-geometric mean inequality,* Amer. Math. Monthly **103** (1996), 585.

[2] P. S. BULLEN, D. S. MITRINOVICS & P. M. VASIĆ: *Means and their Inequalities,* Reidel, Dordrecht 1988.

[3] P. ERDŐS & T. GRÜNWALD: *On polynomials with only real roots,* Annals Math. **40** (1939), 537-548.

[4] G. H. HARDY, J. E. LITTLEWOOD & G. PÓLYA: *Inequalities,* Cambridge University Press, Cambridge 1952.

[5] W. MANTEL: *Problem 28,* Wiskundige Opgaven **10** (1906), 60-61.

[6] G. PÓLYA: *Review of* [3], Mathematical Reviews **1** (1940), 1.

[7] G. PÓLYA & G. SZEGÖ: *Aufgaben und Lehrsätze aus der Analysis, 1. Band: Reihen, Integralrechnung, Funktionentheorie,* 4. Auflage, Heidelberger Taschenbücher **73**, Springer-Verlag, Berlin Heidelberg New York 1970.

Ein Satz von Pólya über Polynome
Kapitel 17

Von den vielen Beiträgen von Pólya zur Analysis war das folgende Resultat immer der Favorit von Paul Erdős — sowohl wegen der überraschenden Aussage als auch wegen der Schönheit des Beweises. Sei

$$f(z) = z^n + b_{n-1}z^{n-1} + \ldots + b_0$$

ein komplexes Polynom vom Grad $n \geq 1$ mit höchstem Koeffizienten 1. Zu f betrachten wir die Menge

$$\mathcal{C} := \{z \in \mathbb{C} : |f(z)| \leq 2\},$$

also die Menge der Punkte, die von f in die Kreisscheibe vom Radius 2 um den Ursprung in der komplexen Ebene abgebildet werden. Beispielsweise ist für $n = 1$ die Menge $\mathcal{C}$ eine Kreisscheibe vom Durchmesser 4.

Mit einer erstaunlich einfachen Idee entdeckte Pólya die folgende bemerkenswerte Eigenschaft dieser Menge $\mathcal{C}$:

> *Es sei L irgendeine Gerade in der komplexen Ebene und $\mathcal{C}_L$ die orthogonale Projektion der Menge $\mathcal{C}$ auf L. Dann ist die totale Länge jeder solchen Projektion immer höchstens 4.*

George Pólya

Was verstehen wir unter der totalen Länge der Projektion $\mathcal{C}_L$, und was bedeutet, dass diese Länge höchstens 4 ist? Wir werden später sehen, dass $\mathcal{C}_L$ eine endliche Vereinigung von disjunkten Intervallen $I_1, \ldots, I_t$ ist; unsere Bedingung besagt also, dass $\ell(I_1) + \ldots + \ell(I_t) \leq 4$ ist, wobei $\ell(I_j)$ die übliche Länge eines Intervalls bezeichnet.

Durch eine Drehung der Ebene sehen wir, dass es genügt, den Fall zu betrachten, wenn L die reelle Achse der komplexen Ebene ist. Mit diesen Vorbemerkungen kommen wir nun zu Pólyas Resultat.

Satz 1. *Sei $f(z)$ ein komplexes Polynom vom Grad mindestens 1 und mit höchstem Koeffizienten 1. Weiter sei $\mathcal{C} := \{z \in \mathbb{C} : |f(z)| \leq 2\}$ und $\mathcal{R}$ die orthogonale Projektion von $\mathcal{C}$ auf die reelle Achse. Dann existieren Intervalle $I_1, \ldots, I_t$ auf der reellen Achse, die zusammen $\mathcal{R}$ überdecken und die Ungleichung*

$$\ell(I_1) + \ldots + \ell(I_t) \leq 4$$

erfüllen.

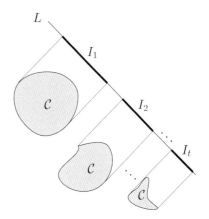

Offensichtlich wird die Schranke 4 in Pólyas Satz für $n = 1$ angenommen.

Um uns mit dem Problem etwas vertraut zu machen, betrachten wir $f(z) = z^2 - 2$, welches ebenfalls die Schranke 4 annimmt. Ist $z = x + iy$ eine beliebige komplexe Zahl, so ist x die orthogonale Projektion von z auf die reelle Gerade. Mit anderen Worten

$$\mathcal{R} = \{x \in \mathbb{R} : x + iy \in \mathcal{C} \text{ für ein } y\}.$$

Der Leser wird keine Mühe haben zu zeigen, dass für $f(z) = z^2 - 2$ der Punkt $x + iy$ genau dann in $\mathcal{C}$ liegt, wenn

$$(x^2 + y^2)^2 \leq 4(x^2 - y^2)$$

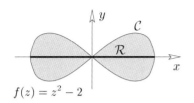

$f(z) = z^2 - 2$

ist. Daraus folgt $x^4 \leq (x^2 + y^2)^2 \leq 4x^2$, somit $x^2 \leq 4$, also $|x| \leq 2$. Andererseits erfüllt jeder reelle Punkt $z = x \in \mathbb{R}$ mit $|x| \leq 2$ die Ungleichung $|z^2 - 2| \leq 2$, und wir erhalten für $\mathcal{R}$ genau das Intervall $[-2, 2]$ der Länge 4.

Als ein erster Schritt zum Beweis schreiben wir $f(z) = (z-c_1)\cdots(z-c_n)$ mit $c_k = a_k + ib_k$ und betrachten das *reelle* Polynom $p(x) = (x - a_1) \cdots (x - a_n)$. Sei $z = x + iy \in \mathcal{C}$, dann folgt aus dem Satz von Pythagoras

$$|x - a_k|^2 + |y - b_k|^2 = |z - c_k|^2$$

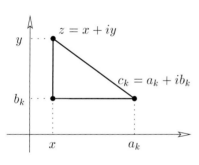

und daher $|x - a_k| \leq |z - c_k|$ für alle k, also

$$|p(x)| = |x - a_1| \cdots |x - a_n| \leq |z - c_1| \cdots |z - c_n| = |f(z)| \leq 2.$$

Wir sehen also, dass $\mathcal{R}$ in der Menge $\mathcal{P} = \{x \in \mathbb{R} : |p(x)| \leq 2\}$ enthalten ist. Können wir also zeigen, dass die Menge $\mathcal{P}$ durch Intervalle mit einer totalen Länge höchstens 4 überdeckt wird, so haben wir den Beweis erbracht. Mit anderen Worten, unser Satz 1 wird eine Folgerung des folgenden Resultats sein.

Satz 2. *Sei $p(x)$ ein reelles Polynom vom Grad $n \geq 1$ mit höchstem Koeffizienten 1, dessen Nullstellen alle reell sind. Dann kann die Menge $\mathcal{P} := \{x \in \mathbb{R} : |p(x)| \leq 2\}$ durch Intervalle mit einer totalen Länge höchstens 4 überdeckt werden.*

Wie Pólya in seiner Arbeit [2] zeigte, folgt Satz 2 seinerseits aus einem berühmten Resultat von Tschebyschev. Ein Beweis dieses Satzes ist im Anhang enthalten, wobei wir uns auf die schöne Darstellung von Pólya und Szegö gestützt haben.

Der Satz von Tschebyschev.
Sei $p(x)$ ein reelles Polynom vom Grad $n \geq 1$ mit höchstem Koeffizienten 1. Dann gilt

$$\max_{-1 \leq x \leq 1} |p(x)| \geq \frac{1}{2^{n-1}}.$$

Ein Satz von Pólya über Polynome

Als erstes notieren wir ein Korollar, das unmittelbar aus dem Satz von Tschebyschev folgt.

Folgerung. *Sei $p(x)$ ein reelles Polynom vom Grad $n \geq 1$ mit höchstem Koeffizienten 1. Gilt $|p(x)| \leq 2$ für alle x im Intervall $[a,b]$, so folgt $b - a \leq 4$.*

■ **Beweis.** Durch die Substitution $y = \frac{2}{b-a}(x-a) - 1$ wird das x-Intervall $[a,b]$ auf das y-Intervall $[-1,1]$ abgebildet. Das zugehörige Polynom

$$q(y) \;=\; p(\tfrac{b-a}{2}(y+1) + a)$$

hat als höchsten Koeffizienten $(\frac{b-a}{2})^n$ und erfüllt

$$\max_{-1 \leq y \leq 1} |q(y)| \;=\; \max_{a \leq x \leq b} |p(x)|.$$

Mit Tschebyschevs Satz erhalten wir daraus

$$2 \;\geq\; \max_{a \leq x \leq b} |p(x)| \;\geq\; (\tfrac{b-a}{2})^n \tfrac{1}{2^{n-1}} \;=\; 2(\tfrac{b-a}{4})^n,$$

und daher $b - a \leq 4$, also genau unsere Behauptung. □

Die Folgerung bringt uns schon sehr nahe an die Aussage von Satz 2 heran. Ist die Menge $\mathcal{P} = \{x : |p(x)| \leq 2\}$ ein *Intervall*, so ist die Länge von $\mathcal{P}$ höchstens 4. Die Menge $\mathcal{P}$ muss aber natürlich kein Intervall sein, wie in dem Beispiel am Rand, bei dem $\mathcal{P}$ aus zwei Intervallen besteht.

Was können wir über $\mathcal{P}$ aussagen? Da $p(x)$ eine stetige Funktion ist, wissen wir auf jeden Fall, dass $\mathcal{P}$ die Vereinigung von disjunkten abgeschlossenen Intervallen $I_1, I_2, \ldots$ ist, und dass $p(x)$ den Wert 2 oder -2 an jedem Endpunkt eines Intervalls I_j annimmt. Dies impliziert sofort, dass es nur endlich viele solche Intervalle $I_1, \ldots, I_t$ geben kann, da $p(x)$ einen Wert nur endlich oft annehmen kann.

Die wunderbare Idee von Pólya war es nun, ein weiteres Polynom $\tilde{p}(x)$ vom Grad n zu konstruieren, wieder mit führendem Koeffizienten 1, so dass $\widetilde{\mathcal{P}} = \{x : |\tilde{p}(x)| \leq 2\}$ ein *Intervall* ist mit einer Länge *mindestens* $\ell(I_1) + \ldots + \ell(I_t)$. Das Korollar liefert dann $\ell(I_1) + \ldots + \ell(I_t) \leq \ell(\widetilde{\mathcal{P}}) \leq 4$, und wir sind fertig.

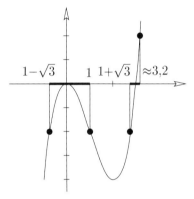

Für das Polynom $p(x) = x^2(x-3)$ ist $\mathcal{P} = [1 - \sqrt{3}, 1] \cup [1 + \sqrt{3}, \approx 3{,}2]$

■ **Beweis von Satz 2.** Betrachten wir $p(x) = (x - a_1) \cdots (x - a_n)$ mit $\mathcal{P} = \{x \in \mathbb{R} : |p(x)| \leq 2\} = I_1 \cup \ldots \cup I_t$, wobei wir die Intervalle I_j so anordnen, dass I_1 das Intervall am linken Ende ist und I_t dasjenige am rechten Ende. Als erstes behaupten wir, dass jedes Intervall I_j eine Nullstelle von $p(x)$ enthält. Wir wissen bereits, dass $p(x)$ die Werte 2 oder -2 an den Endpunkten von I_j annimmt. Wenn einer dieser Werte 2 ist und der andere -2, so existiert jedenfalls eine Wurzel in I_j. Sei also $p(x) = 2$ an beiden Endpunkten (der Fall -2 wird analog behandelt). Es sei nun $b \in I_j$ ein Punkt, in dem $p(x)$ sein Minimum in I_j annimmt. Dann gilt $p'(b) = 0$ und $p''(b) \geq 0$. Wenn $p''(b) = 0$ ist, so bedeutet dies, dass b eine vielfache Wurzel von $p'(x)$ ist, und daher eine Wurzel von $p(x)$ (siehe Resultat 1 aus dem folgenden Kasten). Wenn andererseits $p''(b) > 0$ ist, so schließen wir $p(b) \leq 0$ aus Resultat 2 in demselben Kasten. Somit haben wir $p(b) = 0$ und somit unsere Nullstelle, oder $p(b) < 0$, woraus wir eine Nullstelle im Intervall von b zu einem der beiden Endpunkte von I_j erhalten.

Zwei Resultate über Polynome mit reellen Nullstellen

Sei $p(x)$ ein nicht-konstantes Polynom, das nur reelle Nullstellen hat.

Resultat 1. *Wenn b eine mehrfache Nullstelle von $p'(x)$ ist, so ist b auch eine Nullstelle von $p(x)$.*

■ **Beweis.** Seien $b_1, \ldots, b_r$ die Nullstellen von $p(x)$, mit den Vielfachheiten $s_1, \ldots, s_r$, $\sum_{j=1}^{r} s_j = n$. Aus $p(x) = (x - b_j)^{s_j} h(x)$ schließen wir, dass jedes b_j mit $s_j \geq 2$ eine Wurzel von $p'(x)$ ist, und dass die Vielfachheit von b_j in $p'(x)$ gleich $s_j - 1$ ist. Weiterhin sehen wir, dass es eine Nullstelle von $p'(x)$ zwischen b_1 und b_2 gibt, eine weitere zwischen b_2 und $b_3, \ldots$, und eine zwischen b_{r-1} und b_r, und alle diese Nullstellen müssen einfache Nullstellen sein, da $\sum_{j=1}^{r}(s_j - 1) + (r - 1)$ bereits zu $n - 1$ summiert, also genau dem Grad von $p'(x)$. Folglich können die *mehrfachen* Nullstellen von $p'(x)$ nur unter den Wurzeln von $p(x)$ auftreten. □

Resultat 2. *Es gilt $p'(x)^2 \geq p(x)p''(x)$ für alle $x \in \mathbb{R}$.*

■ **Beweis.** Ist $x = a_i$ eine Nullstelle von $p(x)$, so ist nichts zu zeigen. Nehmen wir also an, x sei keine Nullstelle. Mit der Produktregel aus der Differentialrechnung berechnen wir

$$p'(x) = \sum_{k=1}^{n} \frac{p(x)}{x - a_k}$$

$$p''(x) = \sum_{k=1}^{n} \sum_{\substack{\ell=1 \\ \ell \neq k}}^{n} \frac{p(x)}{(x-a_k)(x-a_\ell)} = 2p(x) \sum_{\{k,\ell\}} \frac{1}{(x-a_k)(x-a_\ell)}$$

wobei $\{k, \ell\}$ alle Paare aus der Menge $\{1, \ldots, n\}$ durchläuft. Daraus folgt

$$\begin{aligned} p'(x)^2 &= p(x)^2 \Big(\sum_{k=1}^{n} \frac{1}{x - a_k} \Big)^2 \\ &> 2p(x)^2 \sum_{\{k,\ell\}} \frac{1}{(x-a_k)(x-a_\ell)} = p(x)p''(x). \end{aligned}$$

□

Hier ist nun die entscheidende Idee des Beweises. Es seien $I_1, \ldots, I_t$ die Intervalle wie vorhin, wobei wir annehmen, dass das Intervall I_t am rechten Ende genau m Nullstellen von $p(x)$ enthält (mit Vielfachheiten gezählt). Falls $m = n$ ist, so ist I_t das einzige Intervall (wie eben bewiesen), und wir sind fertig. Nehmen wir also $m < n$ an, und bezeichnen wir mit d den Abstand zwischen I_{t-1} und I_t wie in der Skizze. Mit $b_1, \ldots, b_m$ bezeichnen wir die Nullstellen von $p(x)$, die in I_t liegen, und mit $c_1, \ldots c_{n-m}$ die übrigen Nullstellen. Nun schreiben wir $p(x) = q(x)r(x)$, wobei $q(x) = (x - b_1) \cdots (x - b_m)$ ist und $r(x) = (x - c_1) \cdots (x - c_{n-m})$ und setzen $p_1(x) = q(x+d)r(x)$. Das Polynom $p_1(x)$ hat wieder den Grad n und den höchsten Koeffizienten 1. Für $x \in I_1 \cup \ldots \cup I_{t-1}$ haben wir $|x + d - b_i| < |x - b_i|$ für alle i, und es gilt somit $|q(x+d)| < |q(x)|$.

Daraus folgt nun
$$|p_1(x)| \leq |p(x)| \leq 2 \qquad \text{für } x \in I_1 \cup \ldots \cup I_{t-1}.$$

Falls andererseits $x \in I_t$ ist, so sehen wir $|r(x-d)| \leq |r(x)|$ und somit
$$|p_1(x-d)| = |q(x)||r(x-d)| \leq |p(x)| \leq 2.$$

Dies aber bedeutet $I_t - d \subseteq \mathcal{P}_1 = \{x : |p_1(x)| \leq 2\}$.

Zusammenfassend sehen wir also, dass $\mathcal{P}_1$ die Vereinigung der Intervalle $I_1 \cup \ldots \cup I_{t-1} \cup (I_t - d)$ enthält, und daher die totale Länge von $\mathcal{P}_1$ mindestens so groß ist wie die von $\mathcal{P}$. Wir bemerken weiter, dass beim Übergang von $p(x)$ zu $p_1(x)$ die Intervalle I_{t-1} und $I_t - d$ in ein gemeinsames Intervall verschmelzen. Somit schließen wir, dass die Intervalle $J_1, \ldots, J_s$ von $p_1(x)$, die $\mathcal{P}_1$ bestimmen, eine totale Länge von mindestens $\ell(I_1) + \ldots + \ell(I_t)$ haben, und dass das Intervall J_s am rechten Ende mehr als m Nullstellen von $p_1(x)$ enthält. Wiederholen wir nun diese Konstruktion höchstens $(t-1)$-mal, so erhalten wir schließlich ein Polynom $\tilde{p}(x)$, wobei $\widetilde{\mathcal{P}} = \{x : |\tilde{p}(x)| \leq 2\}$ ein Intervall der Länge $\ell(\widetilde{\mathcal{P}}) \geq \ell(I_1) + \ldots \ell(I_t)$ ist, und der Beweis ist vollständig. □

Anhang: Der Satz von Tschebyschev

Satz. *Sei $p(x)$ ein reelles Polynom vom Grad $n \geq 1$ mit höchstem Koeffizienten 1. Dann gilt*
$$\max_{-1 \leq x \leq 1} |p(x)| \geq \frac{1}{2^{n-1}}.$$

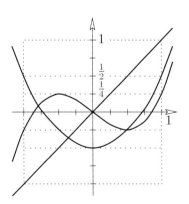

Die Tschebyschev-Polynome $p_1(x) = x$, $p_2(x) = x^2 - \frac{1}{2}$ und $p_3(x) = x^3 - \frac{3}{4}x$.

Sehen wir uns zunächst einige Beispiele an, in denen die Formel mit Gleichheit erfüllt ist. Am Rand sind die Graphen von Polynomen vom Grad 1, 2 und 3 gezeichnet, wobei wir in jedem Fall Gleichheit haben. In der Tat werden wir sehen, dass es für jeden Grad genau ein Polynom gibt, für das der Satz von Tschebyschev mit Gleichheit gilt.

■ **Beweis.** Sei ein reelles Polynom $p(x) = x^n + a_{n-1}x^{n-1} + \ldots + a_0$ mit höchstem Koeffizienten 1 gegeben. Da wir an dem Bereich $-1 \leq x \leq 1$ interessiert sind, setzen wir $x = \cos\vartheta$ und bezeichnen mit $g(\vartheta) := p(\cos\vartheta)$ das daraus resultierende Polynom in $\cos\vartheta$, also

$$g(\vartheta) = (\cos\vartheta)^n + a_{n-1}(\cos\vartheta)^{n-1} + \ldots + a_0. \quad (1)$$

Wir führen nun den Beweis in den folgenden drei Schritten, die alle drei klassische Resultate der Analysis sind.

(A) Wir drücken $g(\vartheta)$ als ein so genanntes Kosinuspolynom aus, also als ein Polynom der Form

$$g(\vartheta) = b_n \cos n\vartheta + b_{n-1}\cos(n-1)\vartheta + \ldots + b_1\cos\vartheta + b_0 \quad (2)$$

mit $b_k \in \mathbb{R}$ und zeigen, dass der höchste Koeffizient $b_n = \frac{1}{2^{n-1}}$ ist.

(B) Es sei $h(\vartheta)$ irgendein Kosinuspolynom der Ordnung n, wobei die Ordnung n bedeutet, dass λ_n der höchste nicht-verschwindende Koeffizient ist:

$$h(\vartheta) = \lambda_n \cos n\vartheta + \lambda_{n-1}\cos(n-1)\vartheta + \ldots + \lambda_0. \quad (3)$$

Wir zeigen $|\lambda_n| \leq \max|h(\vartheta)|$, was angewendet auf $g(\vartheta)$ den Satz beweisen wird.

(C) Um **(B)** zu beweisen, zeigen wir das folgende bemerkenswerte Resultat: Ist $h(\vartheta) = \lambda_n\cos n\vartheta + \ldots + \lambda_0$ ein *nicht-negatives* Kosinuspolynom der Ordnung n, so gilt $|\lambda_n| \leq \lambda_0$.

Beweis von (A). Um von (1) zur Darstellung (2) zu gelangen, müssen wir alle Potenzen $(\cos\vartheta)^k$ als Kosinuspolynome ausdrücken. Zum Beispiel ergibt das Additionstheorem für den Kosinus die Formel

$$\cos 2\vartheta = \cos^2\vartheta - \sin^2\vartheta = 2\cos^2\vartheta - 1,$$

so dass $\cos^2\vartheta = \frac{1}{2}\cos 2\vartheta + \frac{1}{2}$ ist. Um dies für eine beliebige Potenz $(\cos\vartheta)^k$ durchzuführen, benutzen wir komplexe Zahlen mittels der Relation $e^{ix} = \cos x + i\sin x$.

Die Ausdrücke e^{ix} sind die komplexen Zahlen mit Absolutbetrag 1 (siehe den Kasten über die komplexen Einheitswurzeln auf Seite 29). Insbesondere ergibt dies

$$e^{in\vartheta} = \cos n\vartheta + i\sin n\vartheta, \quad (4)$$

und andererseits ist

$$e^{in\vartheta} = (e^{i\vartheta})^n = (\cos\vartheta + i\sin\vartheta)^n. \quad (5)$$

Vergleichen wir die Realteile in (4) und (5), so erhalten wir mit $i^{4\ell+2} = -1$, $i^{4\ell} = 1$ und $\sin^2\theta = 1 - \cos^2\theta$

$$\cos n\vartheta = \sum_{\ell \geq 0} \binom{n}{4\ell}(\cos\vartheta)^{n-4\ell}(1-\cos^2\vartheta)^{2\ell} \\ - \sum_{\ell \geq 0} \binom{n}{4\ell+2}(\cos\vartheta)^{n-4\ell-2}(1-\cos^2\vartheta)^{2\ell+1}. \quad (6)$$

Wir schließen, dass $\cos n\vartheta$ ein Polynom in $\cos\vartheta$ ist:

$$\cos n\vartheta = c_n(\cos\vartheta)^n + c_{n-1}(\cos\vartheta)^{n-1} + \ldots + c_0. \quad (7)$$

Schließlich erhalten wir aus (6) für den höchsten Koeffizienten

$$c_n = \sum_{\ell \geq 0} \binom{n}{4\ell} + \sum_{\ell \geq 0} \binom{n}{4\ell+2} = 2^{n-1}.$$

$\binom{n}{0} + \binom{n}{2} + \binom{n}{4} + \ldots$ zählt die Teilmengen von $\{1, 2, \ldots, n\}$ mit gerader Kardinalität. Für $n > 0$ ist das gerade die Hälfte aller Teilmengen.

Nun drehen wir unsere Argumentation um. Wir nehmen mit Induktion an, dass $(\cos\vartheta)^k$ für $k < n$ als ein Kosinuspolynom der Ordnung k ausgedrückt werden kann, woraus mit (7) folgt, dass $(\cos\vartheta)^n$ als ein Kosinuspolynom der Ordnung n geschrieben werden kann mit dem führenden Koeffizienten $b_n = \frac{1}{2^{n-1}}$.

Beweis von (C). Sei $h(\vartheta)$ ein Kosinuspolynom der Ordnung n wie in (3). Aus $\cos(-\vartheta) = \cos\vartheta$ und $\sin(-\vartheta) = -\sin\vartheta$ erhalten wir mit (4)

$$\cos k\vartheta = \frac{e^{ik\vartheta} + e^{-ik\vartheta}}{2}.$$

Mit $z = e^{i\vartheta}$ können wir daher $h(\vartheta)$ in der Form

$$h(\vartheta) = \lambda_n \frac{z^n + z^{-n}}{2} + \ldots + \lambda_k \frac{z^k + z^{-k}}{2} + \ldots + \lambda_0 \quad (8)$$
$$= z^{-n}(\lambda_n \frac{z^{2n} + z^0}{2} + \ldots + \lambda_k \frac{z^{n+k} + z^{n-k}}{2} + \ldots + \lambda_0 z^n)$$
$$= z^{-n} H(z)$$

schreiben.

Wir fassen nun $H(z)$ als ein komplexes Polynom in der Variablen z auf. $H(z)$ hat Grad $2n$ und verschwindet nicht im Punkt $z = 0$, da $\lambda_n \neq 0$ ist. Ferner haben wir

$$H(z) = z^{2n} H\left(\frac{1}{z}\right).$$

Ist also α eine Nullstelle von $H(z)$, so auch $\frac{1}{\alpha}$. Es gilt noch mehr: Da $H(z)$ reelle Koeffizienten hat, sind die konjugierte komplexe Zahl $\overline{\alpha}$ und ihre Inverse $1/\overline{\alpha}$ ebenfalls Nullstellen. Wir klassifizieren nun die $2n$ Nullstellen von $H(z)$ wie folgt: In die erste Gruppe geben wir alle Nullstellen α mit $|\alpha| = 1$, das heißt $\alpha = 1/\overline{\alpha}$. In der zweiten Gruppe versammeln wir alle Nullstellen, für die $\alpha \neq 1/\overline{\alpha}$ gilt, so dass also genau eine der beiden Zahlen α oder $1/\overline{\alpha}$ einen Absolutbetrag kleiner als 1 hat. Mit dieser Gruppeneinteilung sehen wir, dass $H(z)$ in der Form

$$H(z) = \frac{\lambda_n}{2} \prod_{|\alpha|=1} (z - \alpha) \prod_{0 < |\beta| < 1} (z - \beta)(z - \frac{1}{\overline{\beta}}) \qquad (9)$$

geschrieben werden kann.

An dieser Stelle benutzen wir nun die Voraussetzung, dass $h(\vartheta) \geq 0$ für alle ϑ gilt. Da $z = e^{i\vartheta}$ gewählt war, haben wir $|z| = 1$ und somit

$$h(\vartheta) \;=\; |h(\vartheta)| \;=\; |H(z)|.$$

Betrachten wir nun die Nullstellen von $H(z)$ wie in (9). Ist α eine Nullstelle der ersten Gruppe, $|\alpha| = 1$, so haben wir $\alpha = e^{i\widetilde{\vartheta}}$; dem entspricht eine reelle Wurzel $\widetilde{\vartheta}$ von $h(\vartheta)$ mit $0 \leq \widetilde{\vartheta} \leq 2\pi$. Differentation der Gleichung $h(\vartheta) = e^{-in\vartheta} H(e^{i\vartheta})$ ergibt unmittelbar, dass die Vielfachheit der Wurzel $\widetilde{\vartheta}$ in $h(\vartheta)$ die gleiche ist wie jene von $e^{i\widetilde{\vartheta}}$ als eine Wurzel von $H(z)$. Da aber $h(\vartheta)$ nicht-negativ ist, muss $\widetilde{\vartheta}$ ein Minimum von $h(\vartheta)$ sein, und hat daher *gerade* Vielfachheit. Nun sehen wir uns die Wurzeln der zweiten Gruppe an und betrachten ein Produkt $|z - \beta||z - 1/\overline{\beta}|$. Aus $z\overline{z} = 1$ folgt

$$\begin{aligned}|z - \frac{1}{\overline{\beta}}|^2 \;&=\; (z - \frac{1}{\overline{\beta}})(\overline{z} - \frac{1}{\beta}) = \frac{(z\overline{\beta} - 1)(\overline{z}\beta - 1)}{\beta\overline{\beta}} \\ &=\; \frac{\beta\overline{\beta} - z\overline{\beta} - \overline{z}\beta + 1}{\beta\overline{\beta}} = \frac{(z - \beta)(\overline{z} - \overline{\beta})}{\beta\overline{\beta}} = \frac{|z - \beta|^2}{|\beta|^2},\end{aligned}$$

und daraus

$$|z - \beta||z - \frac{1}{\overline{\beta}}| \;=\; \frac{|z - \beta|^2}{|\beta|}.$$

Insgesamt erhalten wir

$$h(\vartheta) = |H(z)| = |c| \prod_{|\alpha|=1} |z - \alpha|^2 \prod_{0 < |\beta| < 1} |z - \beta|^2$$

für ein $c \in \mathbb{C}\setminus\{0\}$, und damit ein berühmtes Resultat von Riesz (siehe [3]):

Jedes nicht-negative Kosinuspolynom $h(\vartheta)$ der Ordnung n hat eine Darstellung

$$h(\vartheta) = |u(z)|^2 \quad \text{mit } z = e^{i\vartheta},$$

wobei $u(z) = u_n z^n + u_{n-1} z^{n-1} + \ldots + u_0$ ein Polynom vom Grad n ist.

Weiterhin erkennen wir (da $H(z)$ reelle Koeffizienten hat), dass die Wurzeln α, β von $u(z)$ in konjugierten Paaren auftreten, und dies bedeutet, dass $u(z)$ ein Polynom mit *reellen* Koeffizienten u_i ist. Also erhalten wir mit $z = e^{i\vartheta}$, $\bar{z} = e^{-i\vartheta}$

$$\begin{aligned} h(\vartheta) &= (u_n z^n + \ldots + u_0)(u_n z^{-n} + \ldots + u_0) \\ &= z^{-n}(u_n z^n + \ldots + u_0)(u_n + \ldots + u_0 z^n). \end{aligned}$$

Vergleichen wir dies mit dem Ausdruck (8), so finden wir

$$\begin{aligned} \lambda_0 &= u_0^2 + u_1^2 + \ldots + u_n^2 \\ \frac{\lambda_k}{2} &= u_n u_{n-k} + u_{n-1} u_{n-1-k} + \ldots + u_k u_0 \quad (0 < k \leq n), \end{aligned} \quad (10)$$

und insbesondere

$$\lambda_n = 2 u_n u_0. \quad (11)$$

Nehmen wir nun (10) und (11) zusammen, so erhalten wir schließlich

$$|\lambda_n| = 2|u_n||u_0| \leq u_0^2 + u_n^2 \leq u_0^2 + u_1^2 + \ldots + u_n^2 = \lambda_0. \quad (12)$$

Beweis von (B). Dafür betrachten wir zunächst ein Kosinuspolynom $h(\vartheta) = \lambda_n \cos n\vartheta + \ldots + \lambda_1 \cos \vartheta$ der Ordnung $n \geq 1$ mit konstantem Koeffizienten $\lambda_0 = 0$. Wir behaupten, dass $h(\vartheta)$ sowohl positive als auch negative Werte annimmt. Nehmen wir im Gegenteil an, dass $h(\vartheta) \geq 0$ für alle ϑ ist. Dann folgt aus (12), dass $|\lambda_n| \leq 0$ ist, und daher $\lambda_n = 0$, Widerspruch. Im Fall $h(\vartheta) \leq 0$ wenden wir denselben Schluss auf $-h(\vartheta)$ an.

Nun wenden wir uns endgültig den allgemeinen Kosinuspolynomen $h(\vartheta)$ in der Form (3) zu, wobei wir $M = \max h(\vartheta)$ und $m = \min h(\vartheta)$ setzen. Nach unserer eben durchgeführten Überlegung gilt $M > \lambda_0 > m$. Betrachten wir die nicht-negativen Kosinuspolynome $M - h(\vartheta)$ und $h(\vartheta) - m$, so schließen wir mit (12)

$$|\lambda_n| \leq M - \lambda_0 \quad \text{und} \quad |\lambda_n| \leq \lambda_0 - m, \quad (13)$$

und daraus

$$|\lambda_n| \leq \frac{M - m}{2} \leq \max(M, -m) = \max|h(\vartheta)|. \quad (14)$$

Somit ist **(B)** und daher auch der Satz von Tschebyschev bewiesen. □

Mit Hilfe von (10)-(14) kann der Leser leicht die eben durchgeführte Analyse vervollständigen und zeigen, dass $g(\vartheta) = \frac{1}{2^{n-1}} \cos n\vartheta$ in der Tat das *einzige* Kosinuspolynom der Ordnung n mit führendem Koeffizienten 1 ist, für das Gleichheit $\max|g(\vartheta)| = \frac{1}{2^{n-1}}$ gilt.

Die Polynome $T_n(x) = \cos n\vartheta$, $x = \cos \vartheta$ werden dementsprechend die *Tschebyschev-Polynome* (erster Art) genannt: $\frac{1}{2^{n-1}} T_n(x)$ ist das eindeutige Polynom vom Grad n mit höchstem Koeffizienten 1, für das wir im Satz von Tschebyschev Gleichheit haben.

Literatur

[1] P. L. CEBYCEV: *Œuvres,* Vol. I, Acad. Imperiale des Sciences, St. Petersburg 1899, 387-469.

[2] G. PÓLYA: *Beitrag zur Verallgemeinerung des Verzerrungssatzes auf mehrfach zusammenhängenden Gebieten,* Sitzungsber. Preuss. Akad. Wiss. Berlin (1928), 228-232; Collected Papers Vol. I, MIT Press 1974, 347-351.

[3] G. PÓLYA & G. SZEGÖ: *Aufgaben und Lehrsätze aus der Analysis, 2. Band: Funktionentheorie, Nullstellen, Polynome, Determinanten, Zahlentheorie,* 4. Auflage, Heidelberger Taschenbücher **74**, Springer-Verlag, Berlin Heidelberg New York 1971.

Ein Lemma von Littlewood und Offord

Kapitel 18

In einem Aufsatz über die Verteilung der Nullstellen von algebraischen Gleichungen bewiesen Littlewood und Offord 1943 das folgende Resultat:

Seien $a_1, a_2, \ldots, a_n$ komplexe Zahlen mit $|a_i| \geq 1$ für alle i. Aus diesen kann man 2^n mögliche Linearkombinationen

$$\sum_{i=1}^{n} \varepsilon_i a_i$$

mit $\varepsilon_i \in \{1, -1\}$ bilden. Die Anzahl der Summen $\sum_{i=1}^{n} \varepsilon_i a_i$, deren Werte im Inneren irgendeines festen Kreises vom Radius 1 liegen, ist dann nicht größer als

$$c \frac{2^n}{\sqrt{n}} \log n,$$

für eine Konstante $c > 0$.

John E. Littlewood

Einige Jahre später verbesserte Paul Erdős diese Schranke, indem er den $\log n$-Faktor entfernte, aber noch interessanter ist die Tatsache, dass er sein Ergebnis als eine einfache Folgerung aus dem kombinatorischen Satz von Sperner herleitete.

Um ein Gefühl für den Ansatz von Erdős zu bekommen, betrachten wir zunächst den Fall, dass alle a_i reell sind. Wir können dann annehmen, dass alle Zahlen a_i positiv sind, weil wir sonst a_i durch $-a_i$ und ε_i durch $-\varepsilon_i$ ersetzen können. Nehmen wir an, dass viele der Linearkombinationen $\sum_{i=0}^{n} \varepsilon_i a_i$ einen Wert in einem offenen Intervall der Länge 2 annehmen. Jeder solchen Linearkombination $\sum_{i=0}^{n} \varepsilon_i a_i$ ordnen wir die Teilmenge $I := \{i \in N : \varepsilon_i = 1\}$ der festen Indexmenge $N = \{1, 2, \ldots, n\}$ zu. Wenn nun $I \subsetneq I'$ für zwei solche Mengen gelten würde, dann hätten wir

$$\sum \varepsilon_i' a_i - \sum \varepsilon_i a_i = 2 \sum_{i \in I' \setminus I} a_i \geq 2,$$

Widerspruch. Also bilden die Mengen I eine Antikette, und wir folgern aus dem Satz von Sperner, dass es höchstens $\binom{n}{\lfloor n/2 \rfloor}$ solche Linearkombinationen gibt. Mit der Stirlingschen Formel (siehe Seite 12) erhalten wir

$$\binom{n}{\lfloor n/2 \rfloor} \leq c \frac{2^n}{\sqrt{n}} \quad \text{für ein } c > 0.$$

Satz von Sperner. *Eine Antikette von Teilmengen einer n-elementigen Menge enthält höchstens $\binom{n}{\lfloor n/2 \rfloor}$ Mengen.*
(In Kapitel 22 wird dieser Satz ausführlich besprochen.)

Wenn n gerade ist und alle $a_i = 1$, so gibt es $\binom{n}{n/2}$ Linearkombinationen $\sum_{i=1}^{n} \varepsilon_i a_i$, die die Summe 0 ergeben; für ungerades n und alle $a_i = 1$

gibt es $\binom{n}{\lfloor n/2 \rfloor}$ Linearkombinationen mit Wert 1. Betrachten wir nun das Intervall $(-\frac{1}{2}, \frac{3}{2})$, so finden wir, dass der Binomialkoeffizient tatsächlich für alle n die *beste* obere Schranke darstellt.

In derselben Arbeit vermutete Erdős, dass der Binomialkoeffizient $\binom{n}{\lfloor n/2 \rfloor}$ auch für die komplexen Zahlen die richtige Schranke ist; er konnte aber nur die Schranke $c\, 2^n n^{-1/2}$ für ein $c > 0$ beweisen. Mehr noch, Erdős vermutete, dass dieselbe Schranke in der Tat für beliebige Vektoren $a_1, \ldots, a_n$ mit $|a_i| \geq 1$ in einem reellen Hilbert-Raum gültig ist, wenn wir den Kreis vom Radius 1 durch eine offene Kugel vom Radius 1 ersetzen.

Erdős hatte natürlich Recht, aber es vergingen 20 Jahre, bis Gyula Katona und Daniel Kleitman unabhängig Beweise für die komplexen Zahlen lieferten — oder, was dasselbe ist, für die Ebene $\mathbb{R}^2$. Ihre Beweise benutzten explizit die Zweidimensionalität der Ebene, und es war alles andere als klar, wie ihr Resultat auf beliebige endlich-dimensionale reelle Vektorräume verallgemeinert werden könnte.

Doch im Jahr 1970 bewies Kleitman die allgemeine Vermutung für Hilbert-Räume mit einer Idee von bestechender Klarheit. Tatsächlich zeigte er sogar mehr. Seine Idee ist ein wunderbares Beispiel dafür, was man alles erreichen kann, wenn man die richtige Induktionsvoraussetzung findet.

Für alle Leser, die mit dem Begriff eines Hilbert-Raums nicht vertraut sind: Wir brauchen allgemeine Hilbert-Räume nicht wirklich. Da wir nur mit endlich vielen Vektoren a_i arbeiten, genügt es, den gewohnten reellen Raum $\mathbb{R}^d$ mit dem üblichen Skalarprodukt zu betrachten. Hier kommt nun Kleitmans Ergebnis.

Satz. *Seien $a_1, \ldots, a_n$ Vektoren im $\mathbb{R}^d$, jeder von der Länge mindestens 1, und seien $R_1, \ldots, R_k$ k offene Gebiete von $\mathbb{R}^d$, wobei $|x - y| < 2$ für alle x, y gilt, die in demselben Gebiet R_i liegen. Dann ist die Anzahl der Linearkombinationen $\sum_{i=1}^n \varepsilon_i a_i$ mit $\varepsilon_i \in \{1, -1\}$, deren Wert in der Vereinigungsmenge $\bigcup_i R_i$ liegt, höchstens gleich der Summe der k größten Binomialkoeffizienten $\binom{n}{j}$.*
Als Spezialfall erhalten wir für $k = 1$ die Schranke $\binom{n}{\lfloor n/2 \rfloor}$.

Bevor wir den Beweis besprechen, stellen wir fest, dass die Schranke scharf ist für
$$a_1 = \ldots = a_n = a = (1, 0, \ldots, 0)^T.$$

Für gerades n erhalten wir nämlich $\binom{n}{n/2}$ Summen vom Wert $\mathbf{0}$, $\binom{n}{n/2-1}$ Summen gleich $(-2)a$, $\binom{n}{n/2+1}$ Summen gleich $2a$, und so fort. Wählen wir nun Kugeln vom Radius 1 um die Punkte

$$-2\lceil \tfrac{k-1}{2}\rceil a, \quad \ldots \quad (-2)a, \quad \mathbf{0}, \quad 2a, \quad \ldots \quad 2\lfloor \tfrac{k-1}{2}\rfloor a,$$

so erhalten wir

$$\binom{n}{\lfloor\frac{n-k+1}{2}\rfloor} + \ldots + \binom{n}{\frac{n-2}{2}} + \binom{n}{\frac{n}{2}} + \binom{n}{\frac{n+2}{2}} + \ldots + \binom{n}{\lfloor\frac{n+k-1}{2}\rfloor}$$

Summen, deren Werte in diesen k Kugeln liegen, und dies ist der gewünschte Ausdruck, da die größten Binomialkoeffizienten symmetrisch um die Mitte angeordnet sind (siehe Seite 12). Ganz ähnlich argumentiert man für ungerades n.

■ **Beweis.** Wir können ohne Beschränkung der Allgemeinheit annehmen, dass die Gebiete R_i alle disjunkt sind, und wir werden dies von nun an voraussetzen.

Der Schlüssel zum Beweis ist die Rekursion der Binomialkoeffizienten, die uns angibt, wie die größten Binomialkoeffizienten für n und für $n-1$ zusammenhängen. Seien $r := \lfloor\frac{n-k+1}{2}\rfloor$ und $s = \lfloor\frac{n+k-1}{2}\rfloor$, dann sind $\binom{n}{r}, \binom{n}{r+1}, \ldots, \binom{n}{s}$ die k größten Binomialkoeffizienten von n. Die Rekursion $\binom{n}{i} = \binom{n-1}{i} + \binom{n-1}{i-1}$ liefert

$$\begin{aligned}
\sum_{i=r}^{s} \binom{n}{i} &= \sum_{i=r}^{s} \binom{n-1}{i} + \sum_{i=r}^{s} \binom{n-1}{i-1} \\
&= \sum_{i=r}^{s} \binom{n-1}{i} + \sum_{i=r-1}^{s-1} \binom{n-1}{i} \qquad (1) \\
&= \sum_{i=r-1}^{s} \binom{n-1}{i} + \sum_{i=r}^{s-1} \binom{n-1}{i},
\end{aligned}$$

und eine leichte Rechnung bestätigt, dass hier die erste Summe die $k+1$ größten Binomialkoeffizienten $\binom{n-1}{i}$ aufaddiert, und die zweite Summe die größten $k-1$.

Kleitmans Beweis geht nun mit Induktion über n, wobei der Fall $n=1$ trivial ist. Laut Formel (1) brauchen wir für den Induktionsschritt nur zu beweisen, dass die Linearkombinationen der $a_1, \ldots, a_n$, die in k disjunkten Gebieten liegen, *bijektiv* auf die Kombinationen von $a_1, \ldots, a_{n-1}$ abgebildet werden können, die in $k+1$ bzw. $k-1$ Gebieten liegen.

Behauptung. *Mindestens eines der verschobenen Gebiete $R_j - a_n$ ist disjunkt zu allen Gebieten $R_1 + a_n, \ldots, R_k + a_n$.*

Um dies zu beweisen, betrachten wir die Hyperebene

$$H = \{x : \langle a_n, x \rangle = c\},$$

die senkrecht auf a_n steht, die alle Translate $R_i + a_n$ auf der Seite enthält, die durch $\langle a_n, x \rangle \geq c$ gegeben ist, und die den Abschluss eines der Gebiete, sagen wir $R_j + a_n$, berührt. Solch eine Hyperebene existiert, weil die Gebiete beschränkt sind. Nun gilt $|x - y| < 2$ für $x \in R_j$ und für y im

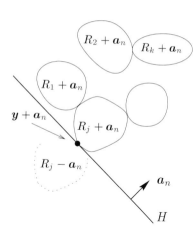

Abschluss von R_j, weil R_j offen ist. Wir wollen zeigen, dass $R_j - a_n$ auf der anderen Seite von H liegt. Nehmen wir im Gegenteil an, dass $\langle a_n, x - a_n \rangle \geq c$ für ein $x \in R_j$ gilt, das heißt, $\langle a_n, x \rangle \geq |a_n|^2 + c$. Sei $y + a_n$ ein Punkt, in dem H das verschobene Gebiet $R_j + a_n$ berührt, dann ist y im Abschluss von R_j, und es gilt $\langle a_n, y + a_n \rangle = c$, also $\langle a_n, -y \rangle = |a_n|^2 - c$. Somit haben wir

$$\langle a_n, x - y \rangle \geq 2|a_n|^2,$$

und schließen aus der Cauchy-Schwarz-Ungleichung

$$2|a_n|^2 \leq \langle a_n, x - y \rangle \leq |a_n||x - y|.$$

Wegen $|a_n| \geq 1$ erhalten wir daraus $2 \leq 2|a_n| \leq |x - y|$, einen Widerspruch.

Der Rest des Beweises ist einfach. Wir klassifizieren die Kombinationen $\sum_{i=1}^{n} \varepsilon_i a_i$, die in $R_1 \cup \ldots \cup R_k$ liegen, wie folgt. In die Klasse 1 geben wir alle Linearkombinationen $\sum_{i=1}^{n} \varepsilon_i a_i$ mit $\varepsilon_n = -1$ und alle $\sum_{i=1}^{n} \varepsilon_i a_i$ mit $\varepsilon_n = 1$, deren Werte in R_j liegen, und in die Klasse 2 geben wir die übrigen Linearkombinationen $\sum_{i=1}^{n} \varepsilon_i a_i$ mit $\varepsilon_n = 1$, deren Werte nicht in R_j sind.

Es folgt, dass die Kombinationen $\sum_{i=1}^{n-1} \varepsilon_i a_i$ aus der Klasse 1 Werte in den $k + 1$ disjunkten Gebieten $R_1 + a_n, \ldots, R_k + a_n$ und $R_j - a_n$ haben, und die Kombinationen $\sum_{i=1}^{n-1} \varepsilon_i a_i$ der Klasse 2 Werte in den $k - 1$ disjunkten Gebieten $R_1 - a_n, \ldots, R_k - a_n$ ohne $R_j - a_n$ annehmen. Nach Induktion enthält Klasse 1 höchstens $\sum_{i=r-1}^{s} \binom{n-1}{i}$ Kombinationen, während Klasse 2 höchstens $\sum_{i=r}^{s-1} \binom{n-1}{i}$ Kombinationen enthält — und mit (1) ist dies der ganze Beweis, direkt aus dem BUCH. □

Literatur

[1] P. ERDŐS: *On a lemma of Littlewood and Offord,* Bulletin Amer. Math. Soc. **51** (1945), 898-902.

[2] G. KATONA: *On a conjecture of Erdős and a stronger form of Sperner's theorem,* Studia Sci. Math. Hungar. **1** (1966), 59-63.

[3] D. KLEITMAN: *On a lemma of Littlewood and Offord on the distribution of certain sums,* Math. Zeitschrift **90** (1965), 251-259.

[4] D. KLEITMAN: *On a lemma of Littlewood and Offord on the distributions of linear combinations of vectors,* Advances Math. **5** (1970), 155-157.

[5] J. E. LITTLEWOOD & A. C. OFFORD: *On the number of real roots of a random algebraic equation III,* Mat. USSR Sb. **12** (1943), 277-285.

Der Kotangens und der Herglotz-Trick

Kapitel 19

Was ist die interessanteste Formel in der elementaren Funktionentheorie? In seinem wunderbaren Artikel [2], dessen Darstellung wir folgen, schlägt Jürgen Elstrodt als einen ersten Kandidaten die Partialbruchentwicklung des Kotangens vor:

$$\pi \cot \pi x \;=\; \frac{1}{x} + \sum_{n=1}^{\infty} \Big(\frac{1}{x+n} + \frac{1}{x-n} \Big) \qquad (x \in \mathbb{R} \backslash \mathbb{Z}).$$

Diese elegante Formel wurde von Euler in §178 seiner *Introductio in Analysin Infinitorum* bewiesen, und sie zählt ohne Zweifel zu den schönsten seiner vielen Entdeckungen. Wir können die Formel sogar noch eleganter in der Form

$$\pi \cot \pi x \;=\; \lim_{N \to \infty} \sum_{n=-N}^{N} \frac{1}{x+n} \qquad (1)$$

schreiben, aber dann ist bei der Auswertung der Summe $\sum_{n \in \mathbb{Z}} \frac{1}{x+n}$ etwas Vorsicht geboten, da diese Summe nur bedingt konvergent ist, so dass ihr Wert von der „richtigen" Reihenfolge bei der Summation abhängt.

Gustav Herglotz

Wir werden (1) mit einer Idee von bestechender Einfachheit beweisen, die Gustav Herglotz zugeschrieben wird — dem „Herglotz-Trick". Dafür setzen wir zunächst

$$f(x) \;:=\; \pi \cot \pi x, \qquad g(x) \;:=\; \lim_{N \to \infty} \sum_{n=-N}^{N} \frac{1}{x+n},$$

und versuchen, so viele gemeinsame Eigenschaften dieser beiden Funktionen herauszuarbeiten wie möglich, um dann schließlich zu zeigen, dass sie übereinstimmen müssen.

(A) Die beiden Funktionen f und g sind für alle nicht-ganzzahligen Werte definiert und in diesen Werten stetig.

Für die Kotangens-Funktion $f(x) = \pi \cot \pi x = \pi \frac{\cos \pi x}{\sin \pi x}$ ist dies klar (siehe die nebenstehende Abbildung). Für $g(x)$ verwenden wir zunächst die Identität $\frac{1}{x+n} + \frac{1}{x-n} = -\frac{2x}{n^2 - x^2}$, um Eulers Formel als

$$\pi \cot \pi x \;=\; \frac{1}{x} - \sum_{n=1}^{\infty} \frac{2x}{n^2 - x^2} \qquad (2)$$

umzuschreiben.

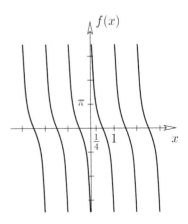

Die Funktion $f(x) = \pi \cot \pi x$

Um **(A)** zu beweisen, müssen wir dann also zeigen, dass die Reihe

$$\sum_{n=1}^{\infty} \frac{1}{n^2 - x^2}$$

für jedes $x \notin \mathbb{Z}$ in einer Umgebung von x gleichmäßig konvergiert.

Wir haben keine Probleme mit dem ersten Term, für $n = 1$, oder mit den Summanden mit $2n - 1 \leq x^2$, da es nur endlich viele davon gibt. Andererseits sind für $n \geq 2$ und $2n - 1 > x^2$, das heißt $n^2 - x^2 > (n-1)^2 > 0$, die Summanden durch

$$0 < \frac{1}{n^2 - x^2} < \frac{1}{(n-1)^2}$$

beschränkt, und diese Schranke gilt nicht nur für x, sondern auch für Werte in einer Umgebung von x. Schließlich zeigt die Tatsache, dass $\sum \frac{1}{(n-1)^2}$ konvergiert (gegen $\frac{\pi^2}{6}$, siehe Seite 36), die gleichmäßige Konvergenz, die wir für den Beweis von **(A)** benötigen.

(B) Sowohl f als auch g sind *periodisch* mit Periode 1, das heißt, es gilt $f(x + 1) = f(x)$ und $g(x + 1) = g(x)$ für alle $x \in \mathbb{R}\backslash\mathbb{Z}$.

Da der Kotangens die Periode π hat, sehen wir, dass f die Periode 1 besitzt (siehe nochmals die obige Figur). Um dieselbe Periode für g festzustellen, argumentieren wir wie folgt. Sei

$$g_N(x) := \sum_{n=-N}^{N} \frac{1}{x + n},$$

dann gilt

$$g_N(x + 1) = \sum_{n=-N}^{N} \frac{1}{x + 1 + n} = \sum_{n=-N+1}^{N+1} \frac{1}{x + n}$$

$$= g_{N-1}(x) + \frac{1}{x + N} + \frac{1}{x + N + 1}.$$

Also haben wir $g(x + 1) = \lim_{N \to \infty} g_N(x + 1) = \lim_{N \to \infty} g_{N-1}(x) = g(x)$.

(C) Beide Funktionen f und g sind *ungerade*, das heißt, wir haben $f(-x) = -f(x)$ und $g(-x) = -g(x)$ für alle $x \in \mathbb{R}\backslash\mathbb{Z}$.

Die Funktion f besitzt offensichtlich diese Eigenschaft, und für g müssen wir nur bemerken, dass $g_N(-x) = -g_N(x)$ ist.

Die letzten beiden Resultate beinhalten nun, was wir den Herglotz-Trick nennen. Zuerst zeigen wir, dass f und g derselben Funktionalgleichung genügen, und zweitens, dass $h := f - g$ stetig auf ganz $\mathbb{R}$ erweitert werden kann.

Der Kotangens und der Herglotz-Trick

(D) Die Funktionen f und g erfüllen dieselbe Funktionalgleichung: $f(\frac{x}{2}) + f(\frac{x+1}{2}) = 2f(x)$ und $g(\frac{x}{2}) + g(\frac{x+1}{2}) = 2g(x)$.

Für $f(x)$ erhalten wir dies aus den Additionsformeln für die Sinus- und Kosinus-Funktion:

$$\begin{aligned} f(\tfrac{x}{2}) + f(\tfrac{x+1}{2}) &= \pi \left[\frac{\cos\frac{\pi x}{2}}{\sin\frac{\pi x}{2}} - \frac{\sin\frac{\pi x}{2}}{\cos\frac{\pi x}{2}}\right] \\ &= 2\pi \frac{\cos(\frac{\pi x}{2} + \frac{\pi x}{2})}{\sin(\frac{\pi x}{2} + \frac{\pi x}{2})} = 2f(x). \end{aligned}$$

Additionsformeln:
$\sin(x+y) = \sin x \cos y + \cos x \sin y$
$\cos(x+y) = \cos x \cos y - \sin x \sin y$
$\implies \sin(x+\frac{\pi}{2}) = \cos x$
$\cos(x+\frac{\pi}{2}) = -\sin x$
$\sin x = 2\sin\frac{x}{2}\cos\frac{x}{2}$
$\cos x = \cos^2\frac{x}{2} - \sin^2\frac{x}{2}$.

Die Funktionalgleichung für g folgt aus

$$g_N(\tfrac{x}{2}) + g_N(\tfrac{x+1}{2}) = 2 g_{2N}(x) + \frac{2}{x+2N+1},$$

was durch Summation für $-N \leq n \leq N$ über

$$\frac{1}{\frac{x}{2}+n} + \frac{1}{\frac{x+1}{2}+n} = 2\left(\frac{1}{x+2n} + \frac{1}{x+2n+1}\right)$$

folgt.

Nun betrachten wir die Funktion

$$h(x) := f(x) - g(x) = \pi \cot \pi x - \left(\frac{1}{x} - \sum_{n=1}^{\infty} \frac{2x}{n^2 - x^2}\right). \quad (3)$$

Wir wissen bereits, dass h eine stetige Funktion auf $\mathbb{R}\setminus\mathbb{Z}$ ist, die von f und g die Eigenschaften aus **(A)**, **(B)**, **(C)** und **(D)** erbt. Aber was passiert nun an den ganzzahligen Werten? Aus den Reihenentwicklungen des Sinus und Kosinus oder durch zweifache Anwendung der Regeln von de l'Hospital schließen wir

$$\lim_{x \to 0} \left(\cot x - \frac{1}{x}\right) = \lim_{x \to 0} \frac{x \cos x - \sin x}{x \sin x} = 0,$$

$\cos x = 1 - \frac{x^2}{2!} + \frac{x^4}{4!} - \frac{x^6}{6!} \pm \ldots$
$\sin x = x - \frac{x^3}{3!} + \frac{x^5}{5!} - \frac{x^7}{7!} \pm \ldots$

und somit auch

$$\lim_{x \to 0} \left(\pi \cot \pi x - \frac{1}{x}\right) = 0.$$

Da aber nun die letzte Summe $\sum_{n=1}^{\infty} \frac{2x}{n^2-x^2}$ in (3) für $x \longrightarrow 0$ gegen 0 konvergiert, so erhalten wir $\lim_{x \to 0} h(x) = 0$, und daraus mittels Periodizität

$$\lim_{x \to n} h(x) = 0 \quad \text{für } \textit{alle } n \in \mathbb{Z}.$$

Insgesamt haben wir damit das folgende Resultat hergeleitet:

(E) Setzen wir $h(x) := 0$ für $x \in \mathbb{Z}$, so wird h eine stetige Funktion auf ganz $\mathbb{R}$, welche die Eigenschaften **(B)**, **(C)** und **(D)** erfüllt.

Nun haben wir alle Mittel zur Hand, um den *coup de grâce* zu führen. Da die Funktion h periodisch und stetig ist, besitzt sie ein Maximum m. Sei x_0 ein Punkt im Intervall $[0, 1]$ mit $h(x_0) = m$. Aus **(D)** folgt

$$h(\tfrac{x_0}{2}) + h(\tfrac{x_0+1}{2}) = 2m,$$

und daher $h(\tfrac{x_0}{2}) = m$. Iteration ergibt $h(\tfrac{x_0}{2^n}) = m$ für alle n, und daher $h(0) = m$ wegen der Stetigkeit. Es ist aber $h(0) = 0$, und wir schließen $m = 0$, also $h(x) \leq 0$ für alle $x \in \mathbb{R}$. Da aber h eine *ungerade* Funktion ist, wird damit auch $h(x) < 0$ unmöglich, wir erhalten $h(x) = 0$ für alle $x \in \mathbb{R}$, und der Beweis ist erbracht. □

Aus der Formel (1) können eine Vielzahl von Folgerungen geschlossen werden. Wir wollen die wahrscheinlich berühmteste besprechen, die die Werte der Riemannschen Zeta-Funktion in geraden positiven Zahlen betrifft (siehe den Anhang zu Kapitel 6):

$$\zeta(2k) = \sum_{n=1}^{\infty} \frac{1}{n^{2k}} \qquad (k \in \mathbb{N}). \qquad (4)$$

Um dieses Kapitel abzurunden, werden wir nachvollziehen, wie Euler 1755, also einige Jahre später, die Reihe (4) behandelte. Wir beginnen mit der Formel (2). Wenn wir (2) mit x multiplizieren und $y = \pi x$ setzen, so finden wir für $|y| < \pi$:

$$\begin{aligned} y \cot y &= 1 - 2 \sum_{n=1}^{\infty} \frac{y^2}{\pi^2 n^2 - y^2} \\ &= 1 - 2 \sum_{n=1}^{\infty} \frac{y^2}{\pi^2 n^2} \frac{1}{1 - \left(\frac{y}{\pi n}\right)^2}. \end{aligned}$$

Der letzte Faktor ist die Summe einer geometrischen Reihe, also gilt

$$\begin{aligned} y \cot y &= 1 - 2 \sum_{n=1}^{\infty} \sum_{k=1}^{\infty} \left(\frac{y}{\pi n}\right)^{2k} \\ &= 1 - 2 \sum_{k=1}^{\infty} \left(\frac{1}{\pi^{2k}} \sum_{n=1}^{\infty} \frac{1}{n^{2k}}\right) y^{2k}, \end{aligned}$$

und wir erhalten das bemerkenswerte Resultat:

Für alle $k \in \mathbb{N}$ ist der Koeffizient von y^{2k} in der Reihenentwicklung von $y \cot y$ gleich

$$[y^{2k}] \, y \cot y = -\frac{2}{\pi^{2k}} \sum_{n=1}^{\infty} \frac{1}{n^{2k}} = -\frac{2}{\pi^{2k}} \zeta(2k). \qquad (5)$$

Es gibt noch einen weiteren, vielleicht sogar natürlicheren Weg, um eine Reihenentwicklung von $y \cot y$ zu erhalten. Aus der Analysis kennen wir die Formel $e^{iy} = \cos y + i \sin y$, woraus

$$\cos y = \frac{e^{iy} + e^{-iy}}{2}, \qquad \sin y = \frac{e^{iy} - e^{-iy}}{2i}$$

resultiert, was wiederum

$$y \cot y = iy \frac{e^{iy} + e^{-iy}}{e^{iy} - e^{-iy}} = iy \frac{e^{2iy} + 1}{e^{2iy} - 1}$$

ergibt. Nun machen wir die Substitution $z = 2iy$ und erhalten

$$y \cot y = \frac{z}{2} \frac{e^z + 1}{e^z - 1} = \frac{z}{2} + \frac{z}{e^z - 1}. \qquad (6)$$

Mit anderen Worten, was wir brauchen ist eine Reihenentwicklung der Funktion $\frac{z}{e^z - 1}$; man beachte, dass diese Funktion auf ganz $\mathbb{R}$ wohldefiniert und stetig ist (im Punkt $z = 0$ benutze man dazu die Reihenentwicklung der Exponentialfunktion oder alternativ die Regel von de l'Hospital, was den Wert 1 ergibt). Wir schreiben

$$\frac{z}{e^z - 1} =: \sum_{n \geq 0} B_n \frac{z^n}{n!}. \qquad (7)$$

Die Koeffizienten B_n heißen die *Bernoulli-Zahlen*. Die linke Seite von (6) ist eine *gerade* Funktion (also $f(z) = f(-z)$), woraus sofort $B_n = 0$ für ungerades $n \geq 3$ folgt, während $B_1 = -\frac{1}{2}$ dem Summanden $\frac{z}{2}$ in der Formel (6) entspricht.

Aus

$$\left(\sum_{n \geq 0} B_n \frac{z^n}{n!} \right)(e^z - 1) = \left(\sum_{n \geq 0} B_n \frac{z^n}{n!} \right)\left(\sum_{n \geq 1} \frac{z^n}{n!} \right) = z$$

erhalten wir durch Koeffizientenvergleich für z^n:

$$\sum_{k=0}^{n-1} \frac{B_k}{k!(n-k)!} = \begin{cases} 1 & \text{für } n = 1, \\ 0 & \text{für } n \neq 1. \end{cases} \qquad (8)$$

Aus (8) können wir nun die Bernoulli-Zahlen rekursiv berechnen. Der Wert $n = 1$ ergibt $B_0 = 1$, $n = 2$ ergibt $\frac{B_0}{2} + B_1 = 0$, das heißt $B_1 = -\frac{1}{2}$, und so weiter.

n	0	1	2	3	4	5	6	7	8
B_n	1	$-\frac{1}{2}$	$\frac{1}{6}$	0	$-\frac{1}{30}$	0	$\frac{1}{42}$	0	$-\frac{1}{30}$

Die kleinsten Bernoulli-Zahlen

Nun sind wir schon fast am Ziel: Kombination von (6) und (7) ergibt

$$y \cot y = \sum_{k=0}^{\infty} B_{2k} \frac{(2iy)^{2k}}{(2k)!} = \sum_{k=0}^{\infty} \frac{(-1)^k 2^{2k} B_{2k}}{(2k)!} y^{2k},$$

und mit (5) resultiert Eulers Formel für $\zeta(2k)$:

$$\sum_{n=1}^{\infty} \frac{1}{n^{2k}} = \frac{(-1)^{k-1} 2^{2k-1} B_{2k}}{(2k)!} \pi^{2k} \qquad (k \in \mathbb{N}). \qquad (9)$$

Ein Blick auf die kleine Tabelle von Bernoulli-Zahlen auf der vorherigen Seite zeigt uns abermals die Gültigkeit der Formel $\sum \frac{1}{n^2} = \frac{\pi^2}{6}$ aus Kapitel 6 und weiter

$$\sum_{n=1}^{\infty} \frac{1}{n^4} = \frac{\pi^4}{90}, \quad \sum_{n=1}^{\infty} \frac{1}{n^6} = \frac{\pi^6}{945}, \quad \sum_{n=1}^{\infty} \frac{1}{n^8} = \frac{\pi^8}{9450},$$

$$\sum_{n=1}^{\infty} \frac{1}{n^{10}} = \frac{\pi^{10}}{93555}, \quad \sum_{n=1}^{\infty} \frac{1}{n^{12}} = \frac{691\,\pi^{12}}{638512875}, \quad \ldots$$

Die Bernoulli-Zahl $B_{10} = \frac{5}{66}$, die den Wert $\zeta(10)$ liefert, sieht noch unscheinbar aus, aber der nächste Wert $B_{12} = -\frac{691}{2730}$, der für $\zeta(12)$ benötigt wird, enthält die große Primzahl 691 im Zähler. Euler selbst hatte zunächst einige Werte $\zeta(2k)$ berechnet, ohne den Zusammenhang zu den Bernoulli-Zahlen zu bemerken. Erst das Auftreten der ungewöhnlichen Primzahl 691 führte ihn auf den richtigen Weg.

Übrigens: da $\zeta(2k)$ für $k \longrightarrow \infty$ nach 1 konvergiert, sehen wir aus Gleichung (9), dass die Zahlen $|B_{2k}|$ sehr schnell wachsen — eine Tatsache, die nicht ohne weiteres aus den ersten Werten ersichtlich ist.

Im Gegensatz dazu weiß man sehr wenig über die Werte der Riemannschen Zeta-Funktion auf den ungeraden ganzen Zahlen; siehe Seite 43.

Literatur

[1] S. BOCHNER: *Book review of "Gesammelte Schriften" by Gustav Herglotz,* Bulletin Amer. Math. Soc. **1** (1979), 1020-1022.

[2] J. ELSTRODT: *Partialbruchzerlegung des Kotangens, Herglotz-Trick und die Weierstraßsche stetige, nirgends differenzierbare Funktion,* Math. Semesterberichte **45** (1998), 207-220.

[3] L. EULER: *Introductio in Analysin Infinitorum,* Tomus Primus, Lausanne 1748; Opera Omnia, Ser. 1, Vol. 8. In English: *Introduction to Analysis of the Infinite,* Book I (translated by J. D. Blanton), Springer-Verlag, New York 1988.

[4] L. EULER: *Institutiones calculi differentialis cum ejus usu in analysi finitorum ac doctrina serierum,* Petersburg 1755; Opera Omnia, Ser. 1, Vol. 10.

Das Nadel-Problem von Buffon   Kapitel 20

Ein französischer Adeliger, Georges Louis Leclerc, Comte de Buffon (1707-1788), stellte im Jahr 1777 das folgende Problem:

> *Wenn man eine kurze Nadel auf liniertes Papier fallen lässt — wie groß ist dann die Wahrscheinlichkeit, dass die Nadel so liegen bleibt, dass sie eine der Linien kreuzt?*

Die Wahrscheinlichkeit hängt vom Abstand d zwischen den Linien des Papiers ab, und sie hängt auch von der Länge ℓ der Nadel ab, die wir fallen lassen — bzw. eigentlich nur von dem Verhältnis $\frac{\ell}{d}$ der beiden Längen. Eine *kurze* Nadel ist für unsere Zwecke eine Nadel der Länge $\ell \leq d$. Mit anderen Worten, eine kurze Nadel ist eine, die nicht zwei Linien gleichzeitig kreuzen kann (und die nur mit Wahrscheinlichkeit Null so liegen bleibt, dass sie zwei Linien gleichzeitig berührt). Die Antwort auf das Nadel-Problem von Buffon ist überraschend: weil darin die Zahl π auftaucht.

Le Comte de Buffon

Satz („**Das Nadel-Problem von Buffon**")
Eine kurze Nadel der Länge ℓ werde auf liniertes Papier fallen gelassen, dessen Linien einen Abstand $d \geq \ell$ haben. Dann ist die Wahrscheinlichkeit, dass die Nadel in einer Position zu liegen kommt, in der sie eine der Linien des Papiers kreuzt, genau
$$p \;=\; \frac{2}{\pi}\frac{\ell}{d}.$$

Dieses Resultat impliziert, dass man folgendermaßen „experimentell" einen ungefähren Wert von π bestimmen kann: Wenn man eine Nadel N Mal fallen lässt, und eine positive Antwort (also einen Kreuzungspunkt) in P Fällen erhält, dann sollte $\frac{P}{N}$ ungefähr $\frac{2}{\pi}\frac{\ell}{d}$ sein, also sollte π ungefähr $\frac{2\ell N}{dP}$ sein. In der mathematischen Literatur findet sich der Bericht eines Herrn Lazzarini aus dem Jahr 1901, der für ein solches Experiment angeblich sogar eine Maschine gebaut hat, mit der ein Stöckchen (mit $\frac{\ell}{d} = \frac{5}{6}$) insgesamt 3408 Mal fallen gelassen wurde. Nach Lazzarinis Bericht erhielt er einen Kreuzungspunkt dabei genau 1808 Mal, woraus man die Näherung $\pi \approx 2 \cdot \frac{5}{6} \frac{3408}{1808} = 3{,}1415929....$ erhält, die auf sechs Stellen von π stimmt — und das ist viel zu gut, um wahr zu sein! (Die Werte, die Lazzarini gewählt hat, führen direkt zu der bekannten Näherung $\pi \approx \frac{355}{113}$; siehe Seite 35. Dies erklärt die äußerst verdächtige Wahl der Zahlen 3408 und $\frac{5}{6}$, wobei $\frac{5}{6} \cdot 3408$ ein Vielfaches von 355 ist. Siehe [5] für eine Diskussion von Lazzarinis Bericht.)

Das Nadel-Problem kann man durch Auswertung eines Integrals lösen. Wir werden dies unten tun, und mit dieser Methode kann dann auch das Problem für eine lange Nadel gelöst werden. Aber der Beweis aus dem BUCH, von E. Barbier 1860, braucht keine Integrale.

Er lässt nur eine andere Nadel fallen... Wenn man *irgendeine* Nadel fallen lässt, kurz oder lang, dann ist die erwartete Anzahl der Kreuzungspunkte immer

$$E = p_1 + 2p_2 + 3p_3 + \ldots,$$

wobei p_1 die Wahrscheinlichkeit bezeichnet, dass die Nadel genau eine Linie kreuzt, p_2 ist die Wahrscheinlichkeit für genau zwei Kreuzungspunkte, p_3 ist die Wahrscheinlichkeit für drei Kreuzungen, usw. Die Wahrscheinlichkeit dafür, dass wir mindestens einen Kreuzungspunkt erhalten, nach der das Problem von Buffon fragt, ist damit

$$p = p_1 + p_2 + p_3 + \ldots.$$

(Fälle, in denen die Nadel genau auf einer Linie zu liegen kommt, oder mit einem Endpunkt auf einer der Linien, haben Wahrscheinlichkeit Null; sie können also in unserer Diskussion ignoriert werden.)

Wenn nun die Nadel *kurz* ist, dann ist die Wahrscheinlichkeit für mehr als einen Kreuzungspunkt Null, $p_2 = p_3 = \ldots = 0$, also erhalten wir $E = p$: Die gefragte Wahrscheinlichkeit ist genau die erwartete Anzahl von Kreuzungspunkten. Diese Umformulierung ist ausgesprochen nützlich, weil wir damit die Linearität des Erwartungswerts (siehe Seite 93) verwenden können. Dafür bezeichne $E(\ell)$ die erwartete Anzahl von Kreuzungspunkten, die wir für eine gerade Nadel der Länge ℓ erhalten. Wenn diese Länge $\ell = x + y$ ist, und wenn wir den „vorderen Teil" der Länge x und den „hinteren Teil" der Länge y unserer Nadel getrennt betrachten, so erhalten wir

$$E(x+y) = E(x) + E(y);$$

die Gesamtzahl der Kreuzungen ergibt sich nämlich immer als die Anzahl der Kreuzungen des „vorderen Teils" plus die Anzahl der Kreuzungen des „hinteren Teils" der Nadel.

Durch Induktion über n impliziert diese „Funktionalgleichung" $E(nx) = nE(x)$ für alle $n \in \mathbb{N}$. Daraus folgt auch, dass $mE(\frac{n}{m}x) = E(m\frac{n}{m}x) = E(nx) = nE(x)$ ist, so dass $E(rx) = rE(x)$ für alle *rationalen* $r \in \mathbb{Q}$ gilt. Weiterhin hängt $E(x)$ sicherlich monoton von $x \geq 0$ ab, woraus wir $E(x) = cx$ für alle $x \geq 0$ erhalten, wobei $c = E(1)$ irgendeine Konstante ist. Aber welche Konstante?

Um diese Frage zu beantworten, verwenden wir krumme Nadeln. Zunächst betrachten wir eine „polygonale" Nadel der Länge ℓ, die aus mehreren geraden Stücken besteht. Die Anzahl der Kreuzungen, die diese Nadel erzeugt, ist (mit Wahrscheinlichkeit 1) die Summe der Anzahlen von Kreuzungen, die die einzelnen Teile erzeugen. Also ist die erwartete Anzahl von Kreuzungspunkten wieder

$$E = c\,\ell,$$

wegen der Linearität des Erwartungswerts. (Dafür ist es nicht einmal wichtig, ob die geraden Teile nun fest zusammengelötet, oder beweglich aneinandergehängt sind!)

Der Schlüssel zu Barbiers Lösung des Nadel-Problems liegt jetzt darin, eine Nadel zu betrachten, die ein perfekter Kreis C vom Durchmesser d ist, die also Länge $x = d\pi$ hat. Wenn man eine solche Nadel auf liniertes Papier wirft, so liefert dies *immer* genau zwei Schnittpunkte!

Die Kreislinie kann bekanntlich durch Polygone approximiert werden. Dazu stellen wir uns einfach vor, dass wir mit der runden Nadel C immer ein einbeschriebenes regelmäßiges n-Eck P_n und ein regelmäßiges umbeschriebenes n-Eck P^n fallen lassen. Jede Line, die P_n schneidet, wird auch C schneiden, und wenn eine Linie C schneidet, dann trifft sie auch P^n. Also erfüllt die erwartete Anzahl von Schnittpunkten

$$E(P_n) \;\leq\; E(C) \;\leq\; E(P^n).$$

Nun sind P_n und P^n beides Polygone, so dass die Anzahl der Kreuzungspunkte, die wir erwarten, genau „c mal die Länge" für beide ist, während sie für C genau 2 ist, und wir schließen

$$c\,\ell(P_n) \;\leq\; 2 \;\leq\; c\,\ell(P^n). \tag{1}$$

Sowohl P_n als auch P^n approximieren C für $n \longrightarrow \infty$. Insbesondere liefert dies

$$\lim_{n\to\infty} \ell(P_n) \;=\; d\pi \;=\; \lim_{n\to\infty} \ell(P^n),$$

und es folgt aus (1), dass mit $n \longrightarrow \infty$

$$c\,d\pi \;\leq\; 2 \;\leq\; c\,d\pi$$

gilt, und somit $c = \frac{2}{\pi}\frac{1}{d}$. □

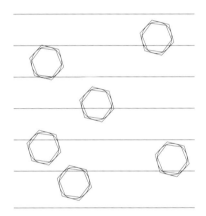

Aber man *kann* das natürlich auch mit Analysis beweisen! Um ein „einfaches" Integral zu erhalten, betrachtet man zuerst die Steigung, in der die Nadel zu liegen kommt (und erst später die Höhe). Nehmen wir an, dass die Nadel mit positiver Steigung und einem Winkel α gegenüber der Horizontalen zu liegen kommt, wobei α ein Winkel im Bereich $0 \leq \alpha \leq \frac{\pi}{2}$ ist. (Wir ignorieren dabei den Fall, in dem die Nadel mit negativer Steigung liegen bleibt, weil dieser Fall symmetrisch zum Fall mit positiver Steigung ist und damit dieselbe Wahrscheinlichkeit hat.) Eine Nadel, die mit Winkel α auf dem Papier liegt, hat eine Höhe von $\ell \sin \alpha$, und damit ist die Wahrscheinlichkeit, dass eine solche Nadel eine der horizontalen Linien kreuzt, genau $\frac{\ell \sin \alpha}{d}$. Damit erhalten wir die Wahrscheinlichkeit durch Bildung des Mittelwerts über alle möglichen Winkel α,

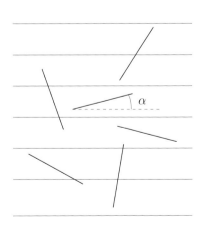

$$p \;=\; \frac{2}{\pi} \int_0^{\pi/2} \frac{\ell \sin \alpha}{d}\, d\alpha \;=\; \frac{2}{\pi}\frac{\ell}{d}\bigl[-\cos \alpha\bigr]_0^{\pi/2} \;=\; \frac{2}{\pi}\frac{\ell}{d}.$$

Für eine lange Nadel erhalten wir dieselbe Wahrscheinlichkeit $\frac{\ell \sin \alpha}{d}$ so lange wie $\ell \sin \alpha \leq d$ ist, also im Bereich $0 \leq \alpha \leq \arcsin \frac{d}{\ell}$. Für größere Winkel α *muss* die Nadel aber immer eine Linie kreuzen, die Wahrscheinlichkeit ist dann also 1. Damit berechnen wir

$$\begin{aligned} p &= \frac{2}{\pi}\Big(\int_0^{\arcsin(d/\ell)} \frac{\ell \sin \alpha}{d} + \int_{\arcsin(d/\ell)}^{\pi/2} 1\, dx\Big) \\ &= \frac{2}{\pi}\Big(\frac{\ell}{d}\big[-\cos \alpha\big]_0^{\arcsin(d/\ell)} + \Big(\frac{\pi}{2} - \arcsin \frac{d}{\ell}\Big)\Big) \\ &= 1 + \frac{2}{\pi}\Big(\frac{\ell}{d}\Big(1 - \sqrt{1 - \frac{d^2}{\ell^2}}\Big) - \arcsin \frac{d}{l}\Big) \end{aligned}$$

für $\ell \geq d$.

Die Antwort für eine längere Nadel ist also nicht ganz so elegant, aber sie liefert uns immerhin eine hübsche Übungsaufgabe: Man zeige („sicherheitshalber"), dass die Formel im Fall $\ell = d$ den Wert $\frac{2}{\pi}$ liefert, dass sie mit ℓ strikt ansteigt, und dass sie für $\ell \longrightarrow \infty$ den Grenzwert 1 liefert.

Literatur

[1] E. BARBIER: *Note sur le problème de l'aiguille et le jeu du joint couvert,* J. Mathématiques Pures et Appliquées (2) **5** (1860), 273-286.

[2] L. BERGGREN, J. BORWEIN & P. BORWEIN, EDS.: *Pi: A Source Book,* Springer-Verlag, New York 1997.

[3] G. L. LECLERC, COMTE DE BUFFON: *Essai d'arithmétique morale,* Appendix to "Histoire naturelle générale et particulière," Vol. 4, 1777.

[4] D. A. KLAIN & G.-C. ROTA: *Introduction to Geometric Probability,* "Lezioni Lincee," Cambridge University Press 1997.

[5] T. H. O'BEIRNE: *Puzzles and Paradoxes,* Oxford University Press, London 1965.

"Gibt's ein Problem?"

Kombinatorik

21
Schubfachprinzip und
doppeltes Abzählen *153*

22
Drei berühmte Sätze
über endliche Mengen *165*

23
Gitterwege und
Determinanten *171*

24
Cayleys Formel
für die Anzahl der Bäume *177*

25
Vervollständigung von
Lateinischen Quadraten *185*

26
Das Dinitz-Problem *193*

*"Ein melancholisches
Lateinisches Quadrat"*

Schubfachprinzip und doppeltes Abzählen

Kapitel 21

Einige mathematische Prinzipien, so wie die beiden im Titel dieses Kapitels, sind so offensichtlich, dass man denken könnte, sie würden nur ebenso offensichtliche Resultate nach sich ziehen. Um die Leser zu überzeugen, dass dies nicht immer der Fall sein muss, illustrieren wir diese Methoden mit einigen Beispielen, die laut Paul Erdős unbedingt in das BUCH aufgenommen werden sollten. Wir werden diesen Methoden auch noch in weiteren Kapiteln begegnen.

> **Schubfachprinzip.**
> *Werden n Objekte in r Fächer gegeben, wobei $r < n$ ist, dann enthält mindestens eines der Fächer mehr als eines der Objekte.*

Das ist nun tatsächlich offensichtlich. In der Sprache der Abbildungen liest sich das Prinzip wie folgt: Sind N und R zwei endliche Mengen mit

$$|N| = n > r = |R|,$$

und $f: N \longrightarrow R$ eine Abbildung, dann gibt es ein $a \in R$ mit $|f^{-1}(a)| \geq 2$. Wir können diese Ungleichung sofort verschärfen: es existiert ein $a \in R$ mit

$$|f^{-1}(a)| \geq \left\lceil \frac{n}{r} \right\rceil. \qquad (1)$$

Wenn nicht, dann würde $|f^{-1}(a)| < \frac{n}{r}$ für alle a gelten, und somit $n = \sum_{a \in R} |f^{-1}(a)| < r\frac{n}{r} = n$, was absurd ist.

1. Zahlen

> **Behauptung.** *Wir betrachten die Zahlen $1, 2, \ldots, 2n$ und nehmen irgendwelche $n + 1$ von ihnen. Dann gibt es unter den $n + 1$ ausgewählten Zahlen immer zwei, die keinen gemeinsamen Teiler haben.*

Auch diese Aussage ist nahezu offensichtlich. Es muss ja schließlich zwei Zahlen geben, die sich nur um 1 unterscheiden, und diese müssen dann relativ prim sein.

Nun drehen wir die Bedingung herum.

> **Behauptung.** *Nehmen wir wieder eine Menge $A \subseteq \{1, 2, \ldots, 2n\}$ mit $|A| = n + 1$. Dann gibt es immer zwei Zahlen in A, so dass eine die andere teilt.*

Das ist nun keineswegs mehr klar. Wie Erdős uns erzählte, stellte er dieses Problem dem jungen Lajos Pósa während eines Abendessens, und als das Essen beendet war, hatte Lajos die Antwort. Das Problem blieb zeit seines Lebens eine der Lieblings-„Initiations"-Fragen von Erdős. Die (positive) Antwort wird wieder durch das Schubfachprinzip geliefert. Man schreibe jede Zahl $a \in A$ in der Form $a = 2^k m$, wobei m eine ungerade Zahl zwischen 1 und $2n - 1$ ist. Da es $n + 1$ Zahlen in A gibt, aber nur n verschiedene ungerade Anteile, müssen zwei der Zahlen von A *denselben* ungeraden Anteil haben. Also ist eine ein Vielfaches der anderen. □

Beide Ergebnisse bleiben nicht richtig, wenn $n + 1$ durch n ersetzt wird: Dazu betrachte man $\{2, 4, 6, \ldots, 2n\}$ bzw. $\{n+1, n+2, \ldots, 2n\}$.

2. Folgen

Hier kommt noch einer von Erdős' Favoriten, enthalten in einer Arbeit von Erdős und Szekeres über Ramsey-Probleme.

> **Behauptung.** *In einer Folge $a_1, a_2, \ldots, a_{mn+1}$ von $mn + 1$ verschiedenen reellen Zahlen gibt es immer eine ansteigende Teilfolge*
> $$a_{i_1} < a_{i_2} < \ldots < a_{i_{m+1}} \qquad (i_1 < i_2 < \ldots < i_{m+1})$$
> *der Länge $m + 1$, oder eine absteigende Teilfolge*
> $$a_{j_1} > a_{j_2} > \ldots > a_{j_{n+1}} \qquad (j_1 < j_2 < \ldots < j_{n+1})$$
> *der Länge $n + 1$, oder beides.*

Dieses Mal ist die Anwendung des Schubfachprinzip nicht unmittelbar zu sehen. Man ordne jedem a_i die Zahl t_i zu, die die Länge einer *längsten ansteigenden* Teilfolge bezeichnet, die mit a_i anfängt. Falls $t_i \geq m + 1$ für ein i ist, so erhalten wir eine ansteigende Teilfolge der Länge $m + 1$. Nehmen wir also an, dass $t_i \leq m$ für alle i gilt. Die Funktion $f : a_i \longmapsto t_i$, die $\{a_1, \ldots, a_{mn+1}\}$ auf $\{1, \ldots, m\}$ abbildet, sagt uns dann nach (1), dass es ein $s \in \{1, \ldots, m\}$ gibt, so dass $f(a_i) = s$ für $\frac{mn}{m} + 1 = n+1$ Zahlen a_i gilt. Seien $a_{j_1}, a_{j_2}, \ldots, a_{j_{n+1}}$ ($j_1 < \ldots < j_{n+1}$) diese Zahlen. Betrachten wir zwei aufeinander folgende Zahlen $a_{j_i}, a_{j_{i+1}}$. Wenn $a_{j_i} < a_{j_{i+1}}$ wäre, so hätten wir eine ansteigende Teilfolge der Länge $s + 1$ mit Startpunkt a_{j_i}, aber das kann nicht sein wegen $f(a_{j_i}) = s$. Damit folgt jetzt aber, dass $a_{j_1} > a_{j_2} > \ldots > a_{j_{n+1}}$ eine absteigende Teilfolge der Länge $n + 1$ ist. □

Die Leser sind eingeladen zu beweisen, dass das Ergebnis für mn Zahlen im Allgemeinen nicht mehr richtig bleibt.

Dieses einfache Resultat über monotone Teilfolgen kann benutzt werden, um einen bemerkenswerten Satz über die *Dimension von Graphen* zu erhalten. Wir benötigen für unsere Zwecke nicht den Begriff der Dimension für beliebige Graphen, sondern nur für die vollständigen Graphen K_n. Er kann auf folgende Weise formuliert werden. Sei $N = \{1,\ldots,n\}$, $n \geq 3$, und seien m Permutationen $\pi_1,\ldots,\pi_m$ von N gegeben. Wir sagen, dass die Permutationen π_i den vollständigen Graphen K_n *darstellen*, wenn zu je drei verschiedenen Zahlen i,j,k eine Permutation π existiert, in der k *nach* beiden Zahlen i und j kommt. Die Dimension von K_n ist dann als das kleinste m definiert, für das eine Darstellung $\pi_1,\ldots,\pi_m$ existiert.

Zum Beispiel haben wir $\dim(K_3) = 3$, da jede der drei Zahlen in mindestens einer Permutation an letzter Stelle kommen muss, so wie in $\pi_1 = 1\,2\,3$, $\pi_2 = 2\,3\,1$, $\pi_3 = 3\,1\,2$. Wie steht es mit K_4? Man beachte zunächst, dass $\dim(K_n) \leq \dim(K_{n+1})$ gilt: dazu braucht man nur $n+1$ in einer Darstellung von K_{n+1} zu entfernen. Also gilt $\dim(K_4) \geq 3$, und es ist tatsächlich $\dim(K_4) = 3$, wie die folgenden Permutationen zeigen:

$$\pi_1 = 1\,2\,3\,4, \quad \pi_2 = 2\,4\,3\,1, \quad \pi_3 = 1\,4\,3\,2.$$

Es ist nicht mehr so leicht zu beweisen, dass auch $\dim(K_5) = 4$ ist, und es ist sicher überraschend, dass $\dim(K_n) = 4$ bis $n = 12$ gilt, während $\dim(K_{13}) = 5$ ist. Es scheint somit, dass die Dimension eine ziemlich wilde Funktion ist. Aber das Gegenteil ist der Fall! Wenn n gegen Unendlich geht, so ist $\dim(K_n)$ asymptotisch eine wohlbekannte Funktion — und die Methode, eine untere Schranke zu finden, liefert wieder das Schubfachprinzip. Wir behaupten

$$\dim(K_n) \geq \log_2 \log_2 n. \qquad (2)$$

π_1: 1 2 3 5 6 7 8 9 10 11 12 4
π_2: 2 3 4 8 7 6 5 12 11 10 9 1
π_3: 3 4 1 11 12 9 10 6 5 8 7 2
π_4: 4 1 2 10 9 12 11 7 8 5 6 3

Diese 4 Permutationen stellen K_{12} dar

Da wir schon wissen, dass $\dim(K_n)$ eine monotone Funktion in n ist, genügt es, (2) für $n = 2^{2^p} + 1$ zu zeigen, also

$$\dim(K_n) \geq p+1 \quad \text{für} \quad n = 2^{2^p} + 1.$$

Angenommen, es gälte $\dim(K_n) \leq p$ und es seien $\pi_1,\ldots,\pi_p$ darstellende Permutationen von $N = \{1,2,\ldots,2^{2^p}+1\}$. Nun verwenden wir unser Resultat über monotone Teilfolgen p Mal. In π_1 existiert eine monotone Teilfolge A_1 der Länge $2^{2^{p-1}} + 1$ (es ist egal, ob die Folge ansteigend oder fallend ist). Wir betrachten diese Menge A_1 nun in π_2. Unter abermaliger Verwendung unseres Resultates finden wir in π_2 monotone Teilfolge A_2 von A_1 der Länge $2^{2^{p-2}} + 1$, und A_2 ist natürlich auch monoton in π_1. Fahren wir so fort, so erhalten wir schließlich eine Teilfolge A_p der Länge $2^{2^0} + 1 = 3$, die in *allen* Permutationen π_i monoton ist. Sei $A_p = a\,b\,c$, dann haben wir $a < b < c$ oder $a > b > c$ in *allen* π_i. Aber das kann nicht sein, da es ja eine Permutation geben muss, in der b nach a und c kommt. □

Das genaue asymptotische Wachstum wurde von Spencer (obere Schranke) und von Erdős, Szemerédi und Trotter (untere Schranke) bestimmt:

$$\dim(K_n) = \log_2 \log_2 n + (\tfrac{1}{2} + o(1)) \log_2 \log_2 \log_2 n.$$

$$\dim(K_n) \leq 4 \iff n \leq 12$$
$$\dim(K_n) \leq 5 \iff n \leq 81$$
$$\dim(K_n) \leq 6 \iff n \leq 2646$$
$$\dim(K_n) \leq 7 \iff n \leq 1422564$$

Aber das ist noch nicht die ganze Geschichte: Vor Kurzem stellten Walter Morris und Serkan Hoşten eine Methode vor, die im Prinzip den *genauen* Wert von $\dim(K_n)$ ergibt. Mit ihrem Resultat und Computerhilfe kann man ohne Weiteres die Werte berechnen, die am Rand angegeben sind. Dies ist nun wirklich bemerkenswert! Man bedenke nur, wie viele Permutationen der Länge 1422564 es gibt. Wie soll man entscheiden, ob 7 oder 8 von ihnen benötigt werden, um $K_{1422564}$ darzustellen?

3. Summen

Paul Erdős schreibt die folgende elegante Anwendung des Schubfachprinzips Andrew Vázsonyi und Marta Sved zu:

> **Behauptung.** *Gegeben seien n ganze Zahlen $a_1, \ldots, a_n$, die nicht verschieden sein müssen. Dann gibt es immer einen Abschnitt von aufeinander folgenden Zahlen $a_{k+1}, a_{k+2}, \ldots, a_\ell$, deren Summe $\sum_{i=k+1}^{\ell} a_i$ ein Vielfaches von n ist.*

Zum Beweis setzen wir $N = \{0, a_1, a_1 + a_2, \ldots, a_1 + a_2 + \ldots + a_n\}$ und $R = \{0, 1, \ldots, n-1\}$. Wir betrachten nun die Abbildung $f : N \to R$, bei der $f(m)$ jeweils der Rest von m bei Division durch n ist. Aus $|N| = n+1 > n = |R|$ folgt, dass es zwei Summen $a_1 + \ldots + a_k, a_1 + \ldots + a_\ell$ ($k < \ell$) mit *demselben* Rest gibt, wobei die erste Summe auch die leere Summe sein kann, die wir mit 0 bezeichnet haben. Also hat

$$\sum_{i=k+1}^{\ell} a_i = \sum_{i=1}^{\ell} a_i - \sum_{i=1}^{k} a_i$$

bei Division durch n den Rest 0 — Ende des Beweises. □

Nun wenden wir uns dem zweiten Prinzip zu: Doppeltes Abzählen. Darunter verstehen wir das Folgende.

> **Doppeltes Abzählen.**
> *Angenommen, wir haben zwei endliche Mengen R und C gegeben und eine Teilmenge $S \subseteq R \times C$. Immer wenn $(p, q) \in S$ ist, dann sagen wir, dass p und q inzident sind.*
> *Wenn wir mit r_p die Anzahl der Elemente bezeichnen, die zu $p \in R$ inzident sind, und c_q die Anzahl der Elemente, die zu $q \in C$ inzident sind, so gilt*
> $$\sum_{p \in R} r_p = |S| = \sum_{q \in C} c_q. \qquad (3)$$

Wieder gibt es fast nichts zu beweisen. Die erste Summe klassifiziert die Paare in S gemäß der ersten Koordinate, während die zweite Summe dieselben Paare nach der zweiten Koordinate eingruppiert.

Es ist sehr nützlich, die Menge S mit einer Matrix darzustellen. Dafür betrachtet man die Matrix $A = (a_{pq})$, die *Inzidenzmatrix* von S, wobei die Zeilen und Spalten von A durch die Elemente von R und C indiziert werden, mit

$$a_{pq} = \begin{cases} 1 & \text{falls } (p,q) \in S \\ 0 & \text{falls } (p,q) \notin S. \end{cases}$$

Mit dieser Darstellung sehen wir sofort, dass r_p die Summe der p-ten Zeile von A ist, und c_q die Summe der q-ten Spalte. Mit anderen Worten, die erste Summe in (3) addiert die Elemente von A (zählt also die Einsen in S) zeilenweise, und die zweite Summe zählt dieselben Elemente spaltenweise. Das folgende Beispiel sollte diese Korrespondenz klar machen. Es sei $R = C = \{1, 2, \ldots, 8\}$ und $S = \{(i,j) : i \text{ teilt } j\}$. Auf diese Weise erhalten wir die Matrix am Rand, wobei wir nur die Einsen eingezeichnet haben.

4. Nochmals Zahlen

Betrachten wir die Tabelle am Rand. Die Anzahl der Einsen in Spalte j ergibt genau die Anzahl der Teiler von j; wir wollen diese Zahl mit $t(j)$ bezeichnen. Wir stellen uns die Frage, wie groß diese Zahl $t(j)$ im *Durchschnitt* ist, wenn j von 1 bis n läuft. Mit anderen Worten, wir fragen nach der Größe

$$\bar{t}(n) = \frac{1}{n} \sum_{j=1}^{n} t(j).$$

R \ C	1	2	3	4	5	6	7	8
1	1	1	1	1	1	1	1	1
2		1		1		1		1
3			1			1		
4				1				1
5					1			
6						1		
7							1	
8								1

n	1	2	3	4	5	6	7	8
$t(n)$	1	2	2	3	2	4	2	4
$\bar{t}(n)$	1	$\frac{3}{2}$	$\frac{5}{3}$	2	2	$\frac{7}{3}$	$\frac{16}{7}$	$\frac{5}{2}$

Wie groß ist $\bar{t}(n)$ für beliebiges n? Im ersten Moment erscheint dies hoffnungslos. Für Primzahlen p haben wir $t(p) = 2$, während wir für 2^k eine große Zahl $t(2^k) = k+1$ erhalten. Die Funktion $t(n)$ ist also völlig unregelmäßig, und wir vermuten, dass dasselbe auch für $\bar{t}(n)$ gilt. Falsch, das Gegenteil ist richtig! Doppeltes Abzählen erlaubt eine unerwartete und einfache Antwort.

Die ersten Werte von $t(n)$ und $\bar{t}(n)$

Betrachten wir die Matrix A von oben für die Zahlen 1 bis n. Zählen wir spaltenweise, so erhalten wir $\sum_{j=1}^{n} t(j)$. Wie viele Einsen sind in Zeile i? Die Antwort ist leicht, die Einsen entsprechen den Vielfachen von i: $1i, 2i, \ldots$, und das letzte Vielfache, das nicht größer als n ist, ist $\lfloor \frac{n}{i} \rfloor i$. Dies ergibt nun

$$\bar{t}(n) = \frac{1}{n} \sum_{j=1}^{n} t(j) = \frac{1}{n} \sum_{i=1}^{n} \left\lfloor \frac{n}{i} \right\rfloor \leq \frac{1}{n} \sum_{i=1}^{n} \frac{n}{i} = \sum_{i=1}^{n} \frac{1}{i},$$

wobei der Fehler in jedem Summanden, beim Übergang von $\lfloor \frac{n}{i} \rfloor$ zu $\frac{n}{i}$, weniger als 1 ist. Somit ist der Gesamtfehler für den Durchschnitt ebenfalls weniger als 1. Die letzte Summe ist nun die n-te harmonische Zahl, welche ungefähr gleich $\log n$ ist (siehe Seite 11), mit einem Fehler von weniger als 1. Damit haben wir das bemerkenswerte Resultat bewiesen, dass, obwohl $t(n)$ vollkommen unregelmäßig ist, die Durchschnittsfunktion $\bar{t}(n)$ eine einfache Gestalt besitzt: $\bar{t}(n) \approx \log n$ gilt für alle n, mit einem Fehler von weniger als 2.

5. Graphen

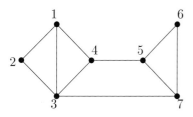

Sei G ein endlicher einfacher Graph mit Eckenmenge V und Kantenmenge E. In Kapitel 10 haben wir den *Grad* $d(v)$ einer Ecke als die Anzahl der mit v inzidenten Kanten definiert. In dem Beispiel am Rand haben die Ecken $1, 2, \ldots, 7$ die Grade $3, 2, 4, 3, 3, 2, 3$.

Nahezu jedes Buch über Graphentheorie beginnt mit dem folgenden Resultat, dem wir schon in den Kapiteln 10 und 16 begegnet sind:

$$\sum_{v \in V} d(v) = 2|E|. \qquad (4)$$

Zum Beweis betrachten wir $S \subseteq V \times E$, wobei S die Menge der Paare (v, e) ist, so dass $v \in V$ eine Endecke von $e \in E$ ist. Zählen wir S auf zwei Arten, so erhalten wir einerseits $\sum_{v \in V} d(v)$, da jede Ecke genau $d(v)$ zur Summe beiträgt, und andererseits $2|E|$, da jede Kante zwei Endecken besitzt. □

Obwohl das Resultat (4) so einfach erscheint, hat es dennoch viele wichtige Folgerungen, von denen wir einige in diesem Buch besprechen werden. In diesem Kapitel wollen wir die folgende schöne Anwendung auf ein Extremalproblem für Graphen besprechen. Hier ist das Problem:

> *Angenommen, $G = (V, E)$ hat n Ecken und enthält keinen Kreis der Länge 4 (bezeichnet mit C_4), also keinen Untergraphen* □*. Wie viele Kanten kann G dann maximal haben?*

Zum Beispiel enthält der Graph am Rand 5 Ecken, 6 Kanten, aber keinen Viererkreis. Der Leser kann sich leicht überzeugen, dass auf 5 Ecken die Maximalzahl tatsächlich 6 ist, und dass dieser Graph der einzige Graph auf 5 Ecken mit 6 Kanten ohne Viererkreis ist.

Betrachten wir nun das allgemeine Problem. Sei G ein Graph auf n Ecken ohne einen Viererkreis. Wir oben bezeichnen wir mit $d(u)$ den Grad von u. Nun zählen wir die folgende Menge auf zwei Arten ab: S sei die Menge der Paare $(u, \{v, w\})$, wobei u zu v und zu w benachbart ist, mit $v \neq w$. Mit anderen Worten, wir zählen, wie oft der Untergraph

auftritt. Summieren wir über u, so finden wir $|S| = \sum_{u \in V} \binom{d(u)}{2}$. Andererseits hat jedes Paar $\{v, w\}$ höchstens einen gemeinsamen Nachbarn (wegen der C_4-Bedingung). Daher gilt $|S| \leq \binom{n}{2}$, und wir schließen

$$\sum_{u \in V} \binom{d(u)}{2} \leq \binom{n}{2},$$

das heißt

$$\sum_{u \in V} d(u)^2 \leq n(n-1) + \sum_{u \in V} d(u). \qquad (5)$$

Als Nächstes (typisch für diese Art von Extremalproblemen) wenden wir die Cauchy-Schwarz-Ungleichung auf die Vektoren $(d(u_1), \ldots, d(u_n))^T$ und $(1, 1, \ldots, 1)^T$ an. Daraus erhalten wir

$$\left(\sum_{u \in V} d(u) \right)^2 \leq n \sum_{u \in V} d(u)^2,$$

und daher mit (5)

$$\left(\sum_{u \in V} d(u) \right)^2 \leq n^2(n-1) + n \sum_{u \in V} d(u).$$

Mit (4) ergibt dies

$$4|E|^2 \leq n^2(n-1) + 2n|E|$$

oder

$$|E|^2 - \frac{n}{2}|E| - \frac{n^2(n-1)}{4} \leq 0.$$

Lösen wir die entsprechende quadratische Gleichung, so erhalten wir das folgende Resultat von Istvan Reiman.

Satz. *Enthält ein Graph auf n Ecken keine Viererkreise, so gilt*

$$|E| \leq \left\lfloor \frac{n}{4} \left(1 + \sqrt{4n-3} \right) \right\rfloor. \qquad (6)$$

Für $n = 5$ ergibt dies $|E| \leq 6$, und der Graph von oben zeigt, dass Gleichheit gelten kann.

Doppeltes Abzählen hat also auf einfache Weise eine obere Schranke für die Anzahl der Kanten ergeben. Wie gut ist die Schranke (6) im allgemeinen Fall? Das folgende schöne Beispiel [2] [3] [6] zeigt, dass die Schranke fast scharf ist. Wie so oft bei solchen Problemen benutzen wir endliche Geometrie.

In den folgenden Überlegungen setzen wir voraus, dass die Leser mit dem endlichen Körper $\mathbb{Z}_p$ der ganzen Zahlen modulo einer Primzahl p vertraut sind (siehe Seite 20). Aus dem 3-dimensionalen Vektorraum X über $\mathbb{Z}_p$ konstruieren wir den folgenden Graphen G_p. Die Ecken von G_p sind die 1-dimensionalen Unterräume $[\boldsymbol{v}] := \{\lambda \boldsymbol{v} : \lambda \in \mathbb{Z}_p\}$ für $\boldsymbol{0} \neq \boldsymbol{v} \in X$; wir verbinden zwei solche Unterräume $[\boldsymbol{v}], [\boldsymbol{w}]$ genau dann mit einer Kante, wenn

$$\langle \boldsymbol{v}, \boldsymbol{w} \rangle = v_1 w_1 + v_2 w_2 + v_3 w_3 = 0$$

gilt.

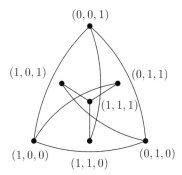

Der Graph G_2: die Ecken sind alle sieben Tripel $(x, y, z) \neq \mathbf{0}$.

Man beachte, dass es nicht darauf ankommt, welchen Vektor $\neq \mathbf{0}$ wir aus dem Unterraum nehmen. In der Sprache der Geometrie sind die Ecken die *Punkte* der *projektiven Ebene* über $\mathbb{Z}_p$, und $[w]$ ist benachbart zu $[v]$, falls w auf der *Polargeraden* von v liegt.

Zum Beispiel hat der Graph G_2 keinen Viererkreis und enthält 9 Kanten, er erreicht also fast die Schranke 10, die durch (6) gegeben wird. Wir wollen nun zeigen, dass dies für jede beliebige Primzahl p zutrifft.

Als erstes beweisen wir, dass G_p die C_4-Bedingung erfüllt. Ist $[u]$ ein gemeinsamer Nachbar von $[v]$ und $[w]$, so ist u eine Lösung der linearen Gleichungen

$$v_1 x + v_2 y + v_3 z = 0$$
$$w_1 x + w_2 y + w_3 z = 0.$$

Da v und w linear unabhängig sind, schließen wir, dass der Lösungsraum Dimension 1 hat, und dass daher der gemeinsame Nachbar $[u]$ eindeutig bestimmt ist.

Als Nächstes überlegen wir uns, wie viele Ecken G_p hat. Wieder weist uns doppeltes Abzählen den Weg. Der Raum X enthält $p^3 - 1$ Vektoren $\neq \mathbf{0}$, während jeder 1-dimensionale Unterraum $p - 1$ Vektoren $\neq \mathbf{0}$ enthält. Daraus schließen wir, dass X genau $\frac{p^3-1}{p-1} = p^2 + p + 1$ 1-dimensionale Unterräume enthält, bzw. dass G_p genau $n = p^2 + p + 1$ Ecken hat. Analog enthält jeder 2-dimensionale Unterraum $p^2 - 1$ Vektoren $\neq \mathbf{0}$, und daher $\frac{p^2-1}{p-1} = p + 1$ 1-dimensionale Unterräume.

Nun müssen wir noch die Anzahl der Kanten von G_p ermitteln, oder was nach (4) dasselbe ist, die Grade der Ecken. Nach Konstruktion von G_p sind die Nachbarn von $[u]$ genau die Lösungen der Gleichung

$$u_1 x + u_2 y + u_3 z = 0. \qquad (7)$$

Der Lösungsraum von (7) ist ein 2-dimensionaler Unterraum und enthält daher $p + 1$ Ecken benachbart zu u. Etwas Vorsicht ist aber angebracht: Es kann passieren, dass $[u]$ selbst eine Lösung von (7) ist. In diesem Fall gibt es nur p Ecken, die zu $[u]$ benachbart sind.

Insgesamt haben wir damit das folgende Resultat erhalten: Liegt u auf dem *Kegelschnitt*, der durch $x^2 + y^2 + z^2 = 0$ gegeben ist, so gilt $d([u]) = p$, und wenn nicht, dann gilt $d([u]) = p+1$. Wir müssen also noch die Anzahl der 1-dimensionalen Unterräume auf dem Kegelschnitt

$$x^2 + y^2 + z^2 = 0$$

bestimmen. Wir nehmen nun das entsprechende Resultat voraus; es wird weiter unten bewiesen.

Behauptung. *Die Gleichung $x^2 + y^2 + z^2 = 0$ hat genau p^2 Lösungen $(x, y, z) \in (\mathbb{Z}_p)^3$, und daher gibt es (weil wir die Nulllösung ausschließen) $\frac{p^2-1}{p-1} = p + 1$ Ecken vom Grad p in G_p.*

Nun können wir unser Studium von G_p abschließen. Es gibt $p + 1$ Ecken vom Grad p, daher $(p^2 + p + 1) - (p + 1) = p^2$ Ecken vom Grad $p + 1$.

Mit (4) erhalten wir

$$\begin{aligned}|E| &= \frac{(p+1)p}{2} + \frac{p^2(p+1)}{2} = \frac{(p+1)^2 p}{2} \\ &= \frac{(p+1)p}{4}(1+(2p+1)) = \frac{p^2+p}{4}(1+\sqrt{4p^2+4p+1}).\end{aligned}$$

Setzen wir $n = p^2 + p + 1$, so lautet die letzte Gleichung

$$|E| = \frac{n-1}{4}(1+\sqrt{4n-3}),$$

und wir sehen, dass dies fast mit (6) übereinstimmt.

Nun wollen wir die Behauptung beweisen. Der folgende Schluss ist eine schöne Anwendung von Linearer Algebra, genauer gesagt von symmetrischen Matrizen und ihren Eigenwerten. Wir werden derselben Methode in Kapitel 31 wieder begegnen, was kein Zufall ist: Beide Beweise stammen aus derselben Arbeit von Erdős, Rényi und Sós.

Wir stellen die 1-dimensionalen Unterräume von X wie zuvor durch Vektoren $\boldsymbol{v}_1, \boldsymbol{v}_2, \ldots, \boldsymbol{v}_{p^2+p+1}$ dar, wobei je zwei dieser Vektoren linear unabhängig sind. Analog stellen wir die 2-dimensionalen Unterräume durch *dieselbe* Menge von Vektoren dar, wobei dem Vektor $\boldsymbol{u} = (u_1, u_2, u_3)^T$ die Lösungsmenge der Gleichung $u_1 x + u_2 y + u_3 z = 0$ entspricht. (Natürlich ist dies nichts anderes als das Dualitätsprinzip der Linearen Algebra.) Mit (7) sehen wir also, dass ein 1-dimensionaler Unterraum, der durch $\boldsymbol{v}_i$ dargestellt wird, in dem 2-dimensionalen Unterraum, der durch $\boldsymbol{v}_j$ dargestellt wird, dann und nur dann enthalten ist, wenn $\langle \boldsymbol{v}_i, \boldsymbol{v}_j \rangle = 0$ gilt.

Nun betrachten wir die Matrix $A = (a_{ij})$ der Größe $(p^2+p+1) \times (p^2+p+1)$, die folgendermaßen definiert wird: Die Zeilen und Spalten von A entsprechen den Vektoren $\boldsymbol{v}_1, \ldots, \boldsymbol{v}_{p^2+p+1}$ (wir verwenden dieselbe Nummerierung für die Zeilen und die Spalten), mit

$$a_{ij} := \begin{cases} 1 & \text{für } \langle \boldsymbol{v}_i, \boldsymbol{v}_j \rangle = 0, \\ 0 & \text{sonst}. \end{cases}$$

A ist also eine reelle symmetrische Matrix, und wir haben $a_{ii} = 1$, falls $\langle \boldsymbol{v}_i, \boldsymbol{v}_i \rangle = 0$ gilt, das heißt genau dann, wenn $\boldsymbol{v}_i$ auf dem Kegelschnitt $x^2 + y^2 + z^2 = 0$ liegt. Somit bleibt nur noch zu zeigen, dass

$$\text{Spur } A = p+1$$

gilt.

$$A = \begin{pmatrix} 0 & 1 & 1 & 1 & 0 & 0 & 0 \\ 1 & 0 & 1 & 0 & 1 & 0 & 0 \\ 1 & 1 & 0 & 0 & 0 & 1 & 0 \\ 1 & 0 & 0 & 1 & 0 & 0 & 1 \\ 0 & 1 & 0 & 0 & 1 & 0 & 1 \\ 0 & 0 & 1 & 0 & 0 & 1 & 1 \\ 0 & 0 & 0 & 1 & 1 & 1 & 0 \end{pmatrix}$$

Die Matrix für G_2

Aus der Linearen Algebra wissen wir, dass die Spur gleich der Summe der Eigenwerte ist. Und hier kommt nun der Trick: Während A kompliziert aussieht, ist die Matrix A^2 leicht zu analysieren. Wir notieren zwei Tatsachen:

- Jede Zeile von A enthält genau $p+1$ Einsen. Daher gilt $A\mathbf{1} = (p+1)\mathbf{1}$, wobei $\mathbf{1}$ der Vektor ist, der aus lauter Einsen besteht. Also ist $p+1$ ein Eigenwert von A.

- Für zwei verschiedene Zeilen v_i, v_j gibt es immer genau eine Spalte mit einer 1 in beiden Zeilen (die Spalte, welche zu dem eindeutigen Unterraum aufgespannt von v_i, v_j gehört).

Mit diesen beiden Resultaten finden wir

$$A^2 = \begin{pmatrix} p+1 & 1 & \cdots & 1 \\ 1 & p+1 & & \vdots \\ \vdots & & \ddots & \\ 1 & \cdots & & p+1 \end{pmatrix} = pI + J,$$

wobei I die Einheitsmatrix ist und J die Matrix, die nur aus Einsen besteht. Die Eigenwerte von J sind nun $p^2 + p + 1$ (Vielfachheit 1) und 0 (Vielfachheit $p^2 + p$). A^2 hat daher die Eigenwerte $p^2 + 2p + 1 = (p+1)^2$ der Vielfachheit 1 und p mit der Vielfachheit $p^2 + p$. Da A eine reelle symmetrische Matrix ist und daher diagonalisierbar, finden wir, dass A den Eigenwert $p+1$ oder $-(p+1)$ hat, und $p^2 + p$ Eigenwerte gleich $\pm\sqrt{p}$. Aus dem Resultat 1 von oben sehen wir, dass der erste Eigenwert $p+1$ sein muss. Angenommen, $\sqrt{p}$ hat Vielfachheit r und $-\sqrt{p}$ Vielfachheit s, dann gilt

$$\text{Spur } A = (p+1) + r\sqrt{p} - s\sqrt{p}.$$

Aber jetzt sind wir am Ziel: Da die Spur eine ganze Zahl ist, muss $r = s$ gelten, und somit Spur $A = p + 1$. □

6. Sperners Lemma

Im Jahr 1911 publizierte Luitzen Brouwer seinen berühmten Fixpunktsatz:

Jede stetige Abbildung $f : B^n \longrightarrow B^n$ einer n-dimensionalen Kugel auf sich selbst hat mindestens einen Fixpunkt (also einen Punkt $x \in B^n$ mit $f(x) = x$).

Für Dimension 1, also für ein Intervall, folgt dies leicht aus dem Zwischenwertsatz, aber für höhere Dimensionen war Brouwers Beweis einigermaßen kompliziert. Es war daher eine große Überraschung, als 1928 der junge Emanuel Sperner (er war 23 zu der Zeit) ein einfaches kombinatorisches Resultat vorlegte, aus dem sowohl Brouwers Fixpunktsatz wie auch die Invarianz der Dimension unter umkehrbar stetigen Abbildungen gefolgert werden konnten. Und darüber hinaus hatte Sperners elegantes Lemma einen gleichermaßen eleganten Beweis — der wieder nichts anderes als doppeltes Abzählen ist.

Wir präsentieren Sperners Lemma und den Fixpunktsatz von Brouwer für den ersten interessanten Fall, wenn die Dimension $n = 2$ ist. Die Leser sollten keine Schwierigkeiten haben, die Beweise auf höhere Dimensionen zu verallgemeinern (durch Induktion über die Dimension).

Sperners Lemma (für $n = 2$).
Angenommen, ein „großes" Dreieck mit Ecken V_1, V_2, V_3 wird trianguliert, also in eine endliche Zahl von „kleinen" Dreiecken zerlegt, die Kante an Kante zusammenstoßen.
Weiterhin nehmen wir an, dass die Ecken der Triangulierung „Farben" aus der Menge $\{1, 2, 3\}$ erhalten, so dass V_i jeweils die Farbe i erhält, und für die Ecken entlang der Kante von V_i nach V_j nur die Farben i und j benutzt werden, während wir im Inneren keine Einschränkungen machen: die inneren Ecken können beliebig mit 1, 2 oder 3 gefärbt werden.
Dann muss es in der Triangulierung stets ein kleines „3-gefärbtes" Dreieck geben, dessen Ecken mit den drei verschiedenen Farben gefärbt sind.

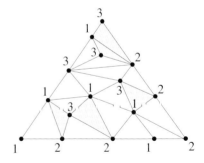

Die Dreiecke mit drei verschiedenen Farben sind schraffiert.

■ **Beweis.** Wir beweisen eine stärkere Aussage: die Anzahl der 3-gefärbten Dreiecke ist nicht nur ungleich Null, sie ist immer *ungerade*.

Wir betrachten den zur Triangulierung dualen Graphen, nehmen aber nicht alle Kanten, sondern nur die, die eine Kante in der Triangulierung kreuzen, deren Endecken mit den verschiedenen Farben 1 und 2 gefärbt sind. Auf diese Weise erhalten wir einen „partiellen dualen Graphen", der Grad 1 hat in allen Ecken, die 3-gefärbten Dreiecken entsprechen, Grad 2 für alle Dreiecke, in denen die zwei Farben 1 und 2 verwendet werden, und Grad 0 für Dreiecke, die nicht beide Farben 1 und 2 enthalten. Wir sehen somit, dass nur den 3-gefärbten Dreiecken Ecken von ungeradem Grad (vom Grad 1) entsprechen.

Als Nächstes überlegen wir uns, dass die Ecke des dualen Graphen, die zur äußeren Region der Triangulierung gehört, ungeraden Grad hat: Entlang der großen Kante V_1 nach V_2 gibt es eine ungerade Zahl von Wechseln zwischen den Farben 1 und 2. Somit kreuzt eine ungerade Zahl von Kanten des partiellen dualen Graphen diese große Kante, während die anderen großen Kanten nicht beide Farben 1 und 2 enthalten können.

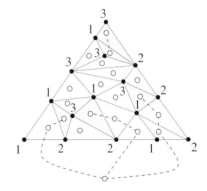

Da die Anzahl der ungeraden Ecken in jedem endlichen Graphen gerade ist (siehe Gleichung (4)), muss die Anzahl der kleinen Dreiecke mit drei verschiedenen Seiten (die den ungeraden Ecken des dualen Graphen im Inneren entsprechen) ungerade sein. □

Aus diesem Lemma können wir nun leicht Brouwers Satz ableiten.

■ **Beweis von Brouwers Fixpunktsatz (für $n = 2$).** Sei Δ das Dreieck in $\mathbb{R}^3$ mit den Ecken $e_1 = (1, 0, 0)$, $e_2 = (0, 1, 0)$, und $e_3 = (0, 0, 1)$. Es genügt zu zeigen, dass jede stetige Abbildung $f : \Delta \longrightarrow \Delta$ einen Fixpunkt hat, da Δ zur 2-dimensionalen Kugel B_2 homöomorph ist.

Wir bezeichnen mit $\delta(\mathcal{T})$ die maximale Länge einer Kante in einer Triangulierung $\mathcal{T}$. Es ist leicht, eine unendliche Folge von Triangulierungen $\mathcal{T}_1, \mathcal{T}_2, \ldots$ von Δ zu konstruieren, so dass die Folge der maximalen Durchmesser $\delta(\mathcal{T}_k)$ gegen 0 konvergiert. So eine Folge kann man direkt konstruieren oder induktiv, zum Beispiel indem man für $\mathcal{T}_{k+1}$ die baryzentrische Unterteilung von $\mathcal{T}_k$ nimmt.

Für jede dieser Triangulierungen definieren wir eine 3-Färbung der Ecken $\boldsymbol{v}$, indem wir $\lambda(\boldsymbol{v}) := \min\{i : f(\boldsymbol{v})_i < v_i\}$ setzen, so dass also $\lambda(\boldsymbol{v})$ der kleinste Index i ist, für den die i-te Koordinate von $f(v) - v$ negativ ist. Unter der Annahme, dass f keinen Fixpunkt hat, ist diese Färbung wohldefiniert. Um dies zu sehen, bemerken wir zunächst, dass jedes $v \in \Delta$ in der Ebene $x_1 + x_2 + x_3 = 1$ liegt, und somit $\sum_i v_i = 1$ gilt. Wenn also $f(v) \neq v$ ist, dann muss mindestens eine der Koordinaten von $f(v) - v$ negativ sein (und mindestens eine muss positiv sein).

Prüfen wir nach, dass diese Färbung den Anforderungen von Sperners Lemma genügt. Die Ecke e_i muss die Farbe i erhalten, da die einzig mögliche negative Koordinate von $f(e_i) - e_i$ die i-te Koordinate ist. Liegt aber v auf der Kante gegenüber e_i, dann gilt $v_i = 0$, also kann die i-te Koordinate von $f(v) - v$ nicht negativ sein, und somit v nicht die Farbe i erhalten.

Sperners Lemma besagt somit, dass es in jeder Triangulierung $\mathcal{T}_k$ ein 3-gefärbtes Dreieck $\{v^{k:1}, v^{k:2}, v^{k:3}\}$ mit $\lambda(v^{k:i}) = i$ geben muss. Die Folge der Punkte $(v^{k:1})_{k \geq 1}$ muss nicht konvergieren, aber da Δ kompakt ist, existiert eine konvergente Teilfolge. Ersetzen wir die Folge der $\mathcal{T}_k$ durch die entsprechende Teilfolge (welche wir der Einfachheit halber wieder mit $\mathcal{T}_k$ bezeichnen), so können wir annehmen, dass $(v^{k:1})_k$ gegen einen Punkt $v \in \Delta$ konvergiert. Nun ist der Abstand von $v^{k:2}$ und $v^{k:3}$ zu $v^{k:1}$ höchstens so groß wie die Maschenlänge $\delta(\mathcal{T}_k)$ — und die strebt gegen 0. Also konvergieren die Folgen $(v^{k:2})$ und $(v^{k:3})$ gegen *denselben* Punkt v.

Aber wo liegt $f(v)$? Wir wissen, dass die erste Koordinate $f(v^{k:1})$ kleiner ist als die von $v^{k:1}$, für alle k. Da nun f eine stetige Abbildung ist, schließen wir, dass die erste Koordinate von $f(v)$ kleiner oder gleich der von v ist. Dieselbe Überlegung gilt auch für die zweite und dritte Koordinate. Also ist keine der Koordinaten von $f(v) - v$ positiv — und wir haben bereits gesehen, dass dies der Voraussetzung $f(v) \neq v$ widerspricht. □

Literatur

[1] L. E. J. BROUWER: *Über Abbildungen von Mannigfaltigkeiten,* Math. Annalen **71** (1912), 97-115.

[2] W. G. BROWN: *On graphs that do not contain a Thomsen graph,* Canadian Math. Bull. **9** (1966), 281-285.

[3] P. ERDŐS, A. RÉNYI & V. SÓS: *On a problem of graph theory,* Studia Sci. Math. Hungar. **1** (1966), 215-235.

[4] P. ERDŐS & G. SZEKERES: *A combinatorial problem in geometry,* Compositio Math. (1935), 463-470.

[5] S. HOŞTEN & W. D. MORRIS: *The order dimension of the complete graph,* Discrete Math. **201** (1999), 133-139.

[6] I. REIMAN: *Über ein Problem von K. Zarankiewicz,* Acta Math. Acad. Sci. Hungar. **9** (1958), 269-273.

[7] J. SPENCER: *Minimal scrambling sets of simple orders,* Acta Math. Acad. Sci. Hungar. **22** (1971), 349-353.

[8] E. SPERNER: *Neuer Beweis für die Invarianz der Dimensionszahl und des Gebietes,* Abh. Math. Sem. Hamburg **6** (1928), 265-272.

[9] W. T. TROTTER: *Combinatorics and Partially Ordered Sets: Dimension Theory,* John Hopkins University Press, Baltimore and London 1992.

Drei berühmte Sätze über endliche Mengen

Kapitel 22

In diesem Kapitel beschäftigen wir uns mit einem Grundproblem der Kombinatorik: Eigenschaften und Größen von speziellen Familien von Teilmengen einer endlichen Menge $N = \{1, 2, \ldots, n\}$. Wir beginnen mit zwei Klassikern in diesem Gebiet, den Sätzen von Sperner und Erdős-Ko-Rado. Beiden Resultaten ist gemein, dass sie viele Male wieder entdeckt wurden und dass sie jeweils ein neues Gebiet der kombinatorischen Mengenlehre initiiert haben. Für beide Sätze scheint Induktion die natürliche Methode zu sein, aber die Ideen, die wir besprechen werden, sind von anderer Natur und wahrhaft inspiriert.

Im Jahr 1928 stellte (und beantwortete) Emanuel Sperner die folgende Frage: Angenommen wir haben die Menge $N = \{1, 2, \ldots, n\}$ gegeben. Wir nennen eine Familie $\mathcal{F}$ von Teilmengen von N ein *Antikette*, falls keine Menge aus $\mathcal{F}$ ein andere Menge der Familie $\mathcal{F}$ enthält. Wie groß kann eine Antikette sein? Offenbar erfüllt die Familie $\mathcal{F}_k$ aller k-Mengen die Antiketteneigenschaft mit $|\mathcal{F}_k| = \binom{n}{k}$. Nehmen wir also das Maximum der Binomialkoeffizienten (siehe Seite 12), so finden wir eine Antikette der Größe $\binom{n}{\lfloor n/2 \rfloor} = \max_k \binom{n}{k}$. Sperners Satz besagt, dass es keine größeren geben kann:

Emanuel Sperner

Satz 1. *Die Mächtigkeit einer größten Antikette von Teilmengen einer n-Menge ist $\binom{n}{\lfloor n/2 \rfloor}$.*

■ **Beweis.** Unter den vielen Beweisen dieses Satzes ist der folgende, der auf David Lubell zurückgeht, wahrscheinlich der kürzeste und eleganteste. Sei $\mathcal{F}$ eine beliebige Antikette. Wir haben $|\mathcal{F}| \leq \binom{n}{\lfloor n/2 \rfloor}$ zu zeigen. Der Schlüssel zum Beweis liegt darin, dass wir *Ketten* von Teilmengen

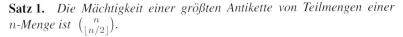
$$\varnothing = C_0 \subset C_1 \subset C_2 \subset \ldots \subset C_n = N$$

betrachten, wobei $|C_i| = i$ ist für $i = 0, \ldots, n$. Wie viele solcher Ketten gibt es? Offensichtlich erhalten wir eine Kette, indem wir nacheinander die Elemente von N dazugeben, mit anderen Worten, es gibt genauso viele Ketten wie es Permutationen von N gibt, nämlich $n!$. Als Nächstes fragen wir, wie viele dieser Ketten ein gegebenes $A \in \mathcal{F}$ enthalten. Das ist wieder leicht zu beantworten. Um von $\varnothing$ nach A zu gelangen, müssen wir die Elemente von A Schritt für Schritt dazugeben, und um dann von A nach N zu gehen, müssen wir die übrigen Elemente hinzugeben. Enthält also A genau k Elemente, so sehen wir, indem wir alle Paare von Ketten zusammenfügen, dass es genau $k!(n-k)!$ solcher Ketten gibt. Man beachte, dass keine Kette zwei verschiedene Mengen A und B von $\mathcal{F}$ enthalten kann, weil $\mathcal{F}$ eine Antikette ist.

Um den Beweis abzuschließen, bezeichnen wir mit m_k die Anzahl der k-Mengen in $\mathcal{F}$. Somit gilt $|\mathcal{F}| = \sum_{k=0}^{n} m_k$. Aus unserer obigen Diskussion folgt, dass die Anzahl der Ketten, die irgendeine Menge aus $\mathcal{F}$ enthalten, gleich

$$\sum_{k=0}^{n} m_k \, k! \, (n-k)!$$

ist, und dieser Ausdruck kann nicht mehr sein als die Anzahl $n!$ *aller* Ketten. Daraus folgern wir

$$\sum_{k=0}^{n} m_k \frac{k!(n-k)!}{n!} \leq 1, \qquad \text{oder} \qquad \sum_{k=0}^{n} \frac{m_k}{\binom{n}{k}} \leq 1.$$

Man überprüft leicht, dass die Familie aller $\frac{n}{2}$-Mengen für gerades n bzw. die zwei Familien aller $\frac{n-1}{2}$-Mengen und aller $\frac{n+1}{2}$-Mengen, wenn n ungerade ist, die *einzigen* Antiketten sind, die die maximale Größe erreichen!

Ersetzen wir die Nenner durch den größten Binomialkoeffizienten so erhalten wir daraus

$$\frac{1}{\binom{n}{\lfloor n/2 \rfloor}} \sum_{k=0}^{n} m_k \leq 1, \qquad \text{also} \qquad |\mathcal{F}| = \sum_{k=0}^{n} m_k \leq \binom{n}{\lfloor n/2 \rfloor},$$

und der Beweis ist vollständig. □

Unser zweites Resultat ist von anderer Art. Wieder betrachten wir die Menge $N = \{1, \ldots, n\}$. Wir nennen eine Familie $\mathcal{F}$ von Teilmengen von N eine *Schnittfamilie*, wenn zwei Mengen in $\mathcal{F}$ immer mindestens ein Element gemeinsam haben. Es ist unmittelbar klar, dass die Mächtigkeit einer größten Schnittfamilie 2^{n-1} ist. Ist nämlich $A \in \mathcal{F}$, so hat das Komplement $A^c = N \setminus A$ leeren Durchschnitt mit A und kann daher nicht in $\mathcal{F}$ sein. Es folgt, dass eine Schnittfamilie höchstens die Hälfte aller 2^n Teilmengen enthalten kann, also $|\mathcal{F}| \leq 2^{n-1}$. Auf der anderen Seite betrachten wir die Familie aller Mengen, die ein festes Element enthalten, etwa die Familie $\mathcal{F}_1$ aller Mengen, die die 1 enthalten. Für diese Familie gilt $|\mathcal{F}_1| = 2^{n-1}$, und dieses Problem ist gelöst.

Nun stellen wir die folgende Frage: Wie groß kann eine Schnittfamilie $\mathcal{F}$ sein, wenn alle Mengen in $\mathcal{F}$ dieselbe Größe haben, sagen wir k? Wir wollen solche Familien k-*Schnittfamilien* nennen. Um uninteressante Fälle auszuschließen, setzen wir $n \geq 2k$ voraus, da sonst zwei k-Mengen immer einen nichtleeren Schnitt haben, und daher nichts zu beweisen ist. Wie in dem obigen Beispiel erhalten wir eine solche Familie $\mathcal{F}_1$, indem wir alle k-Mengen nehmen, die das feste Element 1 enthalten. Offensichtlich erhalten wir alle Mengen in $\mathcal{F}_1$, indem wir 1 zu allen $(k-1)$-Teilmengen von $\{2, 3, \ldots, n\}$ dazugeben, woraus $|\mathcal{F}_1| = \binom{n-1}{k-1}$ folgt. Gibt es noch größere? Nein — und das ist der Inhalt des Satzes von Erdős-Ko-Rado:

Satz 2. *Die größte Mächtigkeit einer k-Schnittfamilie in einer n-Menge ist $\binom{n-1}{k-1}$, für $n \geq 2k$.*

Paul Erdős, Chao Ko und Richard Rado bewiesen dieses Resultat 1938, publizierten es aber erst 23 Jahre später. In den Jahren seither wurden eine Vielzahl von Beweisen und Varianten präsentiert, aber die folgende Idee von Gyula Katona ist besonders elegant.

Drei berühmte Sätze über endliche Mengen

■ **Beweis.** Der Schlüssel zum Beweis ist das folgende einfache Lemma, das auf den ersten Blick mit unserem Problem überhaupt nichts zu tun hat. Man betrachte einen Kreis C, der durch n Punkte in n Kanten zerlegt ist. Ein *Bogen* der Länge k besteht aus $k+1$ aufeinander folgenden Punkten und den k Kanten zwischen diesen Punkten.

Lemma. *Sei $n \geq 2k$, und seien die t verschiedenen Bögen $A_1, \ldots, A_t$ der Länge k gegeben, so dass je zwei Bögen eine Kante gemeinsam haben. Dann gilt $t \leq k$.*

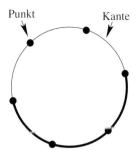

Ein Kreis C für $n=6$. Die fetten Kanten stellen einen Bogen der Länge 3 dar.

Zum Beweis des Lemmas beachte man zuerst, dass jeder Punkt von C Endpunkt von höchstens einem Bogen ist. Hätten nämlich A_i und A_j einen gemeinsamen Endpunkt v, dann würden wir diese Bögen in verschiedenen Richtungen durchlaufen müssen (da sie verschieden sind). Aber dann können sie wegen $n \geq 2k$ keine Kante gemeinsam haben. Nehmen wir nun den ersten Bogen A_1. Da jeder weitere Bogen A_i ($i \geq 2$) eine Kante mit A_1 gemeinsam hat, ist einer der Endpunkte von A_i ein innerer Punkt von A_1. Da diese Endpunkte aber, wie wir eben gesehen haben, verschieden sein müssen, und da A_1 genau $k-1$ innere Punkte enthält, können wir folgern, dass es höchstens $k-1$ weitere Bögen geben kann, also höchstens k Bögen insgesamt. □

Nun fahren wir mit dem Beweis des Satzes von Erdős-Ko-Rado fort. Sei $\mathcal{F}$ eine k-Schnittfamilie. Wie eben betrachten wir einen Kreis C mit n Punkten und n Kanten. Wir nehmen irgendeine zyklische Permutation $\pi = (a_1, a_2, \ldots, a_n)$ und schreiben die Zahlen a_i im Uhrzeigersinn neben die Kanten von C. Nun wollen wir die Anzahl der Mengen $A \in \mathcal{F}$ abzählen, die als k *aufeinander folgende* Zahlen in C erscheinen. Da $\mathcal{F}$ eine Schnittfamilie ist, folgt aus unserem Lemma, dass wir höchstens k solche Mengen erhalten. Da dies für jede zyklische Permutation gilt, und da es $(n-1)!$ zyklische Permutationen gibt, ergibt dies höchstens

$$k(n-1)!$$

Mengen von $\mathcal{F}$, die als aufeinander folgende Elemente irgendeiner zyklischen Permutation auftauchen. Wie oft zählen wir dabei eine feste Menge $A \in \mathcal{F}$? Das ist leicht: A erscheint in π genau dann, wenn die k Elemente von A in einer gewissen Ordnung hintereinander erscheinen. Wir haben also $k!$ Möglichkeiten, um A hintereinander aufzuschreiben, und weitere $(n-k)!$ Möglichkeiten, um die übrigen Elemente anzuordnen. Wir sehen also, dass jede feste Menge A in genau $k!(n-k)!$ zyklischen Permutationen auftritt, also gilt

$$|\mathcal{F}| \leq \frac{k(n-1)!}{k!(n-k)!} = \frac{(n-1)!}{(k-1)!(n-k)!} = \binom{n-1}{k-1}. \qquad \square$$

Wieder können wir die Frage stellen, ob die Familien, die ein festes Element enthalten, die einzigen k-Schnittfamilien von maximaler Größe sind. Dies ist für $n = 2k$ sicher nicht richtig. Zum Beispiel hat für $n=4$ und $k=2$ die Familie $\{1,2\}, \{1,3\}, \{2,3\}$ ebenfalls die Größe $\binom{3}{1} = 3$.

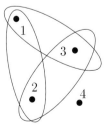

Eine Schnittfamilie für $n=4, k=2$

Allgemein erhalten wir für $n = 2k$ die k-Schnittfamilien der maximalen Mächtigkeit $\frac{1}{2}\binom{n}{k} = \binom{n-1}{k-1}$, indem wir auf beliebige Weise von jeder k-Menge jeweils entweder sie selbst oder ihr Komplement verwenden. Aber für $n > 2k$ sind die speziellen Familien, die ein festes Element enthalten, tatsächlich die einzigen. Die Leser sind eingeladen, sich Beweise dafür zu überlegen.

Als Nächstes besprechen wir das dritte Resultat, welches wahrscheinlich das wichtigste grundlegende Theorem in der endlichen Mengenlehre ist: den „Heiratssatz" von Philip Hall, bewiesen im Jahr 1935. Der Heiratssatz war Ausgangspunkt des Gebietes, das wir heute Matching-Theorie nennen, mit einer Vielzahl von Anwendungen, von denen wir einige im Weiteren sehen werden (siehe zum Beispiel Kapitel 25 über Lateinische Quadrate).

Wir betrachten eine endliche Menge X und eine Folge $A_1, A_2 \dots, A_n$ von Teilmengen von X (die nicht alle verschieden sein müssen). Wir nennen eine Folge $x_1, \dots, x_n$ ein *System von verschiedenen Vertretern* für $\{A_1, \dots, A_n\}$, falls die x_i verschiedene Elemente von X sind mit $x_i \in A_i$ für alle i. Natürlich muss so ein System, abgekürzt SDR (für "system of distinct representatives"), nicht existieren, zum Beispiel wenn eine der Mengen A_i leer ist. Der Inhalt des Satzes von Hall ist die genaue Bedingung dafür, wann ein SDR existiert.

Bevor wir den Satz formulieren, wollen wir uns die Interpretation ansehen, die dem Resultat den Namen *Heiratssatz* gab: Gegeben sei eine Menge $\{1, \dots, n\}$ von Mädchen und eine Menge X von Jungen. Immer wenn $x \in A_i$ ist, dann sind das Mädchen i und der Junge x daran interessiert zu heiraten, das heißt, A_i ist gerade die Menge der möglichen Heiratskandidaten von Mädchen i. Ein SDR stellt dann eine Massenhochzeit dar, in der jedes Mädchen einen Jungen heiratet, den sie mag — ohne Bigamie. Zurück zu Mengen, hier ist die Aussage des Resultates.

„Eine Massenhochzeit"

Satz 3. *Sei $A_1, A_2, \dots, A_n$ eine Familie von Teilmengen einer endlichen Menge X. Ein System von verschiedenen Vertretern für diese Folge existiert dann und nur dann, wenn für $1 \leq m \leq n$ jede Vereinigung von m Mengen A_i mindestens m Elemente enthält.*

Die Bedingung ist offenkundig notwendig: Falls m Mengen A_i zusammen weniger als m Elemente enthalten, dann können diese m Mengen sicherlich nicht durch verschiedene Elemente vertreten werden. Aber es ist einigermaßen überraschend (und der Grund für die universelle Anwendbarkeit des Satzes), dass diese offensichtlich notwendige Bedingung auch *hinreichend* ist. Der Originalbeweis von Hall war einigermaßen kompliziert; später wurden mehrere ganz verschiedene Beweise angegeben, von denen der folgende (der auf Easterfield zurückgeht und von Halmos und Vaughan wieder entdeckt wurde) vielleicht der natürlichste ist.

■ **Beweis.** Wir verwenden Induktion über n. Für $n = 1$ ist nichts zu zeigen. Sei $n > 1$, und $\{A_1, \dots, A_n\}$ eine Familie, die die Bedingung des Satzes erfüllt; wir wollen diese Bedingung mit (H) abkürzen. Wir nennen eine Unterfamilie von ℓ Mengen A_i mit $1 \leq \ell < n$ eine *kritische Familie*, falls ihre Vereinigung genau ℓ Elemente enthält. Nun unterscheiden wir zwei Fälle.

Fall 1: Es gibt keine kritische Familie.

Es sei x ein beliebiges Element von A_n. Wir entfernen x aus der Grundmenge X und betrachten die Familie $A'_1, \ldots, A'_{n-1}$ mit $A'_i = A_i \setminus x$. Da es keine kritische Familie gibt, wird die Vereinigung von je m Mengen A'_i mindestens m Elemente enthalten. Nach Induktion existiert also ein SDR $x_1, \ldots, x_{n-1}$ von $\{A'_1, \ldots, A'_{n-1}\}$, und zusammen mit $x_n = x$ ergibt dies ein SDR für die ursprüngliche Familie.

Fall 2: Es gibt eine kritische Familie.

Durch geeignete Umnummerierung der Mengen können wir annehmen, dass $\{A_1, \ldots, A_\ell\}$ eine kritische Familie ist. Dann gilt also $\bigcup_{i=1}^{\ell} A_i = \widetilde{X}$ mit $|\widetilde{X}| = \ell$. Da $\ell < n$ ist, existiert nach Induktion ein SDR für $A_1, \ldots, A_\ell$, es gibt also Elemente $x_1, \ldots, x_\ell$ von $\widetilde{X}$ mit $x_i \in A_i$ für alle $i \leq \ell$.

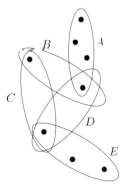

$\{B, C, D\}$ ist eine kritische Familie.

Nun betrachten wir die Restfamilie $A_{\ell+1}, \ldots, A_n$, und nehmen irgendwelche m von diesen Mengen. Da die Vereinigung von $A_1, \ldots, A_\ell$ und diesen m Mengen wegen Bedingung (H) mindestens $\ell + m$ Elemente enthalten, schließen wir, dass die m Mengen mindestens m Elemente außerhalb $\widetilde{X}$ enthalten. Mit anderen Worten, die Bedingung (H) ist für die Mengen

$$A_{\ell+1} \setminus \widetilde{X}, \ldots, A_n \setminus \widetilde{X}$$

erfüllt. Nach Induktion existiert also ein SDR für $A_{\ell+1}, \ldots, A_n$ disjunkt von $\widetilde{X}$. Kombination mit $x_1, \ldots, x_\ell$ ergibt ein SDR für alle Mengen A_i, und der Beweis ist beendet. □

Wie wir bemerkt haben, war der Satz von Hall der Anfang eines heute fast unüberschaubaren Gebietes, der Matching-Theorie (siehe zum Beispiel [6]). Unter den vielen Varianten und Verallgemeinerungen wollen wir nur ein besonders attraktives Resultat erwähnen und die Leser einladen, einen Beweis zu finden:

Angenommen die Mengen $A_1, \ldots, A_n$ haben alle die Größe k, wobei kein Element in mehr als k dieser Mengen enthalten ist. Dann existieren k verschiedene SDRs, so dass für jedes i die k Vertreter von A_i verschieden sind und zusammen also die Menge A_i bilden.

Ein schönes Resultat, das bemerkenswerte Möglichkeiten für Massenhochzeiten eröffnen sollte.

Literatur

[1] T. E. EASTERFIELD: *A combinatorial algorithm*, J. London Math. Soc. **21** (1946), 219-226.

[2] P. ERDŐS, C. KO & R. RADO: *Intersection theorems for systems of finite sets*, Quart. J. Math. (Oxford), Ser. (2) **12** (1961), 313-320.

[3] P. HALL: *On representatives of subsets*, Quart. J. Math. (Oxford) **10** (1935), 26-30.

[4] P. R. HALMOS & H. E. VAUGHAN: *The marriage problem*, Amer. J. Math. **72** (1950), 214-215.

[5] G. KATONA: *A simple proof of the Erdős-Ko-Rado theorem*, J. Combinatorial Theory, Ser. B **13** (1972), 183-184.

[6] L. LOVÁSZ & M. D. PLUMMER: *Matching Theory*, Akadémiai Kiadó, Budapest 1986.

[7] D. LUBELL: *A short proof of Sperner's theorem*, J. Combinatorial Theory **1** (1966), 299.

[8] E. SPERNER: *Ein Satz über Untermengen einer endlichen Menge*, Math. Zeitschrift **27** (1928), 544-548.

Gitterwege und Determinanten — Kapitel 23

Das Wesen der Mathematik ist das Beweisen von Sätzen — und das ist, was die Mathematiker tun: sie beweisen Sätze. Aber, um die Wahrheit zu sagen, was sie wirklich beweisen wollen, wenigstens einmal in ihrem Leben, ist ein *Lemma*, so wie das Lemma von Fatou in der Analysis, von Gauss in der Zahlentheorie, oder das Burnside-Frobenius Lemma in der Kombinatorik.

Nun, wann wird eine mathematische Aussage ein wirkliches *Lemma*? Zunächst sollte es vielfältige Anwendungen haben, sogar auf Probleme, die nichts miteinander zu tun zu haben scheinen. Zweitens sollte die Aussage, sobald man sie gesehen hat, vollkommen offensichtlich sein. Die Reaktion des Lesers könnte durchaus von etwas Neid durchsetzt sein: „Warum habe ich das nicht gesehen?" Und drittens sollten das Lemma und sein Beweis, von einem ästhetischen Standpunkt aus gesehen, schön sein!

In diesem Kapitel wollen wir ein Beispiel solch einer eleganten mathematischen Idee präsentieren, ein Abzähllemma, das erstmals in einer Arbeit von Bernt Lindström 1972 bewiesen wurde. Damals weitgehend unbeachtet, avancierte das Lemma nach seiner Wiederentdeckung 1985 zu einem Klassiker der Kombinatorik, als Ira Gessel und Gerard Viennot in einer wunderbaren Arbeit das Lemma zur Lösung verschiedenster schwieriger Abzählprobleme anwendeten.

Unser Ausgangspunkt ist die übliche Permutationsdarstellung der Determinante einer Matrix. Sei $M = (m_{ij})$ eine reelle $n \times n$-Matrix. Dann gilt

$$\det M = \sum_{\sigma} \operatorname{sign} \sigma \, m_{1\sigma(1)} \, m_{2\sigma(2)} \cdots m_{n\sigma(n)}, \tag{1}$$

wobei σ alle Permutationen von $\{1, 2, \ldots, n\}$ durchläuft, und das Signum von σ gleich 1 oder -1 ist, je nachdem, ob σ das Produkt einer geraden oder einer ungeraden Anzahl von Transpositionen ist.

Nun gehen wir zu Graphen über, genauer zu *gewichteten, gerichteten, bipartiten* Graphen. Wir ordnen den Zeilen von M die Ecken $A_1, \ldots, A_n$ zu und den Spalten von M die Ecken $B_1, \ldots, B_n$. Für jedes Paar i und j zeichnen wir einen Pfeil von A_i nach B_j und geben ihm das Gewicht m_{ij}, wie in der Abbildung.

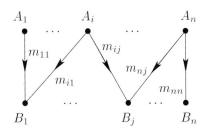

Mit diesem Graphen können wir der Formel (1) folgende Interpretation geben:

- Die linke Seite ist die Determinante der *Wege-Matrix* M, deren (i,j)-Eintrag das *Gewicht* des eindeutigen gerichteten Weges von A_i nach B_j ist.

- Die rechte Seite ist die gewichtete, mit Vorzeichen versehene Summe über alle *eckendisjunkte Wegesysteme* von $\mathcal{A} = \{A_1, \ldots, A_n\}$ nach $\mathcal{B} = \{B_1, \ldots, B_n\}$. Solch ein System $\mathcal{P}_\sigma$ ist durch die Wege

$$A_1 \to B_{\sigma(1)}, \ \ldots, \ A_n \to B_{\sigma(n)}$$

gegeben, und das *Gewicht* des Wegesystems $\mathcal{P}_\sigma$ ist das Produkt der Gewichte der einzelnen Wege:

$$w(\mathcal{P}_\sigma) \ := \ w(A_1 \to B_{\sigma(1)}) \ \cdots \ w(A_n \to B_{\sigma(n)}).$$

Mit dieser Interpretation lautet die Formel (1)

$$\det M \ = \ \sum_\sigma \operatorname{sign} \sigma \ w(\mathcal{P}_\sigma).$$

Was ist nun das Resultat von Lindström und Gessel-Viennot? Es ist die natürliche Verallgemeinerung von (1) von bipartiten auf beliebige Graphen. Und es ist genau dieser Schritt, der das Lemma so universell anwendbar macht — und darüber hinaus ist der Beweis erstaunlich einfach und elegant.

Wir wollen zunächst die nötigen Begriffe zusammenstellen. Gegeben ist ein endlicher azyklischer gerichteter Graph $G = (V, E)$, wobei *azyklisch* bedeutet, dass es keine gerichteten Kreise in G gibt. Insbesondere gibt es nur endlich viele gerichtete Wege zwischen je zwei Ecken A und B, wobei wir die trivialen Wege $A \to A$ der Länge 0 mit berücksichtigen. Jede Kante e bekommt ein Gewicht $w(e)$. Für einen gerichteten Weg P von A nach B schreiben wir kurz $P : A \to B$ und definieren sein *Gewicht* als

$$w(P) \ := \ \prod_{e \in P} w(e).$$

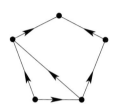

Ein azyklischer gerichteter Graph

Dabei setzen wir $w(P) := 1$, falls P ein Weg der Länge 0 ist.

Seien nun $\mathcal{A} = \{A_1, \ldots, A_n\}$ und $\mathcal{B} = \{B_1, \ldots, B_n\}$ zwei Mengen von n Ecken, wobei $\mathcal{A}$ und $\mathcal{B}$ nicht disjunkt sein müssen. Diesen $\mathcal{A}$ und $\mathcal{B}$ ordnen wir die *Wegematrix* $M = (m_{ij})$ zu, mit

$$m_{ij} \ := \ \sum_{P : A_i \to B_j} w(P).$$

Ein *Wegesystem* $\mathcal{P}$ von $\mathcal{A}$ nach $\mathcal{B}$ besteht aus einer Permutation σ zusammen mit n Wegen $P_i : A_i \to B_{\sigma(i)}$ für $i = 1, \ldots, n$; wir schreiben dann $\operatorname{sign} \mathcal{P} = \operatorname{sign} \sigma$. Das *Gewicht* von $\mathcal{P}$ ist das Produkt der Gewichte der einzelnen Wege,

$$w(\mathcal{P}) \ := \ \prod_{i=1}^n w(P_i), \tag{2}$$

also wieder das Produkt der Gewichte aller Kanten im Wegesystem.

Schließlich sagen wir, dass das Wegesystem $\mathcal{P} = (P_1, \ldots, P_n)$ *eckendisjunkt* ist, falls die Wege von $\mathcal{P}$ paarweise eckendisjunkt sind.

Gitterwege und Determinanten

Lemma. *Sei $G = (V, E)$ ein endlicher azyklischer gewichteter gerichteter Graph, seien $\mathcal{A} = \{A_1, \ldots, A_n\}$ und $\mathcal{B} = \{B_1, \ldots, B_n\}$ zwei n-Mengen von Ecken, und sei M die Wegematrix von $\mathcal{A}$ nach $\mathcal{B}$. Dann gilt*

$$\det M = \sum_{\substack{\mathcal{P}:\ \text{eckendisjunktes}\\ \text{Wegesystem}\\ \text{von }\mathcal{A}\text{ nach }\mathcal{B}}} \operatorname{sign} \mathcal{P}\ w(\mathcal{P}). \quad (3)$$

■ **Beweis.** Ein typischer Term von $\det(M)$ ist $\operatorname{sign} \sigma\, m_{1\sigma(1)} \cdots m_{n\sigma(n)}$, was auch als

$$\operatorname{sign} \sigma\ \Big(\sum_{P_1: A_1 \to B_{\sigma(1)}} w(P_1)\Big) \cdots \Big(\sum_{P_n: A_n \to B_{\sigma(n)}} w(P_n)\Big)$$

geschrieben werden kann.
Summieren wir über alle σ, so erhalten wir aus (2) unmittelbar die Formel

$$\det M = \sum_{\mathcal{P}} \operatorname{sign} \mathcal{P}\ w(\mathcal{P}),$$

worin $\mathcal{P}$ *alle* Wegesysteme von $\mathcal{A}$ nach $\mathcal{B}$ (eckendisjunkt oder nicht) durchläuft. Um (3) zu beweisen, müssen wir also nur mehr zeigen, dass

$$\sum_{\mathcal{P} \in \mathbf{N}} \operatorname{sign} \mathcal{P}\ w(\mathcal{P}) = 0 \quad (4)$$

gilt, wobei $\mathbf{N}$ die Menge aller Wegesysteme bezeichnet, die *nicht* eckendisjunkt sind. Und dies zeigen wir mit einer selten eleganten Idee. Wir zeigen die Existenz einer Involution $\pi : \mathbf{N} \to \mathbf{N}$ (ohne Fixpunkte), so dass für $\mathcal{P}$ und $\pi\mathcal{P}$

$$w(\pi\mathcal{P}) = w(\mathcal{P}) \quad \text{und} \quad \operatorname{sign} \pi\mathcal{P} = -\operatorname{sign} \mathcal{P}$$

gilt. Dies impliziert dann (4) und damit die Formel (3) des Lemmas.

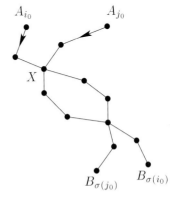

Die Involution π wird auf naheliegende Weise definiert. Sei $\mathcal{P} \in \mathbf{N}$ mit den Wegen $P_i : A_i \to B_{\sigma(i)}$ gegeben. Nach Definition gibt es ein Paar von Wegen mit einer gemeinsamen Ecke:

- Sei i_0 der minimale Index, so dass P_{i_0} eine Ecke mit einem anderen Weg gemeinsam hat.
- Sei X die erste solche gemeinsame Ecke auf dem Weg P_{i_0}.
- Sei j_0 der kleinste Index ($j_0 > i_0$), so dass P_{j_0} die Ecke X mit dem Weg P_{i_0} gemeinsam hat.

Nun konstruieren wir das neue Wegesystem $\pi\mathcal{P} = (P'_1, \ldots, P'_n)$ wie folgt:

- $P'_k = P_k$ für alle $k \neq i_0, j_0$.
- Der neue Weg P'_{i_0} geht von A_{i_0} nach X entlang P_{i_0} und von dort nach $B_{\sigma(j_0)}$ entlang P_{j_0}. Analog geht P'_{j_0} von A_{j_0} nach X entlang P_{j_0} und wird nach $B_{\sigma(i_0)}$ entlang P_{i_0} fortgesetzt.

Offensichtlich gilt nun $\pi(\pi\mathcal{P}) = \mathcal{P}$, weil der Index i_0, die Ecke X, und auch der Index j_0 genau dieselben sind wie zuvor. Mit anderen Worten: Verwenden wir die Involution π zweimal, so erhalten wir genau die alten Wege P_i. Da $\pi\mathcal{P}$ und $\mathcal{P}$ genau dieselben Kanten verwenden, so haben wir sicherlich $w(\pi\mathcal{P}) = w(\mathcal{P})$. Und schließlich sehen wir, da die neue Permutation σ' aus der alten durch Multiplikation von σ mit der Transposition (i_0, j_0) erhalten wird, dass sign $\pi\mathcal{P} = -\text{sign}\,\mathcal{P}$ gilt, und das ist der ganze Beweis — direkt aus dem BUCH. □

Das Lemma von Gessel-Viennot kann unter anderem verwendet werden, um alle wesentlichen Eigenschaften der Determinante abzuleiten — wir brauchen nur geeignete Graphen zu konstruieren. Wir betrachten dafür ein besonders eindrucksvolles Beispiel, die Formel von Binet-Cauchy, eine sehr nützliche Verallgemeinerung der Produktformel für Determinanten.

Satz. *Ist P eine $(r \times s)$-Matrix und Q eine $(s \times r)$-Matrix mit $r \leq s$, so gilt*

$$\det(PQ) = \sum_{\mathcal{Z}} (\det P_{\mathcal{Z}})(\det Q_{\mathcal{Z}}),$$

wobei $P_{\mathcal{Z}}$ die $(r \times r)$-Untermatrix von P mit Spaltenmenge $\mathcal{Z}$ ist und $Q_{\mathcal{Z}}$ die $(r \times r)$-Untermatrix von Q mit den entsprechenden Zeilen $\mathcal{Z}$.

■ **Beweis.** Wir konstruieren zu P den bipartiten Graphen auf $\mathcal{A}$ und $\mathcal{B}$ wie zuvor und analog den bipartiten Graphen zu Q auf $\mathcal{B}$ und $\mathcal{C}$. Nun betrachten wir den zusammengefügten Graphen, wie in der Figur am linken Rand, und bemerken, dass der (i,j)-Eintrag m_{ij} der Wegematrix M von $\mathcal{A}$ nach $\mathcal{C}$ genau $m_{ij} = \sum_k p_{ik} q_{kj}$ ist; mit anderen Worten, es gilt $M = PQ$.
Da die eckendisjunkten Wegesysteme von $\mathcal{A}$ nach $\mathcal{C}$ in dem zusammengefügten Graphen offenbar Paaren von Systemen von $\mathcal{A}$ nach $\mathcal{Z}$ bzw. von $\mathcal{Z}$ nach $\mathcal{C}$ entsprechen, folgt das Resultat unmittelbar aus dem Gessel-Viennot-Lemma, wenn wir nur die Formel $\text{sign}(\sigma\tau) = (\text{sign}\,\sigma)(\text{sign}\,\tau)$ berücksichtigen. □

Das Lemma von Gessel-Viennot ist auch die Quelle einer großen Anzahl von Ergebnissen, die Determinanten mit Abzählproblemen in Verbindung bringen. Die Idee ist immer dieselbe: Interpretiere die Matrix M als eine Wegematrix und versuche, die rechte Seite von (3) zu berechnen. Als Illustration wollen wir das ursprüngliche Problem studieren, das für Gessel und Viennot der Ausgangspunkt ihres Lemmas war:

Seien $a_1 < a_2 < \ldots < a_n$ und $b_1 < b_2 < \ldots < b_n$ zwei Folgen von natürlichen Zahlen. Berechne die Determinante der Matrix $M = (m_{ij})$, in der m_{ij} jeweils der Binomialkoeffizient $\binom{a_i}{b_j}$ ist.

Mit anderen Worten, Gessel und Viennot wollten die Determinanten von beliebigen quadratischen Matrizen im Pascalschen Dreieck berechnen, wie etwa die Determinante

$$\det \begin{pmatrix} \binom{3}{1} & \binom{3}{3} & \binom{3}{4} \\ \binom{4}{1} & \binom{4}{3} & \binom{4}{4} \\ \binom{6}{1} & \binom{6}{3} & \binom{6}{4} \end{pmatrix} = \det \begin{pmatrix} 3 & 1 & 0 \\ 4 & 4 & 1 \\ 6 & 20 & 15 \end{pmatrix},$$

der Matrix, die durch die fettgedruckten Einträge im Pascalschen Dreieck am Rand gegeben ist.

Als Vorbereitung zur Lösung rufen wir uns eine wohlbekannte Tatsache in Erinnerung, die Binomialkoeffizienten mit Gitterwegen in Verbindung bringt. Dafür betrachten wir ein $a \times b$-Gitter, wie am Rand. Dann ist die Anzahl der Wege von der linken unteren Ecke zur rechten oberen Ecke genau $\binom{a+b}{a}$, wenn nur Schritte nach oben (Norden) und nach rechts (Osten) erlaubt sind.

Der Beweis dafür liegt auf der Hand: Jeder Weg besteht aus einer beliebigen Folge von b Schritten nach „Osten" und a Schritten nach „Norden", und kann daher durch eine Folge der Form NONOOON kodiert werden, die aus $a + b$ Buchstaben besteht, a Ns und b Os. Die Anzahl dieser Folgen ist gleich der Anzahl der Möglichkeiten, a Positionen für den Buchstaben N aus den insgesamt $a + b$ Positionen zu wählen, und das ist $\binom{a+b}{a} = \binom{a+b}{b}$.

Betrachten wir nun die Figur auf der rechten Seite, in der A_i im Punkt $(0, -a_i)$ platziert ist und B_j in $(b_j, -b_j)$.

Die Anzahl der Wege von A_i nach B_j in diesem Gitter, die nur Schritte nach Norden und Osten verwenden, ist wie eben gesehen $\binom{b_j+(a_i-b_j)}{b_j} = \binom{a_i}{b_j}$. Mit anderen Worten, die Matrix der Binomialkoeffizienten M ist genau die Wegematrix von $\mathcal{A}$ nach $\mathcal{B}$ in dem gerichteten Gittergraphen, wobei alle Kanten das Gewicht 1 haben, und alle Kanten nach Norden bzw. Osten gerichtet sind. Um det M zu berechnen, verwenden wir nun das Lemma von Gessel-Viennot. Es sollte klar sein, dass jedes eckendisjunkte Wegesystem $\mathcal{P}$ von $\mathcal{A}$ nach $\mathcal{B}$ aus Wegen $P_i : A_i \to B_i$ für alle i bestehen muss. Also ist die Identität die einzig mögliche Permutation, diese hat das Vorzeichen $+1$, und wir erhalten das wunderbare Resultat

$$\det \left(\binom{a_i}{b_j} \right) \;\; = \;\; \text{\# eckendisjunkte Wegesysteme von } \mathcal{A} \text{ nach } \mathcal{B}.$$

Insbesondere impliziert dies die keineswegs offenkundige Tatsache, dass Binomialdeterminanten nie negativ sind, da die rechte Seite der Gleichung ja etwas *zählt*. Darüber hinaus erhalten wir aus dem Lemma von Gessel-Viennot, dass det $M = 0$ dann und nur dann gilt, wenn $a_i < b_i$ für mindestens einen Index i gilt.

In dem oben begonnenen Beispiel haben wir

$$\det \begin{pmatrix} \binom{3}{1} & \binom{3}{3} & \binom{3}{4} \\ \binom{4}{1} & \binom{4}{3} & \binom{4}{4} \\ \binom{6}{1} & \binom{6}{3} & \binom{6}{4} \end{pmatrix} = \# \begin{matrix} \text{eckendisjunkte} \\ \text{Wegesysteme in} \end{matrix}$$

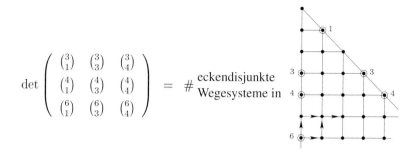

Der skeptische Leser kann sich leicht die 66 eckendisjunkten Wegesysteme für dieses Beispiel aufzählen.

Literatur

[1] I. M. GESSEL & G. VIENNOT: *Binomial determinants, paths, and hook length formulae,* Advances in Math. **58** (1985), 300-321.

[2] B. LINDSTRÖM: *On the vector representation of induced matroids,* Bulletin London Math. Soc. **5** (1973), 85-90.

„Gatterwege"

Cayleys Formel für die Anzahl der Bäume

Kapitel 24

Arthur Cayley

Eine der berühmtesten Formeln in der abzählenden Kombinatorik betrifft die Anzahl der bezeichneten Bäume. Dafür betrachten wir die feste Eckenmenge $N = \{1, 2, \ldots, n\}$. Wie viele verschiedene Bäume gibt es auf dieser Menge? Wir wollen diese Zahl mit T_n bezeichnen. Für kleine n können wir das ohne weiteres ausrechnen; zum Beispiel erhalten wir $T_1 = 1$, $T_2 = 1$, $T_3 = 3$, $T_4 = 16$, mit den zugehörigen Bäumen in der folgenden Tafel:

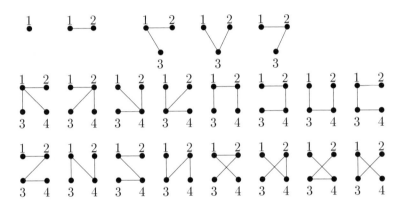

Man beachte, dass wir *bezeichnete* Bäume betrachten, das heißt, obwohl es nur einen Baum der Ordnung 3 im Sinne des Graphenisomorphismus gibt, gibt es 3 verschiedene bezeichnete Bäume, die sich durch die Bezeichnung der inneren Ecke (vom Grad 2) unterscheiden. Für $n = 5$ gibt es drei nicht isomorphe Typen von Bäumen:

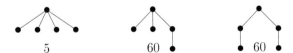

Für den ersten davon gibt es offensichtlich 5 verschiedene Bezeichnungen, und für den zweiten und dritten jeweils $\frac{5!}{2} = 60$ Bezeichnungen, so dass wir insgesamt $T_5 = 125$ erhalten. Dieser letzte Wert sollte nun genügen, um die Formel $T_n = n^{n-2}$ zu vermuten, und genau dies ist Cayleys Resultat.

Satz. *Es gibt n^{n-2} verschiedene bezeichnete Bäume auf n Ecken.*

Zu dieser schönen Formel gibt es gleichermaßen schöne Beweise, die auf einer Vielzahl von kombinatorischen und algebraischen Ideen basieren. Wir wollen drei von ihnen besprechen, und dann zu dem Beweis kommen, der wohl bis heute der schönste von allen ist.

■ **Erster Beweis (Bijektion).** Die klassische und direkteste Methode besteht in der Aufstellung einer Bijektion zwischen der Menge aller Bäume auf n Ecken und einer anderen Menge, deren Mächtigkeit *offensichtlich* n^{n-2} ist. Natürlich denken wir zuallererst an die Menge aller geordneten Folgen $(a_1, \ldots, a_{n-2})$ mit $1 \leq a_i \leq n$. Daher wollen wir jeden Baum T auf eineindeutige Weise eine Folge $(a_1 \ldots, a_{n-2})$ zuordnen. Solch eine Zuordnung wurde erstmals von Prüfer gefunden und ist in den meisten Büchern über Graphentheorie enthalten.

Wir wollen hier einen anderen Bijektionsbeweis besprechen, der auf André Joyal zurückgeht und weniger bekannt, aber ebenso elegant und einfach ist. Dazu betrachten wir nicht gewöhnliche Bäume t auf $N = \{1, \ldots, n\}$, sondern Bäume zusammen mit zwei ausgezeichneten Ecken, dem *linken Ende* $\bigcirc$ und dem *rechten Ende* $\square$, welche auch zusammenfallen können. Es sei $\mathcal{T}_n = \{(t; \bigcirc, \square)\}$ diese neue Menge; ganz offensichtlich gilt dann $|\mathcal{T}_n| = n^2 T_n$.

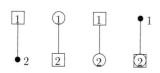

Die vier Bäume von $\mathcal{T}_2$

Wir müssen also $|\mathcal{T}_n| = n^n$ beweisen. Die naheliegende erste Wahl für eine Menge der Größe n^n ist natürlich die Menge N^N aller Abbildungen von N nach N. Unsere Formel ist demnach gezeigt, wenn wir eine Bijektion von N^N auf $\mathcal{T}_n$ angeben können.

Sei $f: N \longrightarrow N$ eine beliebige Abbildung. Wir stellen f als einen gerichteten Graphen $\vec{G}_f$ dar, indem wir jeweils Pfeile von i nach $f(i)$ zeichnen. Zum Beispiel wird die Abbildung

$$f = \begin{pmatrix} 1 & 2 & 3 & 4 & 5 & 6 & 7 & 8 & 9 & 10 \\ 7 & 5 & 5 & 9 & 1 & 2 & 5 & 8 & 4 & 7 \end{pmatrix}$$

durch den gerichteten Graphen am Rand dargestellt.

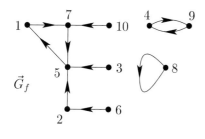

Betrachten wir eine Komponente von $\vec{G}_f$. Da genau eine Kante von jeder Ecke ausgeht, enthält die Komponente gleich viele Ecken wie Kanten, und daher genau einen gerichteten Kreis. Es sei $M \subseteq N$ die Vereinigung der Eckenmengen dieser Kreise. Wir sehen sofort, dass M die *eindeutige* maximale Teilmenge von N ist, so dass die Einschränkung von f auf M eine Bijektion von M nach M ist. Wir wollen

$$f|_M = \begin{pmatrix} a & b & \ldots & z \\ f(a) & f(b) & \ldots & f(z) \end{pmatrix}$$

für $M = \{a, b, \ldots, z\}$ so schreiben, dass die Zahlen $a, b, \ldots, z$ in der ersten Zeile in ihrer natürlichen Ordnung auftreten. Dies ergibt eine Anordnung $f(a), f(b), \ldots, f(z)$ von M gemäß der zweiten Zeile. Die Zahl $f(a)$ sei unser linkes Ende und $f(z)$ unser rechtes Ende.

Der Baum t, der der Abbildung f entsprechen soll, wird nun wie folgt konstruiert: Wir zeichnen $f(a), \ldots, f(z)$ in dieser Reihenfolge als einen

Weg von $f(a)$ nach $f(z)$ und ergänzen dann die restlichen Ecken wie in $\vec{G}_f$ (wobei wir die Pfeile weglassen).

In unserem obigen Beispiel erhalten wir $M = \{1, 4, 5, 7, 8, 9\}$ und
$$f_M = \begin{pmatrix} 1 & 4 & 5 & 7 & 8 & 9 \\ 7 & 9 & 1 & 5 & 8 & 4 \end{pmatrix},$$
und daher den Baum t, der am Rand abgebildet ist.

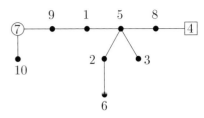

Es ist unmittelbar klar, wie wir diese Korrespondenz umdrehen. Ist ein Baum t gegeben, so nehmen wir den eindeutigen Weg P vom linken zum rechten Ende. Dieser Weg gibt uns die Menge M und die Abbildung $f|_M$. Die restlichen Korrespondenzen $i \to f(i)$ werden dann gemäß der eindeutigen Wege von i nach P ermittelt. $\square$

■ **Zweiter Beweis (Lineare Algebra).** Wir können T_n als die Anzahl der aufspannenden Bäume im vollständigen Graphen K_n interpretieren. In Verallgemeinerung dazu betrachten wir einen beliebigen zusammenhängenden einfachen Graphen G auf $V = \{1, 2, \ldots, n\}$ und bezeichnen mit $t(G)$ die Anzahl der aufspannenden Bäume; damit ist also insbesondere $T_n = t(K_n)$.

Das folgende berühmte Resultat ist Kirchhoffs *Matrix-Baum-Theorem* (siehe [1]). Dafür betrachten wir die Inzidenzmatrix $B = (b_{ie})$ von G, deren Zeilen durch V bezeichnet werden, die Spalten durch E, und deren Einträge $b_{ie} = 1$ oder 0 sind, je nachdem, ob $i \in e$ ist oder $i \notin e$. Dabei gilt $|E| \geq n - 1$, da G zusammenhängend ist. In jeder Spalte ersetzen wir auf beliebige Weise eine der beiden Einsen durch -1 (was gleichbedeutend damit ist, dass wir Richtungen für die Kanten von G wählen), und nennen die neue Matrix C. Dann ist $M := CC^T$ eine symmetrische $(n \times n)$-Matrix mit den Graden $d_1, \ldots, d_n$ auf der Hauptdiagonale.

Proposition. *Es gilt* $t(G) = \det M_{ii}$ *für alle* $i = 1, \ldots, n$, *wobei* M_{ii} *die Untermatrix von* M *bezeichnet, die sich aus* M *durch Streichung der i-ten Zeile und der i-ten Spalte ergibt.*

■ **Beweis.** Der Schlüssel zum Beweis ist der Satz von Binet-Cauchy, den wir im vorigen Kapitel besprochen haben: Ist P eine $(r \times s)$-Matrix und Q eine $(s \times r)$-Matrix mit $r \leq s$, so ist $\det(PQ)$ gleich der Summe der Produkte der Determinanten der sich entsprechenden $(r \times r)$-Untermatrizen, wobei „entsprechend" bedeutet, dass wir dieselben Indizes für die r Spalten von P und die r Zeilen von Q verwenden.

Für M_{ii} bedeutet dies
$$\det M_{ii} = \sum_N \det N \cdot \det N^T = \sum_N (\det N)^2,$$
wobei N alle $(n-1) \times (n-1)$-Untermatrizen von $C \setminus \{\text{Zeile } i\}$ durchläuft. Die $n-1$ Spalten von N entsprechen einem Untergraphen von G mit $n-1$ Kanten auf n Ecken, und es bleibt somit zu zeigen:
$$\det N = \begin{cases} \pm 1 & \text{falls diese Kanten einen Baum aufspannen,} \\ 0 & \text{sonst.} \end{cases}$$

„Eine Nichtganzstandardmethode, um Bäume abzuzählen: Setze eine Katze in jeden Baum, führe den Hund spazieren, und zähle, wie oft er bellt."

Angenommen, die $n-1$ Kanten spannen keinen Baum auf. Dann gibt es eine Komponente des Untergraphen, die i nicht enthält. Da die Zeilen, die dieser Komponente entsprechen, die Summe Null haben, sind sie linear abhängig, und es gilt daher $\det N = 0$.

Nehmen wir nun an, dass die Spalten von N einen Baum aufspannen. Dann gibt es eine Ecke $j_1 \neq i$ vom Grad 1; es sei e_1 die inzidente Kante. Entfernen wir j_1 und e_1, so erhalten wir einen Baum mit $n-2$ Kanten. Wieder gibt es eine Ecke $j_2 \neq i$ vom Grad 1 mit inzidenter Kante e_2. Wir fahren auf diese Weise fort, bis $j_1, j_2, \ldots, j_{n-1}$ und $e_1, e_2, \ldots, e_{n-1}$ mit $j_i \in e_i$ festgelegt sind. Durch Permutation der Zeilen und Spalten können wir erreichen, dass j_k in der k-ten Zeile steht und e_k in der k-ten Spalte. Da nach Konstruktion $j_k \notin e_\ell$ für $k < \ell$ gilt, sehen wir, dass die neue Matrix N' eine untere Dreiecksmatrix ist mit allen Elementen auf der Hauptdiagonale gleich ± 1. Es gilt somit $\det N = \pm \det N' = \pm 1$, und wir sind fertig.

Für den Spezialfall $G = K_n$ erhalten wir offenbar

$$M_{ii} = \begin{pmatrix} n-1 & -1 & \ldots & -1 \\ -1 & n-1 & & -1 \\ \vdots & & \ddots & \vdots \\ -1 & -1 & \ldots & n-1 \end{pmatrix},$$

und eine leichte Rechnung zeigt $\det M_{ii} = n^{n-2}$. □

■ **Dritter Beweis (Rekursion).** Eine weitere klassische Methode in der abzählenden Kombinatorik besteht darin, für die Lösung des Problems eine Rekursion zu finden, und aus dieser dann die explizite Formel durch Induktion abzuleiten.

Die folgende Idee geht im Wesentlichen auf Riordan und Rényi zurück. Um die richtige Rekursion zu finden, betrachten wir ein etwas allgemeineres Problem (das schon in der Arbeit von Cayley erwähnt wird): Sei A eine beliebige k-Menge von Ecken. Mit $T_{n,k}$ bezeichnen wir die Anzahl der (bezeichneten) Wälder auf $\{1, \ldots, n\}$, die in der Menge A *verwurzelt* sind, die also aus k Bäumen bestehen, wobei jeder Baum genau eine Ecke aus A enthalten muss. Offensichtlich ist dabei die Menge A für die Anzahl $T_{n,k}$ nicht von Bedeutung, nur ihre Größe k, und es gilt $T_{n,1} = T_n$.

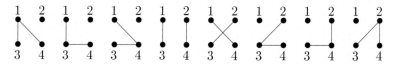

Beispiel: $T_{4,2} = 8$ für $A = \{1, 2\}$

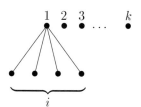

Sei nun solch ein Wald F gegeben, der in $A = \{1, 2, \ldots, k\}$ verwurzelt ist, und darin habe die Ecke 1 genau i Nachbarn, wie am Rand angedeutet. Entfernen wir die Ecke 1, so erhalten wir einen Wald F' auf $\{2, \ldots, n\}$, der in $\{2, \ldots, k\} \cup \{$die Nachbarn von $1\}$ verwurzelt ist, und es gibt genau $T_{n-1, k-1+i}$ solche Wälder. Umgekehrt können wir den Wald F konstruieren, indem wir erst $i \geq 0$ festlegen, dann die i Nachbarn von 1 in $\{k+1, \ldots, n\}$ auswählen, und schließlich den Wald F' bestimmen. Damit haben wir gezeigt, dass für $1 \leq k \leq n$ die Rekursion

Cayleys Formel für die Anzahl der Bäume

$$T_{n,k} = \sum_{i=0}^{n-k} \binom{n-k}{i} T_{n-1,k-1+i} \qquad (1)$$

erfüllt ist, wenn wir $T_{0,0} := 1$ setzen, und $T_{n,0} := 0$ für $n > 0$. Dabei ist $T_{0,0} = 1$ notwendig, um $T_{n,n} = 1$ sicherzustellen.

Proposition. *Es gilt*

$$T_{n,k} = k\, n^{n-k-1}, \qquad (2)$$

und daher insbesondere

$$T_{n,1} = T_n = n^{n-2}.$$

■ **Beweis.** Mit (1) und Induktion erhalten wir

$$\begin{aligned}
T_{n,k} &= \sum_{i=0}^{n-k} \binom{n-k}{i}(k-1+i)(n-1)^{n-1-k-i} \qquad (i \to n-k-i)\\
&= \sum_{i=0}^{n-k} \binom{n-k}{i}(n-1-i)(n-1)^{i-1}\\
&= \sum_{i=0}^{n-k} \binom{n-k}{i}(n-1)^{i} - \sum_{i=1}^{n-k} \binom{n-k}{i} i(n-1)^{i-1}\\
&= n^{n-k} - (n-k)\sum_{i=1}^{n-k} \binom{n-1-k}{i-1}(n-1)^{i-1}\\
&= n^{n-k} - (n-k)\sum_{i=0}^{n-1-k} \binom{n-1-k}{i}(n-1)^{i}\\
&= n^{n-k} - (n-k)n^{n-1-k} = k\, n^{n-1-k}. \qquad \square
\end{aligned}$$

■ **Vierter Beweis (Doppeltes Abzählen).** Die folgende wunderbare Idee von Jim Pitman gibt uns Cayleys Formel und die Verallgemeinerung (2) ohne Induktion oder Bijektion — es ist einfach doppeltes Abzählen auf besonders raffinierte Weise.

Ein *Wurzelwald* auf $\{1,\ldots,n\}$ ist ein Wald zusammen mit der Wahl einer Wurzel in jedem Komponentenbaum. Es sei $\mathcal{F}_{n,k}$ die Menge aller Wurzelwälder, die aus k Wurzelbäumen bestehen. Insbesondere ist $\mathcal{F}_{n,1}$ die Menge aller Wurzelbäume.

Wir sehen, dass $|\mathcal{F}_{n,1}| = nT_n$ gilt, da wir in jedem Baum n Möglichkeiten haben, die Wurzel auszuwählen. Nun betrachten wir $F_{n,k} \in \mathcal{F}_{n,k}$ als einen *gerichteten* Graphen, in dem alle Kanten von den Wurzeln wegzeigen. Wir sagen, dass ein Wald F einen anderen Wald F' *enthält*, falls F den Wald F' im Sinne von gerichteten Graphen enthält. Ist F' ein echter Untergraph von F, so hat F offensichtlich weniger Komponenten als F'. Die Zeichnung zeigt zwei solche Wälder, wobei die Wurzeln in jedem Baum als höchste Ecke und eingekreist gezeichnet ist.

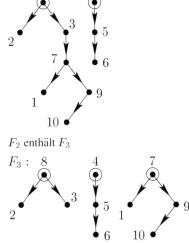

F_2 enthält F_3

Hier ist nun die entscheidende Idee. Wir nennen eine Folge von Wäldern $F_1, \ldots, F_k$ eine *verfeinernde Kette*, falls $F_1 \supset F_2 \supset \ldots \supset F_k$ gilt, wobei F_i jeweils ein Wald in $\mathcal{F}_{n,i}$ ist. F_1 ist dann also ein aufspannender Baum, und die weiteren Bäume erhält man, indem man einzelne Kanten „eine nach der anderen" weglässt.

Sei nun F_k ein fester Wald in $\mathcal{F}_{n,k}$; wir bezeichnen

- mit $N(F_k)$ die Anzahl der Wurzelbäume, die F_k enthalten, und
- mit $N^*(F_k)$ die Anzahl der verfeinernden Ketten, die in F_k enden.

Nun zählen wir $N^*(F_k)$ auf zwei Weisen ab, indem wir einmal bei einem Baum F_1 starten, und das andere Mal bei F_k. Angenommen $F_1 \in \mathcal{F}_{n,1}$ enthält F_k. Da wir die $k-1$ Kanten von $F_1 \setminus F_k$ in beliebiger Reihenfolge entfernen können, um eine verfeinernde Kette von F_1 zu F_k zu bekommen, gilt

$$N^*(F_k) = N(F_k)(k-1)!. \qquad (3)$$

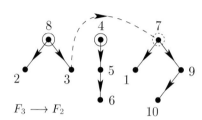

$F_3 \longrightarrow F_2$

Nun beginnen wir am anderen Ende. Um aus einem F_k ein F_{k-1} zu erhalten, müssen wir eine gerichtete Kante von einer beliebigen Ecke a zu einer der $k-1$ Wurzeln der anderen Teilbäume ziehen, die a nicht enthalten (siehe die Abbildung links, in der wir durch Hinzufügen der Kante $3 \bullet\!\!\!\longrightarrow\!\!\!\bullet 7$ von F_3 zu F_2 gelangen). Dies ergibt also $n(k-1)$ Möglichkeiten. Analog müssen wir für F_{k-1} eine gerichtete Kante von einer beliebigen Ecke b zu einer beliebigen Wurzel eines der $k-2$ Bäume ziehen, die b nicht enthalten. Dafür haben wir $n(k-2)$ Möglichkeiten. Fahren wir so fort, so erhalten wir

$$N^*(F_k) = n^{k-1}(k-1)!, \qquad (4)$$

und daraus mit (3) den unerwartet einfachen Zusammenhang

$$N(F_k) = n^{k-1} \qquad \text{für } \textit{jedes } F_k \in \mathcal{F}_{n,k}.$$

Für $k = n$ besteht F_n gerade aus n isolierten Ecken. $N(F_n)$ ist daher nichts anderes als die Anzahl *aller* Wurzelbäume, und wir erhalten $|\mathcal{F}_{n,1}| = n^{n-1}$, und somit Cayleys Formel. □

Wir können noch mehr aus diesem Beweis ablesen. Die Formel (4) ergibt für $k = n$:

$$\#\{\text{verfeinernde Ketten } (F_1, F_2, \ldots, F_n)\} = n^{n-1}(n-1)!. \qquad (5)$$

Für $F_k \in \mathcal{F}_{n,k}$ sei $N^{**}(F_k)$ die Anzahl der vollständigen verfeinernden Ketten, $F_1, \ldots, F_n$, deren k-tes Glied gleich F_k ist. Offenbar ist dies $N^*(F_k)$ mal die Anzahl der Möglichkeiten, die Kette $(F_{k+1}, \ldots, F_n)$ auszuwählen. Dieser letzter Ausdruck ist aber $(n-k)!$, da wir die $n-k$ Kanten von F_k auf jede beliebige Art entfernen können, und wir erhalten

$$N^{**}(F_k) = N^*(F_k)(n-k)! = n^{k-1}(k-1)!(n-k)!. \qquad (6)$$

Da dieser Ausdruck nicht von F_k abhängt, so ergibt Division von (5) durch (6) die Anzahl der Wurzelwälder mit k Komponenten:

$$|\mathcal{F}_{n,k}| = \frac{n^{n-1}(n-1)!}{n^{k-1}(k-1)!(n-k)!} = \binom{n}{k} k\, n^{n-1-k}.$$

Da wir schließlich die k Wurzeln auf $\binom{n}{k}$ möglichen Arten wählen können, so haben wir aufs Neue die Formel $T_{n,k} = k n^{n-k-1}$ bewiesen, und zwar ohne jede Induktion.

Wir wollen mit einer historischen Bemerkung schließen. Cayleys Arbeit aus dem Jahr 1889 wurde von Carl W. Borchardt (1860) vorweggenommen, was auch schon von Cayley erwähnt wurde. Ein äquivalentes Resultat erschien aber noch früher in einer Arbeit von James J. Sylvester (1857), siehe [2, Chapter 3]. Die Neuerung in Cayleys Arbeit war die Verwendung der Graphenterminologie, und der Satz wird seither mit seinem Namen verbunden.

Literatur

[1] M. AIGNER: *Combinatorial Theory,* Springer-Verlag, Berlin Heidelberg New York 1979; Reprint 1997.

[2] N. L. BIGGS, E. K. LLOYD & R. J. WILSON: *Graph Theory 1736-1936,* Clarendon Press, Oxford 1976.

[3] A. CAYLEY: *A theorem on trees,* Quart. J. Pure Appl. Math. **23** (1889), 376-378; Collected Mathematical Papers Vol. 13, Cambridge University Press 1897, 26-28.

[4] A. JOYAL: *Une théorie combinatoire des séries formelles,* Advances in Math. **42** (1981), 1-82.

[5] J. PITMAN: *Coalescent random forests,* J. Combinatorial Theory, Ser. A **85** (1999), 165-193.

[6] H. PRÜFER: *Neuer Beweis eines Satzes über Permutationen,* Archiv der Math. u. Physik (3) **27** (1918), 142-144.

[7] A. RÉNYI: *Some remarks on the theory of trees.* MTA Mat. Kut. Inst. Kozl. (Publ. math. Inst. Hungar. Acad. Sci.) **4** (1959), 73-85; Selected Papers Vol. 2, Akadémiai Kiadó, Budapest 1976, 363-374.

[8] J. RIORDAN: *Forests of labeled trees,* J. Combinatorial Theory **5** (1968), 90-103.

Vervollständigung von Lateinischen Quadraten

Kapitel 25

Eine der ältesten kombinatorischen Konfigurationen, deren Studium bis in die früheste Zeit zurückgeht, sind *Lateinische Quadrate*. Um ein Lateinisches Quadrat zu erhalten, muss man die n^2 Felder eines $(n \times n)$-Quadrats so mit den Zahlen $1, 2, \ldots, n$ füllen, dass jede Zahl genau einmal in jeder Zeile und in jeder Spalte erscheint. Mit anderen Worten, die Zeilen und Spalten sind jeweils Permutationen der Menge $\{1, \ldots, n\}$. Wir wollen die Zahl n die *Ordnung* des Lateinischen Quadrats nennen.

Hier ist das Problem, das wir studieren wollen. Angenommen, jemand hat schon einige der Felder mit Zahlen aus $\{1, 2, \ldots, n\}$ gefüllt. Unsere Aufgabe ist es nun, die freigebliebenen Felder so zu füllen, dass wir schließlich ein Lateinisches Quadrat erhalten. Wann ist das möglich? Natürlich müssen wir voraussetzen, dass zu Beginn unserer Aufgabe jedes Element *höchstens* einmal in jeder Zeile und Spalte vorkommt. Wir wollen dieser Konfiguration einen Namen geben. Wir sprechen von einem *partiellen Lateinischen Quadrat* der Ordnung n, wenn einige Felder einer $(n \times n)$-Matrix mit den Zahlen aus der Menge $\{1, \ldots, n\}$ so gefüllt sind, dass jede Zahl höchstens einmal in jeder Zeile und Spalte erscheint. Das Problem lautet also:

> *Wann kann ein partielles Lateinisches Quadrat zu einem Lateinischen Quadrat derselben Ordnung vervollständigt werden?*

Sehen wir uns einige Beispiele an. Angenommen die ersten $n-1$ Zeilen sind bereits gefüllt und nur die letzte Zeile ist noch leer. Dann können wir ganz leicht die letzte Zeile auffüllen. Man braucht nur zu beachten, dass jedes Element $n-1$ Mal in dem Lateinischen Quadrat auftaucht und daher in genau einer Spalte fehlt. Schreiben wir also jedes Element unten in die Spalte, in der es fehlt, so haben wir das Quadrat korrekt vervollständigt.

Nehmen wir nun andererseits an, dass nur die erste Zeile gefüllt ist. Dann ist es wieder leicht, das Quadrat zu vervollständigen, indem wir nämlich die Elemente zyklisch verschieben, immer um einen Schritt weiter in jeder der folgenden Zeilen.

Wir sehen also, dass in unserem ersten Beispiel die Vervollständigung erzwungen ist, während wir im zweiten Beispiel eine Vielzahl von Möglichkeiten haben. Im Allgemeinen werden wir also umso mehr Freiheit haben, das Quadrat zu vervollständigen, je weniger Felder am Anfang gefüllt sind. Der Rand zeigt allerdings ein Beispiel eines partiellen Quadrats, in dem nur n Felder gefüllt sind, das aber trotzdem nicht vervollständigt werden kann, weil die obere rechte Ecke nicht gefüllt werden kann, ohne eine Zeilen- oder Spaltenbedingung zu verletzen.

1	2	3	4
2	1	4	3
4	3	1	2
3	4	2	1

Ein Lateinisches Quadrat der Ordnung 4

1	4	2	5	3
4	2	5	3	1
2	5	3	1	4
5	3	1	4	2
3	1	4	2	5

Ein zyklisches Lateinisches Quadrat

1	2	...	n-1	
				n

Ein partielles Lateinisches Quadrat, das nicht vervollständigt werden kann

> *Angenommen, es sind weniger als n Felder in einem partiellen Lateinischen $(n \times n)$-Quadrat gefüllt, kann man es dann immer zu einem Lateinischen Quadrat vervollständigen?*

Diese Frage wurde von Trevor Evans im Jahr 1960 gestellt, und die Behauptung, dass eine Vervollständigung immer möglich ist, wurde schnell als die *Evans-Vermutung* bekannt. Natürlich wird man an Induktion denken, und schließlich war es auch Induktion, die zum Erfolg führte. Aber ganz so einfach war's nicht: Bohdan Smetaniuks Beweis von 1981, der das Problem löste, ist ein wunderbares Beispiel dafür, wie raffiniert manchmal eine Induktion entworfen werden muss, um schließlich zum Ziel zu führen. Und darüber hinaus ist der Beweis konstruktiv, er gibt ein Verfahren an, das Lateinische Quadrat explizit aus einer beliebigen vorgegebenen partiellen Konfiguration zu vervollständigen.

Bevor wir uns den Beweis vornehmen, wollen wir einen genaueren Blick auf Lateinische Quadrate im Allgemeinen werfen. Wir können ein Lateinisches Quadrat auch als eine $(3 \times n^2)$-Matrix ansehen, die man die *Zeilenmatrix* des Lateinischen Quadrats nennt. In jeder Spalte dieser Matrix steht ein Zeilenindex i, ein Spaltenindex j und das Element in der Position (i, j). Die Abbildung links zeigt ein Lateinisches Quadrat der Ordnung 3 und seine zugehörige Zeilenmatrix, wobei Z, S und E die Zeilen, Spalten und Elemente bezeichnen.

1	3	2
2	1	3
3	2	1

Z: 1 1 1 2 2 2 3 3 3
S: 1 2 3 1 2 3 1 2 3
E: 1 3 2 2 1 3 3 2 1

Die Bedingung an ein Lateinisches Quadrat ist äquivalent dazu, dass in je zwei Zeilen der Zeilenmatrix alle n^2 möglichen geordneten Paare wirklich auftreten (und daher jedes Paar genau einmal). Also dürfen wir in jeder Zeile die Symbole beliebig permutieren (was auf Permutationen der Zeilen, der Spalten oder der Elemente hinausläuft), und wir erhalten wieder ein Lateinisches Quadrat. Aber die Bedingung an die $(3 \times n^2)$-Matrix sagt uns mehr: die Elemente spielen keine spezielle Rolle. Permutieren wir die Zeilen der Matrix als Ganzes, so sind die Bedingungen an die Zeilenmatrix nach wie vor erfüllt, wir erhalten also wieder ein Lateinisches Quadrat. Permutieren wir beispielsweise die Zeilen des obigen Beispiels zyklisch $Z \longrightarrow S \longrightarrow E \longrightarrow Z$, so erhalten wir die nebenstehende Zeilenmatrix und das zugehörige Lateinische Quadrat.

1	2	3
3	1	2
2	3	1

Z: 1 3 2 2 1 3 3 2 1
S: 1 1 1 2 2 2 3 3 3
E: 1 2 3 1 2 3 1 2 3

Zwei Lateinische Quadrate, die durch eine solche Permutation verbunden sind, heißen *konjugiert*. Hier kommt nun eine wichtige Beobachtung, die den Beweis durchsichtiger macht: Ein partielles Lateinisches Quadrat entspricht offenbar einer partiellen Zeilenmatrix (jedes Paar tritt in einem Paar von Zeilen höchstens einmal auf), und jede Konjugierte eines partiellen Lateinischen Quadrats ist wieder ein partielles Lateinisches Quadrat. Insbesondere kann ein partielles Lateinisches Quadrat genau dann vervollständigt werden, wenn irgendein konjugiertes vervollständigt werden kann (wir brauchen dafür nur die Konjugierte zu vervollständigen und dann die Permutation der drei Zeilen umzukehren).

Für das Folgende benötigen wir zwei Resultate, die von Herbert J. Ryser und Charles C. Lindner stammen, und die schon lange vor Smetaniuks Satz bekannt waren. Ist ein partielles Lateinisches Quadrat von der Form, dass die ersten r Zeilen vollständig gefüllt sind und alle übrigen Felder leer sind, so sprechen wir von einem $(r \times n)$-*Lateinischen Rechteck*.

Lemma 1. *Jedes $(r \times n)$-Lateinisches Rechteck mit $r < n$ kann zu einem $(r+1 \times n)$-Lateinischen Rechteck erweitert werden.*

■ **Beweis.** Wir verwenden den Satz von Hall (aus Kapitel 22). Sei A_j die Menge der Zahlen, die *nicht* in Spalte j auftreten. Eine zulässige $(r+1)$-ste Zeile entspricht dann genau einem System von verschiedenen Vertretern für die Familie $A_1, \ldots, A_n$. Um das Lemma zu beweisen, müssen wir daher Halls Bedingung (H) verifizieren. Jede Menge A_j hat die Größe $n - r$, und jedes Element ist in genau $n - r$ Mengen A_j enthalten (da es genau r Mal im Rechteck auftritt). Je m dieser Mengen A_j enthalten daher zusammen $m(n - r)$ Elemente und somit mindestens m verschiedene, und das ist genau Bedingung (H). □

Dieses Lemma kann natürlich iterativ angewendet werden: Also kann jedes Lateinische Rechteck zu einem Lateinischen Quadrat vervollständigt werden.

Lemma 2. *Jedes partielle Quadrat der Ordnung n mit höchstens $n - 1$ gefüllten Feldern und höchstens $\frac{n}{2}$ verschiedenen Elementen kann zu einem Lateinischen Quadrat der Ordnung n vervollständigt werden.*

■ **Beweis.** Wir bringen zunächst das Problem in eine bequemere Form. Mit dem Prinzip der Konjugation, das wir oben diskutiert haben, können wir die Bedingung „höchstens $\frac{n}{2}$ verschiedene Elemente" durch die Bedingung ersetzen, dass die Einträge in höchstens $\frac{n}{2}$ Zeilen auftreten. Nun können wir die Zeilen vertauschen, also auch (absteigend) nach der Anzahl der darin gefüllten Felder sortieren. Mit anderen Worten, wir können annehmen, dass nur die ersten r Zeilen gefüllte Felder haben, und dass

$$f_1 \geq f_2 \geq \ldots \geq f_r > 0$$

gilt, wobei f_i die Anzahl der gefüllten Felder in Zeile i ist, mit $r \leq \frac{n}{2}$ und $\sum_{i=1}^{r} f_i \leq n - 1$.

Nun werden wir die Zeilen $1, \ldots, r$ Schritt für Schritt vervollständigen, bis wir ein $(r \times n)$-Rechteck erhalten, das dann nach Lemma 1 zu einem Lateinischen Quadrat erweitert werden kann.

Angenommen, wir haben die Zeilen $1, 2, \ldots, \ell - 1$ bereits voll aufgefüllt. In Zeile ℓ gibt es f_ℓ gefüllte Felder, und durch Spaltenpermutation können wir annehmen, dass diese Felder am rechten Zeilenende liegen. Die gegenwärtige Situation ist in dem Beispiel rechts (für $n = 8$, mit $\ell = 3$, $f_1 = f_2 = f_3 = 2, f_4 = 1$) illustriert. Hier markieren die dunklen Quadrate von Anfang an gefüllte Felder, die helleren zeigen jene Felder, welche während der Vervollständigung bereits gefüllt worden sind.

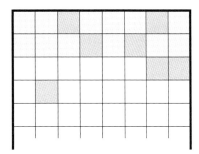

Die Vervollständigung von Zeile ℓ wird nun durch eine weitere Anwendung des Satzes von Hall erreicht, aber dieses Mal auf einigermaßen raffinierte Weise. Sei X die Menge der Elemente, die *nicht* in Zeile ℓ auftreten, also

$|X| = n - f_\ell$, und für $j = 1, \ldots, n - f_\ell$ sei A_j die Menge jener Elemente aus X, die *nicht* in Spalte j auftreten (weder oberhalb noch unterhalb von Zeile ℓ). Um also Zeile ℓ vervollständigen zu können, müssen wir Bedingung (H) für die Familie $A_1, \ldots, A_{n-f_\ell}$ verifizieren.

Zunächst behaupten wir, dass

$$n - f_\ell - \ell + 1 > \ell - 1 + f_{\ell+1} + \ldots + f_r \qquad (1)$$

gilt. Dafür unterscheiden wir drei Fälle:

Der Fall $\ell = 1$ ist klar, denn dann wird aus (1) einfach die Bedingung $\sum_{i=1}^r f_i < n$.

Im Fall $f_{\ell-1} \geq 2$ können wir $f_1 + \ldots + f_{\ell-1} \geq (\ell-1)f_{\ell-1} \geq 2(\ell-1)$ abschätzen, und damit folgt (1) auch aus $\sum_{i=1}^r f_i < n$.

Und im Fall $f_{\ell-1} = 1$ folgt $f_\ell = \ldots = f_r = 1$, damit reduziert sich (1) auf $n > 2(\ell-1) + r - \ell + 1 = r + \ell - 1$, und dies ist wegen $\ell \leq r \leq \frac{n}{2}$ richtig.

Seien nun m der Mengen A_j gegeben, $1 \leq m \leq n - f_\ell$, und sei B die Vereinigung dieser Mengen. Wieder durch Spaltenpermutation dürfen wir annehmen, dass dies die ersten m Spalten sind. Wir müssen also $|B| \geq m$ nachweisen. Mit c bezeichnen wir die Anzahl der Felder in den ersten m Spalten des Quadrats, die Elemente aus X enthalten. Es gibt höchstens $(\ell-1)m$ solche Felder oberhalb Zeile ℓ und höchstens $f_{\ell+1} + \ldots + f_r$ unterhalb Zeile ℓ, woraus

$$c \leq (\ell-1)m + f_{\ell+1} + \ldots + f_r$$

folgt. Andererseits tritt aber jedes Element $x \in X \setminus B$ in jeder der ersten m Spalten auf, es gilt also $c \geq m(|X| - |B|)$, und daher mit $|X| = n - f_\ell$

$$|B| \geq |X| - \tfrac{1}{m}c \geq n - f_\ell - (\ell-1) - \tfrac{1}{m}(f_{\ell+1} + \ldots + f_r).$$

Es folgt $|B| \geq m$, falls

$$n - f_\ell - (\ell-1) - \tfrac{1}{m}(f_{\ell+1} + \ldots + f_r) > m - 1$$

ist, das heißt, falls

$$m(n - f_\ell - \ell + 2 - m) > f_{\ell+1} + \ldots + f_r \qquad (2)$$

gilt. Für $m = 1$ und für $m = n - f_\ell - \ell + 1$ reduziert sich die Ungleichung (2) gerade auf (1). Damit folgt sie aber auch für alle Werte m zwischen 1 und $n - f_\ell - \ell + 1$, weil die linke Seite eine quadratische Funktion in m ist, mit negativem Leitkoeffizienten -1.

Es bleibt also der Fall $m > n - f_\ell - \ell + 1$. Da jedes Element $x \in X$ in höchstens r Zeilen enthalten ist, kann es in höchstens r Spalten auftreten. Wir sind jetzt aber in einem Fall, in dem

$$m > n - f_\ell - \ell + 1 = |X| - \ell + 1 > |X| - r$$

gilt — also ist x in einer der Mengen A_j enthalten. Das heißt, es gilt in diesem Fall $B = X$ und damit $m \leq n - f_\ell = |X| = |B|$, und der Beweis ist erbracht. □

Jetzt können wir endlich den Satz von Smetaniuk beweisen.

Satz. *Jedes partielle Lateinische Quadrat der Ordnung n, in dem höchstens $n-1$ Felder gefüllt sind, kann zu einem Lateinischen Quadrat derselben Ordnung vervollständigt werden.*

■ **Beweis.** Wir verwenden Induktion über n, wobei für $n \leq 2$ alles klar ist. Wir betrachten nun ein partielles Lateinisches Quadrat der Ordnung $n \geq 3$ mit höchstens $n-1$ gefüllten Feldern. Mit Bezeichnungen wie oben liegen diese in $r \leq n-1$ verschiedenen Zeilen mit den Nummern $s_1, \ldots, s_r$, wobei es in diesen $f_1, \ldots, f_r > 0$ gefüllte Felder gibt, $\sum_{i=1}^{r} f_i < n$. Nach Lemma 2 können wir annehmen, dass es mehr als $\frac{n}{2}$ verschiedene Elemente gibt; es gibt daher ein Element, das nur einmal auftritt: nach Umnummerierung und Zeilenvertauschung (wenn nötig) erreichen wir, dass das Element n nur einmal auftritt, und zwar in der Zeile s_1.

Im nächsten Schritt wollen wir die Zeilen und Spalten des partiellen Lateinischen Quadrats so vertauschen, dass danach alle gefüllten Felder unter der Diagonalen liegen — mit Ausnahme des Feldes, das mit n gefüllt ist, und das genau auf der Diagonalen liegen soll. (Die Diagonale besteht aus allen Feldern (k, k) mit $1 \leq k \leq n$.) Dies erreichen wir wie folgt: Zunächst tauschen wir die Zeile s_1 in die Position f_1. Durch Permutation der Spalten bringen wir die gefüllten Felder nach links, so dass das Element n als letztes in seiner Zeile auftritt, auf der Diagonalen. Als Nächstes bringen wir die Zeile s_2 in die Position $1 + f_1 + f_2$ und wieder die gefüllten Felder so weit nach links wie möglich. Allgemein bringen wir für $1 < i \leq r$ die Zeile s_i in die Position $1 + f_1 + f_2 + \ldots + f_i$ und die gefüllten Felder jeweils so weit nach links wie möglich. Dies ergibt offensichtlich die gewünschte Konfiguration. Die nächste Abbildung zeigt ein Beispiel dafür, mit $n = 7$: Die Zeilen $s_1 = 2$, $s_2 = 3$, $s_3 = 5$ und $s_4 = 7$ mit $f_1 = f_2 = 2$ und $f_3 = f_4 = 1$ werden in die Zeilenpositionen 2, 5, 6 und 7 getauscht, und die Spalten so nach links permutiert, dass am Ende alle Einträge außer der einen 7 unter der mit • markierten Diagonalen liegen.

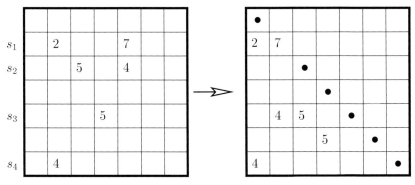

Um Induktion anwenden zu können, entfernen wir nun den Eintrag n von der Diagonalen und ignorieren die erste Zeile und die letzte Spalte (auf denen dann ohnehin keine Einträge liegen): Damit betrachten wir jetzt ein partielles Lateinisches Quadrat der Ordnung $n-1$ mit $n-2$ vorgegebenen Einträgen, das nach Induktion zu einem Lateinischen Quadrat derselben

Ordnung $n-1$ vervollständigt werden kann. Am Rand sehen wir eine (von vielen) Vervollständigungen des partiellen Lateinischen Quadrats von oben. Die ursprünglich vorgegebenen Einträge sind darin fettgedruckt. Alle Einträge unter der Diagonalen des Quadrats (im Beispiel grau hinterlegt) sind jetzt schon endgültig. Am Rest müssen wir noch Änderungen vornehmen, um das Lateinische Quadrat vervollständigen zu können.

Im nächsten Schritt sollen die Diagonalelemente des Quadrats durch n ersetzt und die dadurch gelöschten Elemente jeweils in die letzte Spalte eingetragen werden. Das geht aber nicht problemlos, weil im Allgemeinen die Diagonalelemente nicht alle verschieden sind. Deshalb gehen wir vorsichtiger vor und führen sukzessive für $k = 2, 3, \ldots, n-1$ (in dieser Reihenfolge) die folgende Operation durch:

Trage in das Feld (k, n) den Wert n ein. Dies ergibt zunächst ein korrektes partielles Lateinisches Quadrat. Nun vertausche den Wert x_k im Diagonalfeld (k, k) mit dem Wert n im Randfeld (k, n) derselben Zeile.

Wenn der Wert x_k bisher nicht in der letzten Spalte auftrat, dann ist die Arbeit für das betrachtete k erledigt. Die jetzt eingetragenen Elemente in der k-ten Spalte werden danach nicht mehr verändert.

In unserem Beispiel geht das für $k = 2, 3$ und 4 ohne Probleme, und die entsprechenden Diagonalelemente 3, 1 und 6 wandern jeweils in die letzte Spalte. Die folgenden drei Bilder zeigen jeweils diese Schritte, wobei die endgültig fixierten Elemente jeweils grau hinterlegt werden.

Nun ist der Fall zu behandeln, dass der Wert x_k in der letzten Spalte schon vorkommt. In diesem Falle verfahren wir wie folgt:

Wenn der Wert x_k auch in einem Feld (j, n) in der letzten Spalte (mit $2 \leq j < k$) steht, dann vertauschen wir auch in Zeile j den Wert x_k in der n-ten Spalte mit dem Eintrag x'_k in der k-ten Spalte. Falls der Wert x'_k ebenfalls in einem Feld (j', n) in der n-ten Spalte vorkommt, so vertauschen wir auch in der j'-ten Zeile die Werte in der n-ten und in der k-ten Spalte, und so weiter.

Bei diesem Vorgehen entstehen in den Zeilen nie zwei gleiche Einträge, weil dort immer nur Einträge vertauscht werden. In der Spalte k wird im ersten Vertauschungsschritt der (neue) Wert n eingetragen, in jedem weiteren Schritt wird immer ein Element eingetauscht, das im vorherigen Schritt gerade aus Spalte k herausgetauscht worden war.

Wir müssen jetzt noch nachweisen, dass der Austauschprozess zwischen der k-ten und der n-ten Spalte nicht in eine Endlosschleife von Wiederholungen läuft. Dies sieht man am folgenden bipartiten Graphen G: Seine Eckenmenge besteht aus den Feldern (i,k) und (j,n) mit $2 \leq i,j \leq k$, deren Elemente möglicherweise ausgetauscht werden. Eine Kante zwischen (i,k) und (j,n) gibt es, wenn die Felder in derselben Zeile liegen (also für $i = j$), oder wenn die Felder vor dem Austauschprozess mit demselben Element gefüllt sind (dann ist $i \neq j$). In der nebenstehenden Skizze sind die Kanten für $i = j$ gestrichelt, die anderen sind durchgezogen. Die Ecken in G haben alle Grad 1 oder 2. Das Feld (k,n) entspricht einer Ecke vom Grad 1; in ihr beginnt ein Weg, der auf einer horizontalen Kante in die Spalte k führt, dann möglicherweise auf einer schrägen Kante in die Spalte n zurück, dann horizontal in die Spalte k zurück, usw. Er endet in der Spalte k mit einem Wert, der in Spalte n nicht auftritt. Die Austauschoperationen, die wir durchführen, enden deshalb irgendwann damit, dass ein *neues* Element in die letzte Spalte getauscht wird. Dann schließen wir die Arbeit an Spalte k ab, und die Elemente in den Feldern (i,k) aus der k-ten Spalte ($i \geq 2$) werden endgültig fixiert.

In unserem Beispiel tritt der „Austauschfall" für $k = 5$ auf: das Element $x_5 = 3$ ist in der letzten Spalte schon vorhanden, muss also in die Spalte $k = 5$ zurückgetauscht werden. Das Austauschelement $x_5' = 6$ ist aber auch nicht neu, sondern wird durch $x_5'' = 5$ ersetzt, und die 5 ist neu:

2	7	4	1	6	5	3
5	6	7	4	2	3	1
1	2	3	7	5	4	6
6	**4**	**5**	2	3	1	7
3	1	6	**5**	4	2	
4	5	2	3	1	6	

2	7	4	1	3	5	6
5	6	7	4	2	3	1
1	2	3	7	6	4	5
6	**4**	**5**	2	7	1	3
3	1	6	**5**	4	2	
4	5	2	3	1	6	

Der Austausch für $k = 6 = n - 1$ ist schließlich unproblematisch, und die Vervollständigung zum Lateinischen Quadrat ist danach eindeutig:

2	7	4	1	3	5	6
5	6	7	4	2	3	1
1	2	3	7	6	4	5
6	**4**	**5**	2	7	1	3
3	1	6	**5**	4	2	7
4	5	2	3	1	6	

2	7	4	1	3	5	6
5	6	7	4	2	3	1
1	2	3	7	6	4	5
6	**4**	**5**	2	7	1	3
3	1	6	**5**	4	7	2
4	5	2	3	1	6	

7	3	1	6	4	2	4
2	7	4	1	3	5	6
5	6	7	4	2	3	1
1	2	3	7	6	4	5
6	**4**	**5**	2	7	1	3
3	1	6	**5**	4	7	2
4	5	2	3	1	6	7

... und dies ist auch im Allgemeinen so: in die rechte untere Ecke, in das Feld (n,n), trägt man den Wert n ein, und danach kann die erste Zeile mit den jeweils fehlenden Elementen aufgefüllt werden (siehe Lemma 1), und der Beweis ist vollständig. Um explizit an die Vervollständigung des ursprünglich vorgegebenen partiellen Lateinischen Quadrats der Ordnung n zu kommen, müssen wir nun nur noch die Element-, Zeilen- und Spaltenvertauschungen aus den ersten beiden Schritten des Beweises rückgängig machen. □

Literatur

[1] T. EVANS: *Embedding incomplete Latin squares,* Amer. Math. Monthly **67** (1960), 958-961.

[2] C. C. LINDNER: *On completing Latin rectangles,* Canadian Math. Bulletin **13** (1970), 65-68.

[3] H. J. RYSER: *A combinatorial theorem with an application to Latin rectangles,* Proc. Amer. Math. Soc. **2** (1951), 550-552.

[4] B. SMETANIUK: *A new construction on Latin squares I: A proof of the Evans conjecture,* Ars Combinatoria **11** (1981), 155-172.

Das Dinitz-Problem Kapitel 26

Das Vier-Farben-Problem hatte einen bedeutenden Einfluss auf die Entwicklung der Graphentheorie, wie wir sie heute kennen [1], und Färbungen sind nach wie vor ein Lieblingsthema vieler Graphentheoretiker. Hier ist ein Färbungsproblem, das Jeff Dinitz im Jahr 1978 gestellt hat. Es klingt ganz einfach und widerstand dennoch allen Bemühungen — bis zu seiner erstaunlich einfachen Lösung durch Fred Galvin fünfzehn Jahre später.

> *Angenommen, wir haben für jedes der n^2 Felder eines $(n \times n)$-Quadrats eine Menge von n Farben zur Verfügung.*
> *Ist es dann immer möglich, so jedem Feld eine seiner n Farben zuzuweisen, dass keine zwei Felder in derselben Zeile oder Spalte dieselbe Farbe erhalten?*

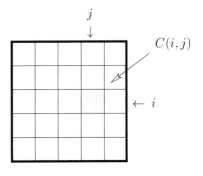

Im Folgenden wollen wir mit (i, j) das Feld in Zeile i und Spalte j bezeichnen und mit $C(i, j)$ die zugehörige Menge von n Farben.

Betrachten wir zunächst den Spezialfall, wenn alle Farbmengen $C(i, j)$ gleich sind, zum Beispiel $\{1, 2, \ldots, n\}$. In diesem Fall ist das Dinitz-Problem zur folgenden Aufgabe äquivalent: Man fülle das $(n \times n)$-Quadrat mit den Zahlen $1, 2, \ldots, n$ auf solche Weise, dass in jeder Zeile und Spalte alle Zahlen verschieden sind. Solche Färbungen entsprechen gerade den Lateinischen Quadraten aus dem letzten Kapitel. In diesem Fall ist die Antwort auf unsere Frage also Ja.

Da dieser Spezialfall so leicht ist, warum sollte es dann im allgemeinen Fall schwieriger werden, wenn die Menge $C := \bigcup_{i,j} C(i,j)$ sogar mehr als n Farben enthalten kann? Die Schwierigkeit rührt daher, dass nicht jede Farbe von C in jedem Feld zur Verfügung steht. Während beispielsweise im Fall eines Lateinischen Quadrats offensichtlich jede beliebige Permutation der Farben für die erste Zeile gewählt werden kann, ist dies im allgemeinen Fall nicht mehr möglich. Schon der Fall $n = 2$ weist auf diese Schwierigkeit hin: Wenn wir in dem Beispiel rechts am Rand die Farben 1 und 2 für die erste Zeile wählen, so gibt es in der zweiten Zeile ein Problem, weil wir die Farbe 3 für beide Felder nehmen müssten.

Bevor wir uns dem Dinitz-Problem zuwenden, wollen wir die Situation in die Sprache der Graphentheorie übersetzen. Wie üblich betrachten wir nur Graphen $G = (V, E)$ ohne Schlingen und mehrfache Kanten. Sei $\chi(G)$ die *chromatische Zahl* des Graphen G, also die kleinste Zahl von Farben, mit denen wir die Ecken so färben können, dass benachbarte Ecken stets verschiedene Farben erhalten.

Jede zulässige Färbung induziert eine Aufteilung der Eckenmenge von V in Klassen („gefärbt mit derselben Farbe"), so dass zwischen den Ecken einer Klasse keine Kanten auftreten. Wir nennen eine Menge $A \subseteq V$ *unabhängig*, wenn es keine Kanten zwischen Ecken in A gibt. Damit ist die chromatische Zahl die kleinste Anzahl von unabhängigen Mengen, in die die Eckenmenge V zerlegt werden kann.

Im Jahr 1976 wurde von Vizing, und drei Jahre später auch von Erdős, Rubin und Taylor, die folgende Variante des Färbungsproblems studiert, die uns geradewegs zum Dinitz-Problem führt: Angenommen, im Graphen $G = (V, E)$ ist für jede Ecke v eine Menge $C(v)$ von Farben gegeben. Eine *Listenfärbung* ist eine Färbung $c : V \longrightarrow \bigcup_{v \in V} C(v)$, die die Bedingung $c(v) \in C(v)$ für jedes $v \in V$ erfüllt. Die Definition der *listenchromatischen Zahl* $\chi_\ell(G)$ liegt nun nahe: Sie ist die kleinste Zahl k, so dass für *jede* Liste von Farbmengen $C(v)$, mit $|C(v)| = k$ für alle $v \in V$, immer eine Listenfärbung existiert. Natürlich haben wir $\chi_\ell(G) \leq |V|$. Eine gewöhnliche Färbung ist also genau der Spezialfall, dass alle Mengen $C(v)$ gleich sind. Deshalb gilt für alle Graphen G

$$\chi(G) \leq \chi_\ell(G).$$

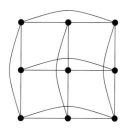

Der Graph S_3

Um zum Dinitz-Problem zu kommen, betrachten wir den Graphen S_n, der als Eckenmenge die n^2 Felder unseres $(n \times n)$-Quadrats hat, wobei zwei Felder genau dann benachbart sind, wenn sie in derselben Zeile oder Spalte auftreten.

Da alle Felder in einer Zeile benachbart sind, brauchen wir jedenfalls mindestens n Farben. Dabei entspricht jede Färbung mit n Farben genau einem Lateinischen Quadrat, wobei die Felder, die dieselbe Zahl enthalten, jeweils eine Farbklasse bilden. Da Lateinische Quadrate, wie wir gesehen haben, für alle n existieren, schließen wir $\chi(S_n) = n$, und das Dinitz-Problem kann nun als

$$\chi_\ell(S_n) = n\,?$$

formuliert werden.

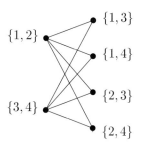

Man könnte vielleicht glauben, dass $\chi(G) = \chi_\ell(G)$ für jeden Graphen G gilt, aber dies ist keineswegs richtig. Betrachten wir den Graphen $K_{2,4}$, der links dargestellt ist. Seine chromatische Zahl ist 2, da wir eine Farbe für die zwei linken Ecken verwenden können und die zweite Farbe für die vier Ecken auf der rechten Seite. Nehmen wir nun an, dass die Farblisten durch die Zeichnung am Rand gegeben sind. Für eine Färbung der beiden linken Ecken haben wir dann die vier Möglichkeiten 1|3, 1|4, 2|3 und 2|4, aber jedes dieser Paare erscheint als eine Farbmenge auf der rechten Seite, also ist eine Listenfärbung mit den angegebenen Farblisten nicht möglich. Es folgt $\chi_\ell(G) \geq 3$, und der Leser kann sich leicht überzeugen, dass tatsächlich $\chi_\ell(G) = 3$ gilt (dafür ist es ist nicht nötig, alle Möglichkeiten auszuprobieren!). Durch Verallgemeinerung dieses Beispieles ist es ganz einfach, Graphen G zu finden, für die $\chi(G) = 2$ gilt, $\chi_\ell(G)$ aber

Das Dinitz-Problem

beliebig groß ist! Das Listenfärbungsproblem ist also nicht so leicht, wie es zunächst scheint.

Kehren wir zum Dinitz-Problem zurück. Einen wichtigen Schritt auf dem Weg zu seiner Lösung hat Jeanette Janssen im Jahr 1992 getan, als sie $\chi_\ell(S_n) \leq n + 1$ bewies, und den *coup de grâce* hat Fred Galvin 1995 durch eine geniale Kombination zweier Resultate geliefert, die damals beide längst bekannt waren. Wir wollen also zunächst diese beiden Resultate besprechen und dann zeigen, wie die Formel $\chi_\ell(S_n) = n$ aus ihnen folgt.

Zunächst ein paar Bezeichnungen. Wie immer sei $d(v)$ der Grad der Ecke v. In unserem Quadratgraphen S_n hat jede Ecke Grad $2n - 2$, weil sie zu je $n - 1$ weiteren Ecken in derselben Zeile und in derselben Spalte benachbart ist. Für eine Teilmenge $A \subseteq V$ sei G_A der Untergraph, der A als Eckenmenge hat und alle Kanten von G zwischen Ecken von A enthält. Wir nennen G_A den von A induzierten Untergraphen, und sagen, dass H ein *induzierter Untergraph* von G ist, falls $H = G_A$ für ein gewisses A (nämlich die Eckenmenge von H) ist.

In unserem ersten Resultat geht es um *gerichtete Graphen* $\vec{G} = (V, E)$, also um Graphen, in denen jede Kante e eine Richtung hat. Die Bezeichnung $e = (u, v)$ verwenden wir für eine Kante e mit Anfangsecke u und Endecke v. Eine solche Kante werden wir auch als $u \longrightarrow v$ notieren. Wir können daher vom *Aus-Grad* $d^+(v)$ bzw. *Ein-Grad* $d^-(v)$ sprechen, wobei $d^+(v)$ die Anzahl der Kanten mit v als Anfangsecke zählt, und analog für $d^-(v)$; offenbar gilt $d^+(v) + d^-(v) = d(v)$. Wenn wir G schreiben, so meinen wir den Graphen $\vec{G}$ ohne die Kantenrichtungen.

Der folgende Begriff hat seinen Ursprung in der Spieltheorie und wird eine entscheidende Rolle in unserer Diskussion spielen.

Definition 1. Sei $\vec{G} = (V, E)$ ein gerichteter Graph. Ein *Kern* $K \subseteq V$ ist eine Teilmenge der Ecken, für die gilt:

(i) K ist unabhängig in G, und

(ii) für jede Ecke $u \notin K$ existiert eine Ecke $v \in K$ mit $u \longrightarrow v$.

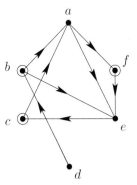

Sehen wir uns das Beispiel am Rand an. Die Menge $\{b, c, f\}$ stellt einen Kern dar, während der von $\{a, c, e\}$ induzierte Untergraph offenbar keinen Kern besitzt.

Mit diesen Vorbereitungen können wir das erste Resultat formulieren.

Lemma 1. *Sei $\vec{G} = (V, E)$ ein gerichteter Graph, und für jede Ecke $v \in V$ sei eine Farbmenge $C(v)$ gegeben, die größer ist als der Aus-Grad, $|C(v)| \geq d^+(v) + 1$. Besitzt jeder induzierte Untergraph von $\vec{G}$ einen Kern, so existiert eine Listenfärbung von G mit einer Farbe aus $C(v)$ für jedes v.*

■ **Beweis.** Wir verwenden Induktion über $|V|$. Für $|V| = 1$ gibt es nichts zu beweisen. Wir wählen eine Farbe $c \in C = \bigcup_{v \in V} C(v)$ und setzen

$$A(c) := \{v \in V : c \in C(v)\}.$$

Nach Voraussetzung besitzt der induzierte Untergraph $G_{A(c)}$ einen Kern $K(c)$. Nun färben wir alle $v \in K(c)$ mit der Farbe c (das ist möglich, da $K(c)$ unabhängig ist) und entfernen $K(c)$ aus G und c aus C. Es sei G' der induzierte Untergraph von G auf $V \setminus K(c)$ mit $C'(v) = C(v) \setminus c$ als neue Liste von Farbmengen. Man beachte, dass für jedes $v \in A(c) \setminus K(c)$ der Aus-Grad $d^+(v)$ sich um mindestens 1 verringert hat (wegen Bedingung (ii) in der Definition eines Kerns). Somit ist die Voraussetzung $d^+(v) + 1 \leq |C'(v)|$ in $\vec{G}'$ nach wie vor gültig. Dieselbe Bedingung ist auch für die Ecken außerhalb $A(c)$ erfüllt, da in diesem Fall die Farbmengen $C(v)$ unverändert sind. Der neue Graph G' hat weniger Ecken als G, und der Beweis folgt mit Induktion. □

Die Methode zum Beweis des Dinitz-Vermutung liegt nun auf der Hand: Wir müssen Kantenrichtungen für den Graphen S_n finden, für die alle Aus-Grade $d^+(v) \leq n - 1$ sind und die die Existenz eines Kerns für alle induzierten Untergraphen sichern. Dies erreichen wir mit unserem zweiten Resultat.

Wieder benötigen wir dafür einige Vorbereitungen. Wir erinnern uns (aus Kapitel 8), dass ein *bipartiter* Graph $G = (X \cup Y, E)$ ein Graph mit der folgenden Eigenschaft ist: Die Eckenmenge zerfällt in zwei Teile X und Y, so dass jede Kante eine Endecke in X hat und die andere in Y. Mit anderen Worten, die bipartiten Graphen sind genau jene Graphen, die mit zwei Farben gefärbt werden können (eine Farbe für X und eine für Y).

Nun kommen wir zu einem wichtigen Begriff mit einer sehr menschlichen Interpretation, dem eines „stabilen Matchings". Ein *Matching* M in einem bipartiten Graphen $G = (X \cup Y, E)$ ist eine Menge von Kanten, so dass keine zwei Kanten in M eine gemeinsame Endecke haben. In dem Graphen der Abbildung links bilden die fettgedruckten Kanten ein Matching.

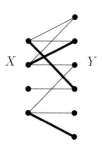

Ein bipartiter Graph mit einem Matching

Wir betrachten nun X als eine Menge von Männern und Y als eine Menge von Frauen und interpretieren eine Kante $uv \in E$ so, dass u und v einer Heirat nicht abgeneigt wären. Ein Matching ist dann eine Massenhochzeit ohne Bigamie. Für unsere Zwecke benötigen wir aber eine genauere (und auch realistischere?) Version eines Matchings, die zuerst von David Gale und Lloyd S. Shapley vorgeschlagen wurde. Im wirklichen Leben hat jede Person ihre Präferenzen, und diese Beobachtung wollen wir nun aufgreifen. Wir nehmen an, dass es für jedes $v \in X \cup Y$ eine Rangfolge der Menge $N(v)$ der Nachbarecken von v gibt,

$$N(v) = \{z_1 > z_2 > \ldots > z_{d(v)}\}.$$

Das heißt, z_1 ist die erste Wahl von v, gefolgt von z_2, und so fort.

Definition 2. Ein Matching M von $G = (X \cup Y, E)$ heißt *stabil*, wenn die folgende Bedingung erfüllt ist: Wann immer $uv \in E \setminus M$ ist, $u \in X$, $v \in Y$, dann gilt entweder $uy \in M$ mit $y > v$ in $N(u)$ oder $xv \in M$ mit $x > u$ in $N(v)$, oder beides.

In unserer menschlichen Interpretation ist also eine Menge von Hochzeiten stabil, wenn es niemals vorkommt, dass u und v nicht verheiratet sind,

Das Dinitz-Problem

aber u die Person v seiner Partnerin vorzieht, falls er eine Partnerin hat, und ebenso v die Person u ihrem eventuellen Partner, was offensichtlich eine heikle Situation darstellen würde.

Bevor wir unser zweites Resultat beweisen, wollen wir uns die Situation anhand des folgenden Beispiels vor Augen führen:

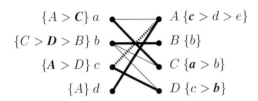

Die fetten Kanten bilden ein stabiles Matching. In jeder Prioritätenliste ist die Wahl, die zu einer stabilen Hochzeit führt, fett gedruckt.

Man beachte, dass es in diesem Beispiel ein eindeutig größtes Matching M mit vier Kanten gibt, $M = \{aC, bB, cD, dA\}$, aber M ist nicht stabil (man betrachte cA):

Lemma 2. *Es gibt immer ein stabiles Matching.*

■ **Beweis.** Wir verwenden den folgenden Algorithmus. In der ersten Phase halten alle Männer $u \in X$ um die Hand der Dame ihrer ersten Wahl an. Falls eine Frau mehr als einen Antrag erhält, so wählt sie daraus ihren persönlichen Favoriten aus und setzt ihn in ihr Vorzimmer. Falls sie nur von einem Mann einen Antrag erhält, so setzt sie den in ihr Vorzimmer. Die übrigbleibenden Männer werden abgewiesen und bilden die Kandidatenmenge K. In der zweiten Phase stellen alle Männer aus K ihren nächstbesten Antrag. Die Frauen vergleichen die Männer, die ihnen Anträge gestellt haben (untereinander, und mit dem, der gegebenenfalls in ihrem Vorzimmer sitzt), wählen daraus ihren Favoriten und setzen ihn ins Vorzimmer. Der Rest wird abgewiesen und bildet die neue Kandidatenmenge K. Nun stellen wieder die Männer aus K einen Antrag an die Frauen ihrer nächsten Wahl, und so fort. Ein Mann, der einen Antrag der Frau seiner letzten Wahl gestellt hat und wieder abgewiesen wird, fällt aus den weiteren Betrachtungen heraus (ebenso wie aus der Kandidatenmenge). Offensichtlich ist irgendwann die Kandidatenmenge K leer, und in diesem Augenblick stoppt der Algorithmus.

Behauptung. *Am Ende des Algorithmus bilden die Männer in den Vorzimmern zusammen mit den zugehörigen Frauen ein stabiles Matching.*

Wir beobachten zunächst, dass im Vorzimmer jeder Frau die Männer „immer besser werden": sie können nur durch Nachfolger mit grösserer Präferenz (der Frau) abgelöst werden, da diese in jeder Runde die neuen Anträge mit dem bisherigen Vorzimmer-Kandidaten vergleicht und daraus den neuen Favoriten kürt. Wenn also $uv \in E$ ist, aber $uv \notin M$, so hat der Mann u entweder niemals einen Antrag an die Frau v gestellt, in welchem Fall er einen besseren Partner gefunden hat, bevor er jemals zu v gekommen ist, was $uy \in M$ mit $y > v$ in $N(u)$ impliziert; oder u hat einen Antrag an v gestellt, war aber abgewiesen worden, woraus $xv \in M$ mit $x > u$ in $N(v)$ folgt. Und dies ist genau die Bedingung für ein stabiles Matching. □

Kombinieren wir nun die Lemmas 1 und 2, so erhalten wir Galvins Lösung des Dinitz-Problems.

Satz. *Es gilt* $\chi_\ell(S_n) = n$ *für alle* n.

■ **Beweis.** Wie zuvor bezeichnen wir die Ecken von S_n mit (i, j), für $1 \leq i, j \leq n$. Die Ecken (i, j) und (r, s) sind also genau dann benachbart, wenn $i = r$ ist oder $j = s$. Nun nehmen wir irgendein Lateinisches Quadrat L mit Elementen aus $\{1, 2, \ldots, n\}$ und bezeichnen mit $L(i, j)$ den Eintrag im Feld (i, j). Als Nächstes machen wir aus S_n einen gerichteten Graphen $\vec{S}_n$, indem wir die horizontalen Kanten $(i, j) \longrightarrow (i, j')$ richten, wenn $L(i, j) < L(i, j')$ ist und die vertikalen Kanten $(i, j) \longrightarrow (i', j)$, falls $L(i, j) > L(i', j)$ ist. Wir richten also die horizontalen Kanten vom kleineren zum größeren Element, und die vertikalen Kanten vom größeren zum kleineren. (Der Rand enthält ein Beispiel für $n = 3$.)

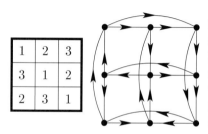

Nun gilt $d^+(i, j) = n - 1$ für alle (i, j): Ist nämlich $L(i, j) = k$, so enthalten $n - k$ Felder in Zeile i einen größeren Eintrag als k, und $k - 1$ Felder in Spalte j einen kleineren Eintrag als k.

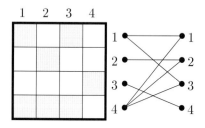

Nach Lemma 1 bleibt zu zeigen, dass jeder induzierte Untergraph von $\vec{S}_n$ einen Kern besitzt. Sei $A \subseteq V$ gegeben und X die Menge der Zeilen von L, und Y die Menge der Spalten. Der Menge A ordnen wir den bipartiten Graphen $G = (X \cup Y, A)$ zu, in dem jedes $(i, j) \in A$ durch die Kante ij mit $i \in X$, $j \in Y$ repräsentiert wird. In dem Beispiel am Rand sind die Felder von A grau gezeichnet.

Die Kantenrichtungen auf S_n induzieren auf natürliche Weise eine Rangfolge auf den Nachbarschaften in $G = (X \cup Y, A)$, indem wir $j' > j$ in $N(i)$ setzen, falls $(i, j) \longrightarrow (i, j')$ in $\vec{S}_n$ gilt, und $i' > i$ in $N(j)$, falls $(i, j) \longrightarrow (i', j)$ ist. Nach Lemma 2 besitzt $G = (X \cup Y, A)$ ein stabiles Matching M. Dieses Matching M ist, als Teilmenge von A, unser gewünschter Kern! Um das zu sehen, erkennen wir zuerst, dass M in A unabhängig ist, da die Kanten von M in $G = (X \cup Y, A)$ keine Endecke i oder j gemeinsam haben. Zweitens, falls $(i, j) \in A \setminus M$ gilt, so existiert nach Definition eines stabilen Matchings entweder $(i, j') \in M$ mit $j' > j$ oder $(i', j) \in M$ mit $i' > i$, was für $\vec{S}_n$ genau $(i, j) \longrightarrow (i, j') \in M$ oder $(i, j) \longrightarrow (i', j) \in M$ bedeutet, und der Beweis ist vollständig. □

Wir wollen zum Abschluss noch ein wenig weiter gehen. Der Leser hat vielleicht bemerkt, dass der Graph S_n durch eine ganz einfache Konstruktion aus dem vollständigen bipartiten Graphen entsteht: Ausgangspunkt ist der vollständige bipartite Graph $K_{n,n}$, mit $|X| = |Y| = n$ und *allen* Kanten zwischen X und Y. Nun betrachten wir die Kanten von $K_{n,n}$ als die Ecken eines neuen Graphen, in dem wir zwei solche Ecken genau dann verbinden, wenn sie als Kanten in $K_{n,n}$ eine gemeinsame Endecke haben. Auf diese Weise erhalten wir offenbar den Quadratgraphen S_n. Wir sagen, dass S_n der *Kantengraph* von $K_{n,n}$ ist. Wir können nun dieselbe Konstruktion für einen beliebigen Graphen G vornehmen; der resultierende Graph heißt dann der *Kantengraph* $L(G)$ von G. Mit diesen Bezeichnungen ist also $S_n = L(K_{n,n})$.

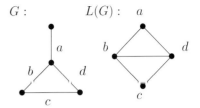

Konstruktion eines Kantengraphen

Allgemein ist H ein *Kantengraph*, falls $H = L(G)$ gilt, für einen Graphen G. Natürlich ist nicht jeder Graph ein Kantengraph; ein Beispiel dafür ist der $K_{2,4}$, den wir schon früher betrachtet haben — und für diesen Graphen haben wir $\chi(K_{2,4}) < \chi_\ell(K_{2,4})$ gesehen. Aber was ist, wenn H ein Kantengraph *ist*? Mit einem ganz ähnlichen Beweis wie oben kann gezeigt werden, dass $\chi(H) = \chi_\ell(H)$ immer gilt, wenn H der Kantengraph eines *bipartiten* Graphen ist, und die Methode könnte durchaus noch ein Stück weiter führen auf dem Weg zur Lösung der bedeutendsten Vermutung in diesem Gebiet:

Gilt $\chi(H) = \chi_\ell(H)$ *für jeden Kantengraphen H?*

Über diese Vermutung ist wenig bekannt und die Dinge sehen einigermaßen kompliziert aus — aber so war es ja auch vor zwanzig Jahren mit dem Dinitz-Problem.

Literatur

[1] M. AIGNER: *Graphentheorie. Eine Entwicklung aus dem 4-Farben Problem*, Teubner, Stuttgart 1984.

[2] P. ERDŐS, A. L. RUBIN & H. TAYLOR: *Choosability in graphs*, Proc. West Coast Conference on Combinatorics, Graph Theory and Computing, Congressus Numerantium **26** (1979), 125-157.

[3] D. GALE & L. S. SHAPLEY: *College admissions and the stability of marriage*, Amer. Math. Monthly **69** (1962), 9-15.

[4] F. GALVIN: *The list chromatic index of a bipartite multigraph*, J. Combinatorial Theory, Ser. B **63** (1995), 153-158.

[5] J. C. M. JANSSEN: *The Dinitz problem solved for rectangles*, Bulletin Amer. Math. Soc. **29** (1993), 243-249.

[6] V. G. VIZING: *Coloring the vertices of a graph in prescribed colours (in Russian)*, Metody Diskret. Analiz. **101** (1976), 3-10.

Graphentheorie

27
Ein Fünf-Farben-Satz *203*

28
Die Museumswächter *207*

29
Der Satz von Turán *211*

30
Kommunikation ohne Fehler *217*

31
Von Freunden und Politikern *229*

32
Die Probabilistische Methode *233*

„Der vier-färbende Geograph"

Ein Fünf-Farben-Satz Kapitel 27

Ebene Graphen und ihre Färbungen sind seit den Anfängen der Graphentheorie ein Gegenstand intensiver Forschungen gewesen, hauptsächlich wegen ihrer Beziehung zum Vier-Farben-Problem. In seiner ursprünglichen Formulierung fragte das Vier-Farben-Problem, ob es immer möglich ist, die Gebiete einer ebenen Karte so mit vier Farben zu färben, dass Gebiete mit einer gemeinsamen Grenze (und nicht nur einem Grenzpunkt) immer verschiedene Farben erhalten. Die Zeichnung zur Rechten zeigt, dass das Färben der Gebiete wirklich dieselbe Aufgabe ist wie das Färben der Ecken eines ebenen Graphen. Wie in Kapitel 10 (Seite 67) platzieren wir dafür einen Punkt ins Innere jedes Gebietes (inklusive des äußeren Gebietes), und wenn zwei Gebiete ein Stück Grenze gemeinsam haben, dann verbinden wir die entsprechenden Ecken durch eine Kante, die die gemeinsame Grenze überquert.

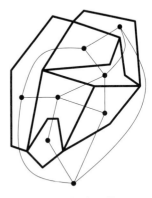

Der Dualgraph einer Karte

Der so konstruierte Graph G, der *Dualgraph* der Karte M, ist dann ein ebener Graph, und das Färben der Ecken von G im üblichen Sinne ist dasselbe wie das Färben der Gebiete von M. Deshalb kann man sich auf das Ecken-Färben von ebenen Graphen konzentrieren, und wir werden dies von nun an auch tun. Dabei kann man auch annehmen, dass G keine Schlingen oder Vielfachkanten hat, weil diese für das Färben nicht relevant sind.

Auf dem langen und steinigen Weg zur Lösung des Vier-Farben-Problems gab es viele schöne elementare Ideen. Der vollständige Beweis, den Appel und Haken 1976 und Robertson, Sanders, Seymour und Thomas 1997 in verbesserter Form gaben, reizte aber neben elementaren und teilweise sehr alten Ideen (aus dem neunzehnten Jahrhundert) auch die Möglichkeiten von massivem Computereinsatz voll aus. Fünfundzwanzig Jahre nach dem ursprünglichen Beweis hat sich die Situation nicht wesentlich geändert, und kein Beweis aus dem BUCH ist in Sicht.

Also sind wir etwas bescheidener, und fragen zunächst nach einem hübschen Beweis dafür, dass jeder ebene Graph 5-färbbar ist. Einen Beweis für diesen Fünf-Farben-Satz hatte Heawood schon zu Ende des 19. Jahrhunderts angegeben. Das wesentlichste Hilfsmittel für seinen Beweis (und auch für den Vier-Farben-Satz) war die Eulersche Formel (siehe Kapitel 10). Wir dürfen annehmen, dass der Graph G, den wir färben wollen, zusammenhängend ist, anderenfalls färben wir seine Komponenten unabhängig voneinander. Ein ebener Graph zerlegt die Ebene in eine Menge R von Gebieten (eines davon ist das äußere, unbeschränkte Gebiet). Die Eulersche Formel für ebene, zusammenhängende Graphen $G = (V, E)$ besagt

$$|V| - |E| + |R| = 2.$$

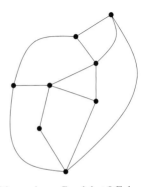

Dieser ebene Graph hat 8 Ecken, 13 Kanten und 7 Gebiete.

Zum Aufwärmen wollen wir uns ansehen, wie aus der Eulerschen Formel unmittelbar die 6-Färbbarkeit von ebenen Graphen folgt. Dafür verwenden wir Induktion über die Anzahl n der Ecken. Für kleine Werte von n (insbesondere für $n \leq 6$) ist die Aussage offensichtlich.

Teil (A) der Proposition auf Seite 69 besagt, dass G eine Ecke v vom Grad höchstens 5 hat. Nun entfernen wir v und alle Kanten, die mit v inzidieren. Dies ergibt einen ebenen Graphen $G' = G\backslash v$ mit $n-1$ Ecken. Nach Induktion hat dieser eine 6-Färbung. Da v höchstens fünf Nachbarn in G hatte, werden auch höchstens fünf Farben für die Nachbarn in einer Färbung von G' verwendet. Also können wir jede 6-Färbung von G' zu einer 6-Färbung von G erweitern, indem wir v einfach eine Farbe zuweisen, die für seine Nachbarn in der Färbung von G' nicht verwendet wurde. Damit ist auch G 6-färbbar.

Nun betrachten wir die listen-chromatische Zahl von ebenen Graphen, die schon in dem Kapitel über das Dinitz-Problem auftrat. Offensichtlich funktioniert unsere Methode zur 6-Färbung auch für Listen (die Farben gehen uns nie aus), also gilt auch $\chi_\ell(G) \leq 6$ für jeden ebenen Graphen G. Erdős, Rubin und Taylor vermuteten 1979, dass jeder ebene Graph höchstens die listen-chromatische Zahl 5 hat, dass es aber auch ebene Graphen G gibt mit $\chi_\ell(G) > 4$. In beiden Punkten hatten sie Recht. Margit Voigt hat als erste ein Beispiel eines ebenen Graphen G mit $\chi_\ell(G) = 5$ konstruiert (ihr Beispiel hatte 238 Ecken), und ungefähr zur selben Zeit hat Carsten Thomassen einen wirklich erstaunlichen Beweis der 5-Listenfärbungs-Vermutung gefunden. Sein Beweis ist ein beeindruckendes Beispiel dafür, wie effektiv Induktionsbeweise sein können, wenn man nur die richtige Induktionsbehauptung dafür findet. Der Beweis benötigt nicht einmal die Eulersche Formel!

Satz. *Alle ebenen Graphen G können 5-listengefärbt werden:*
$$\chi_\ell(G) \leq 5.$$

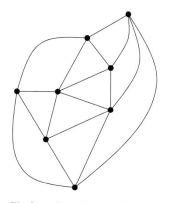

Ein fast-triangulierter ebener Graph

■ **Beweis.** Zunächst bemerken wir, dass das Hinzufügen von Kanten die (listen-)chromatische Zahl nur vergrößern kann. Anders gesagt, wenn H ein Untergraph von G ist, dann gilt sicherlich $\chi_\ell(H) \leq \chi_\ell(G)$. Also dürfen wir annehmen, dass G zusammenhängend ist, und dass alle beschränkten Gebiete einer Einbettung durch Dreiecke begrenzt werden, während das unbeschränkte Gebiet durch einen Kreis begrenzt wird, der auch mehr als drei Ecken haben darf. Wir nennen einen solchen Graphen *fast-trianguliert*. Beim Beweis des Satzes können wir uns also auf fast-triangulierte Graphen beschränken.

Der Trick des Beweises besteht nun darin, die folgende stärkere Aussage nachzuweisen, für die dann Induktion verwendet werden kann:

Sei $G = (V, E)$ ein fast-triangulierter Graph, und sei B der Kreis, der das unbeschränkte Gebiet begrenzt. Wir machen folgende Annahmen über die Farblisten $C(v)$, $v \in V$:

(1) *Zwei benachbarte Ecken x, y von B sind bereits mit (verschiedenen) Farben α und β gefärbt.*

(2) *$|C(v)| \geq 3$ für alle anderen Ecken v of B.*

(3) *$|C(v)| \geq 5$ für alle Ecken v im Inneren.*

Dann kann die Färbung von x und y durch Auswahl aus den vorgegebenen Farblisten zu einer gültigen Färbung von G fortgesetzt werden.

Für $|V| = 3$ ist dies offensichtlich, weil für die einzige nicht gefärbte Ecke v ja $|C(v)| \geq 3$ Farben zur Verfügung stehen, eine davon „passt also". Nun verwenden wir Induktion.

Fall 1: Nehmen wir an, dass B eine Sehne hat, also eine Kante, die nicht zu B gehört, aber zwei Ecken $u, v \in B$ verbindet. Der Untergraph G_1, der durch $B_1 \cup \{uv\}$ begrenzt wird und die Ecken x, y, u und v enthält, ist fast-trianguliert, und hat damit nach Induktion eine Listenfärbung. Nehmen wir nun an, dass durch diese Listenfärbung den Ecken u und v die Farben γ und δ zugewiesen werden. Dann betrachten wir die andere Hälfte G_2 des Graphen, die durch B_2 und uv begrenzt ist. Wenn wir nun u, v als schon eingefärbt betrachten, dann sind alle Induktionsannahmen auch für G_2 erfüllt. Also kann G_2 aus den zur Verfügung stehenden Farben 5-listengefärbt werden, und damit gilt dasselbe auch für G.

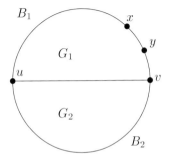

Fall 2: Nehmen wir an, dass B keine Sehne hat. Auf B hat die α-gefärbte Ecke x zwei Nachbarn: die eine ist die β-gefärbte Ecke y, die andere sei v_0. Seien weiter $x, v_1, \ldots, v_t, w$ die Nachbarn von v_0. Da G fast-trianguliert ist, befinden wir uns in der Situation der Zeichnung am Rand.

Wir erhalten nun einen fast-triangulierten Graphen $G' = G \setminus v_0$, wenn wir aus G die Ecke v_0 entfernen, zusammen mit allen Kanten, die von v_0 ausgehen. Dieser Graph G' wird von dem Kreis $B' = (B \setminus v_0) \cup \{v_1, \ldots, v_t\}$ begrenzt. Da $|C(v_0)| \geq 3$ nach Annahme (2) gilt, gibt es zwei Farben γ, δ in $C(v_0)$, die von α verschieden sind. Nun ersetzen wir die Farblisten $C(v_i)$ durch $C(v_i) \setminus \{\gamma, \delta\}$, während die Farblisten für alle anderen Ecken von G' nicht verändert werden. Dann erfüllt G' offenbar alle Induktionsannahmen, und ist deshalb nach Induktion 5-listenfärbbar. Da wir dabei höchstens eine der beiden Farben γ und δ für w benötigen, können wir die andere für v_0 verwenden, und dies erweitert die Listenfärbung von G' auf G. □

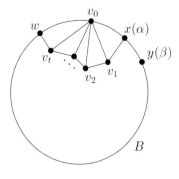

Damit ist der 5-Listenfärbungs-Satz bewiesen, aber die Geschichte ist noch nicht zu Ende. Eine stärkere Vermutung behauptete nämlich, dass die Listenfärbungszahl eines ebenen Graphen G höchstens um 1 größer sein kann als die gewöhnliche chromatische Zahl:

Gilt $\chi_\ell(G) \leq \chi(G) + 1$ für jeden ebenen Graphen G?

Weil $\chi(G) \leq 4$ nach dem Vier-Farben-Satz gilt, gibt es drei Fälle:

Fall I: $\chi(G) = 2 \implies \chi_\ell(G) \leq 3$
Fall II: $\chi(G) = 3 \implies \chi_\ell(G) \leq 4$
Fall III: $\chi(G) = 4 \implies \chi_\ell(G) \leq 5$.

Der Satz von Thomassen erledigt Fall III, und Fall I wurde durch ein trickreiches (und sehr viel komplizierteres) Argument von Alon und Tarsi bewiesen. Andererseits gibt es auch ebene Graphen G mit $\chi(G) = 2$ und $\chi_\ell(G) = 3$, beispielsweise den Graphen $K_{2,4}$, den wir im vorherigen Kapitel über das Dinitz-Problem betrachtet haben.

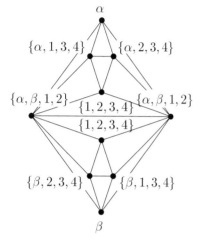

Aber was ist mit Fall II? Da geht die Vermutung schief: dies hat als erste Margit Voigt für einen Graphen nachgewiesen, den Shai Gutner zuvor konstruiert hatte. Sein Graph mit 130 Ecken kann wie folgt erhalten werden. Wir beginnen mit einem „doppelten Oktaeder" (siehe die Abbildung), der offenbar 3-färbbar ist. Wir wählen nun $\alpha \in \{5, 6, 7, 8\}$ und $\beta \in \{9, 10, 11, 12\}$ beliebig, und betrachten dafür die Listen, die in der Zeichnung am Rand angegeben sind. Überprüfen Sie selbst, dass mit diesen Listen eine Färbung nicht möglich ist! Nun nehmen wir sechzehn Exemplare dieses Graphen und identifizieren für diese jeweils die oberen und die unteren Ecken. Dies liefert einen Graphen auf $16 \cdot 8 + 2 = 130$ Ecken, der immer noch eben und 3-färbbar ist. Wir weisen diesem Graphen $\{5, 6, 7, 8\}$ als Farbliste für die obere Ecke und $\{9, 10, 11, 12\}$ als Farbliste für die untere Ecke zu, während die inneren Listen entsprechend den 16 Paaren (α, β), für $\alpha \in \{5, 6, 7, 8\}$, $\beta \in \{9, 10, 11, 12\}$ gewählt werden. Für jedes Paar (α, β) haben wir nun einen Untergraphen wie in der Abbildung, und damit ist eine Listenfärbung des großen Graphen nicht möglich.

Durch Modifikation eines anderen Beispiels von Gutner haben Voigt und Wirth einen noch kleineren Graphen mit 75 Ecken und $\chi = 3$, $\chi_\ell = 5$ konstruiert, der zusätzlich nur die minimale Anzahl von insgesamt fünf Farben in den Listen verwendet. Der aktuelle Rekord liegt bei 63 Ecken.

Literatur

[1] N. ALON & M. TARSI: *Colorings and orientations of graphs,* Combinatorica **12** (1992), 125-134.

[2] P. ERDŐS, A. L. RUBIN & H. TAYLOR: *Choosability in graphs,* Proc. West Coast Conference on Combinatorics, Graph Theory and Computing, Congressus Numerantium **26** (1979), 125-157.

[3] S. GUTNER: *The complexity of planar graph choosability,* Discrete Math. **159** (1996), 119-130.

[4] N. ROBERTSON, D. P. SANDERS, P. SEYMOUR & R. THOMAS: *The four-colour theorem,* J. Combinatorial Theory, Ser. B **70** (1997), 2-44.

[5] C. THOMASSEN: *Every planar graph is 5-choosable,* J. Combinatorial Theory, Ser. B **62** (1994), 180-181.

[6] M. VOIGT: *List colorings of planar graphs,* Discrete Math. **120** (1993), 215-219.

[7] M. VOIGT & B. WIRTH: *On 3-colorable non-4-choosable planar graphs,* J. Graph Theory **24** (1997), 233-235.

Die Museumswächter   Kapitel 28

Victor Klee hat 1973 das folgende attraktive Problem gestellt. Nehmen wir an, der Manager eines Museums will sicher gehen, dass jeder Punkt seines Museums im Blickfeld eines Aufsehers liegt. Die Wächter werden an festen Stellen postiert, aber sie dürfen sich drehen. Wie viele Wächter braucht man dann?

Wir stellen uns die Wände des Museums als ein Polygon mit n Seiten vor. Wenn das Polygon konvex ist, dann reicht natürlich ein Wächter aus. Den Wächter kann man dann sogar an jeden Punkt des Museums postieren. Aber im Allgemeinen darf der Grundriss des Museums ein beliebiges geschlossenes ebenes Polygon bilden.

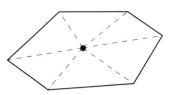

Eine konvexe Ausstellungshalle

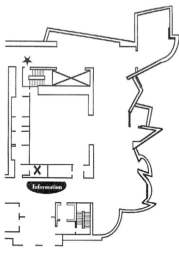

Es gibt wirklich verwinkelte Museen!

Wir betrachten ein Museum mit $n = 3m$ Wänden, dessen Grundriss ein „Kamm" ist (wie rechts angedeutet). Dann ist leicht zu sehen, dass man mindestens $m = \frac{n}{3}$ Wächter braucht. Der Punkt 1 im Grundriss kann nämlich nur von einem Wächter beobachtet werden, der irgendwo in dem schattierten Dreieck steht, das die 1 enthält, und genauso für die anderen Punkte $2, 3, \ldots, m$. Weil diese Dreiecke alle disjunkt sind, sehen wir, dass man mindestens m Wächter braucht. Aber m Wächter reichen auch aus,

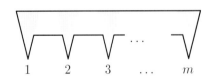

wenn man sie an die oberen Kanten der Dreiecke stellt. Indem wir ein oder zwei Wände hinzufügen, können wir leicht schließen, dass es für jedes n ein Museum mit n Wänden gibt, für das man $\lfloor \frac{n}{3} \rfloor$ Wächter braucht.

Das folgende Resultat besagt, dass dies auch der schlechteste Fall ist.

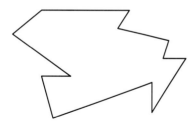

Ein Museum mit $n = 12$ Wänden

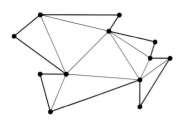

Satz. *Für jedes Museum mit n Wänden reichen $\lfloor \frac{n}{3} \rfloor$ Wächter aus.*

Diesen „Museumswächter-Satz" hat als erster Vašek Chvátal (trickreich) bewiesen, aber der folgende Beweis von Steve Fisk ist wirklich *schön*.

■ **Beweis.** Zunächst verbinden wir die Ecken des Polygons durch $n-3$ sich nicht kreuzende Diagonalen, bis der Innenraum in Dreiecke aufgeteilt ist. So kann man das auf dem Rand gezeigte Museum durch 9 Diagonalen triangulieren. Dabei ist es egal, welche Triangulierung wir wählen. Nun interpretieren wir die erhaltene Figur als einen ebenen Graphen, der die Museumsecken als Ecken und die Wände und Diagonalen als Kanten hat.

Behauptung. Dieser Graph ist 3-färbbar.

Für $n = 3$ gibt es nichts zu beweisen. Für $n > 3$ wählen wir zwei beliebige Ecken u und v aus, die durch eine Diagonale verbunden sind. Diese Diagonale zerlegt den Graphen in zwei kleinere triangulierte Graphen, die beide die Kante uv enthalten. Nach Induktion können wir jede Hälfte mit drei Farben färben, wobei wir annehmen dürfen, dass in beiden Färbungen die Ecke u die Farbe 1 und die Ecke v die Farbe 2 erhält. Durch Zusammenkleben der Teile bzw. Färbungen erhalten wir eine 3-Färbung des ganzen Graphen.

Der Rest ist einfach. Da es insgesamt n Ecken gibt, enthält eine der drei Farbklassen, sagen wir die der Ecken mit Farbe 1, höchstens $\lfloor \frac{n}{3} \rfloor$ Ecken, und in diese Ecken stellen wir die Wächter. Weil jedes Dreieck eine Ecke der Farbe 1 enthält, sehen wir, dass die Fläche eines jeden Dreiecks vollständig überwacht ist, und damit auch die Grundfläche des gesamten Museums. □

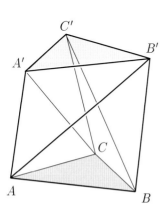

Das Schönhardt-Polyeder: die Innenwinkel an den Kanten AB', BC' und CA' sind größer als $180°$.

Dem aufmerksamen Leser ist möglicherweise eine kleine Schwierigkeit in unserer Argumentation aufgefallen. Gibt es eine solche Triangulierung denn wirklich immer? Auf den ersten Blick wird man wohl antworten: Ja, offensichtlich! Nun, die Triangulierung existiert immer, aber offensichtlich ist das keineswegs, und die naheliegende Verallgemeinerung auf den 3-dimensionalen Fall (Zerlegung in Tetraeder ohne zusätzliche Ecken) ist falsch! Das kann man zum Beispiel am *Schönhardt-Polyeder* sehen, das links abgebildet ist. Man erhält es aus einem Dreiecksprisma, indem man das Dreieck im Deckel etwas dreht, so dass die Viereckseitenflächen jeweils in zwei Dreiecke zerbrechen, jeweils mit einer nicht-konvexen Kante. Versuchen Sie, dieses Polyeder zu triangulieren! Ein Tetraeder der Triangulierung muss das Bodendreieck und gleichzeitig eine weitere Ecke im Deckel enthalten: aber ein solches Tetraeder ist nicht vollständig im Schönhardt-Polyeder enthalten. Also gibt es keine Triangulierung dieses Polyeders ohne zusätzliche Ecken.

Um zu beweisen, dass im Fall eines ebenen nicht-konvexen Polygons eine Triangulierung immer existiert, verwenden wir wieder Induktion über die Anzahl n der Ecken. Für $n=3$ ist das Polygon ein Dreieck, also gibt es nichts zu beweisen. Sei nun $n \geq 4$. Um Induktion zu verwenden, reicht es, dass wir *irgendeine* Diagonale finden, die das Polygon P in zwei kleinere Teile zerlegt, so dass wir eine Triangulierung des Gesamtpolygons aus Triangulierungen der beiden Teile zusammensetzen können.

Wir nennen eine Ecke A des Polygons *konvex*, wenn der innere Winkel an der Ecke kleiner als 180° ist. Da die Innenwinkelsumme von P gleich $(n-2)180°$ ist, muss es mindestens eine konvexe Ecke geben. Es gibt sogar mindestens drei davon: Das folgt zum Beispiel aus dem Schubfachprinzip! Oder wir können einfach die konvexe Hülle des Polygons betrachten und feststellen, dass seine Ecken uns konvexe Ecken des Ursprungspolygons liefern.

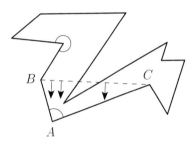

Nun betrachten wir die zwei Nachbarecken B und C von A. Wenn die Strecke BC ganz im Inneren von P liegt, dann ist sie unsere Diagonale. Wenn nicht, dann enthält das Dreieck ABC weitere Ecken von P. Wir verschieben BC in Richtung auf A bis es die letzte Ecke Z trifft, die in ABC liegt. Nun liegt aber AZ im Inneren von P, und wir haben eine Diagonale. □

Der Museumswächter-Satz hat viele Variationen und Erweiterungen. Zum Beispiel könnte die Grundfläche des Museums ein Polygon „mit Löchern" sein! Dann reichen $\lfloor \frac{n}{3} \rfloor$ Wächter im Allgemeinen nicht mehr aus. Eine besonders hübsche (ungelöste) Variante sieht so aus:

> *Nehmen wir an, dass jeder Wächter an einer Wand des Museums entlang läuft, und alles überwacht, was von irgendeinem Punkt der Wand aus zu sehen ist.*
> *Wie viele solche „Wandwächter" brauchen wir, um das gesamte Museum zu überwachen?*

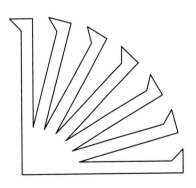

Gottfried Toussaint hat das Beispiel auf dem Rand konstruiert, das zeigt, dass im Allgemeinen $\lfloor \frac{n}{4} \rfloor$ Wächter nötig sein können. Das Polygon hat 28 Seiten (und $4m$ Seiten im allgemeinen Fall), und der Leser ist eingeladen zu überprüfen, dass man wirklich m Wandwächter braucht. Es wird vermutet, dass diese Anzahl von Wächtern auch reicht (außer für einige kleine Werte von n), aber ein Beweis ist nicht in Sicht, und ein BUCH-Beweis erst recht nicht.

Literatur

[1] V. CHVÁTAL: *A combinatorial theorem in plane geometry,* J. Combinatorial Theory, Ser. B **18** (1975), 39-41.

[2] S. FISK: *A short proof of Chvátal's watchman theorem,* J. Combinatorial Theory, Ser. B **24** (1978), 374.

[3] J. O'ROURKE: *Art Gallery Theorems and Algorithms,* Oxford University Press 1987.

[4] E. SCHÖNHARDT: *Über die Zerlegung von Dreieckspolyedern in Tetraeder,* Math. Annalen **98** (1928), 309-312.

„Museumswächter in drei Dimensionen"

Der Satz von Turán **Kapitel 29**

Ein fundamentales Resultat der Graphentheorie ist der Satz von Turán aus dem Jahr 1941, mit dem die Extremale Graphentheorie begonnen hat. Der Satz von Turán wurde immer wieder neu entdeckt, mit ganz verschiedenen Beweisen. Wir präsentieren hier fünf von ihnen, und lassen den Leser entscheiden, welcher davon in das BUCH gehört.

Wir beginnen mit etwas Notation. Sei G ein endlicher Graph mit Eckenmenge $V = \{v_1, \ldots, v_n\}$ und Kantenmenge E. Wenn v_i und v_j Nachbarn sind, dann schreiben wir dafür $v_i v_j \in E$. Eine p-Clique in G ist ein vollständiger Untergraph von G mit p Ecken, der mit K_p bezeichnet wird. Paul Turán hat die folgende Frage gestellt:

> *Sei G ein einfacher Graph mit n Ecken, der keine p-Clique enthält. Wie viele Kanten kann G dann höchstens haben?*

Paul Turán

Man erhält ganz einfach Beispiele solcher Graphen, indem man V in $p-1$ paarweise disjunkte Teilmengen $V = V_1 \cup \ldots \cup V_{p-1}$, $|V_i| = n_i$ mit $n = n_1 + \ldots + n_{p-1}$ aufteilt, wobei zwei Ecken dann und nur dann durch eine Kante verbunden werden, wenn sie in verschiedenen Teilmengen V_i, V_j liegen. Wir bezeichnen den erhaltenen Graphen mit $K_{n_1, \ldots, n_{p-1}}$; er hat $\sum_{i<j} n_i n_j$ Kanten. Die maximale Anzahl von Kanten für einen solchen Graphen mit gegebenem n erhält man, wenn man die Zahlen n_i so nah beieinander wie möglich wählt, also wenn $|n_i - n_j| \leq 1$ für alle i, j gilt. Um dies zu zeigen, nehmen wir im Gegenteil $n_1 \geq n_2 + 2$ an. Wenn wir dann eine Ecke aus V_1 in die Menge V_2 wechseln lassen, so erhalten wir einen Graphen $K_{n_1-1, n_2+1, \ldots, n_{p-1}}$, der insgesamt $(n_1-1)(n_2+1) - n_1 n_2 = n_1 - n_2 - 1 \geq 1$ Kanten mehr hat als der Graph $K_{n_1, n_2, \ldots, n_{p-1}}$.

Der Graph $K_{2,2,3}$

Wir nennen die Graphen $K_{n_1, \ldots, n_{p-1}}$, die die Bedingung $|n_i - n_j| \leq 1$ erfüllen, die *Turán-Graphen*. Im Spezialfall, dass n durch $p-1$ teilbar ist, können wir $n_i = \frac{n}{p-1}$ für alle i setzen und erhalten insgesamt

$$\binom{p-1}{2}\left(\frac{n}{p-1}\right)^2 = \left(1 - \frac{1}{p-1}\right)\frac{n^2}{2}$$

Kanten. Der Satz von Turán sagt nun, dass diese Zahl eine obere Schranke für die Kantenzahl eines *beliebigen* Graphen mit n Ecken ohne p-Clique ist.

Satz. *Wenn ein Graph $G = (V, E)$ mit n Ecken keine p-Clique hat, für $p \geq 2$, dann gilt*

$$|E| \leq \left(1 - \frac{1}{p-1}\right)\frac{n^2}{2}. \qquad (1)$$

Für $p = 2$ ist dies trivial. Der erste interessante Fall $p = 3$ des Satzes besagt, dass ein dreiecksfreier Graph mit n Ecken höchstens $\frac{n^2}{4}$ Kanten haben kann. Beweise für diesen Spezialfall waren schon vor dem Satz von Turán bekannt. Zwei elegante Beweise mit Hilfe von klassischen Ungleichungen haben wir in Kapitel 16 diskutiert.

Nun wenden wir uns dem allgemeinen Fall zu. Die ersten beiden Beweise verwenden Induktion und stammen von Turán bzw. von Erdős.

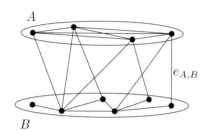

■ **Erster Beweis.** Wie man sofort nachrechnet, stimmt (1) für $n \leq p - 1$. Sei nun $n \geq p$ und G ein Graph mit Eckenmenge $V = \{v_1, \ldots, v_n\}$ ohne p-Cliquen und mit einer maximalen Anzahl von Kanten. G enthält ganz sicher $(p-1)$-Cliquen, weil wir sonst einfach Kanten hinzufügen könnten. Sei A eine solche $(p-1)$-Clique, und setze $B := V \setminus A$.

A enthält $\binom{p-1}{2}$ Kanten, und wir wollen jetzt die Anzahl der Kanten e_B zwischen Ecken in B und die Kantenzahl $e_{A,B}$ zwischen A und B abschätzen. Nach Induktion gilt $e_B \leq \frac{1}{2}(1 - \frac{1}{p-1})(n-p+1)^2$. Da G keine p-Clique enthält, ist jedes $v_j \in B$ zu höchstens $p - 2$ Ecken in A benachbart, und es folgt $e_{A,B} \leq (p-2)(n-p+1)$. Zusammengenommen liefert dies

$$|E| \leq \binom{p-1}{2} + \frac{1}{2}\left(1 - \frac{1}{p-1}\right)(n-p+1)^2 + (p-2)(n-p+1),$$

und damit genau $(1 - \frac{1}{p-1})\frac{n^2}{2}$. □

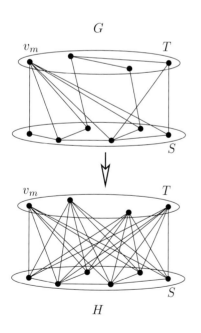

■ **Zweiter Beweis.** Dieser Beweis verwendet wesentlich die Struktur der Turán-Graphen. Im gegebenen Graphen sei v_m eine Ecke von maximalem Grad $d_m = \max_{1 \leq j \leq n} d_j$. Wir bezeichnen mit S die Menge der Nachbarn von v_m, $|S| = d_m$, und setzen $T := V \setminus S$. Da G keine p-Clique enthält, und v_m zu allen Ecken von S benachbart ist, sehen wir, dass S keine $(p-1)$-Clique enthält.

Nun konstruieren wir folgendermaßen einen neuen Graphen H auf der Eckenmenge V (siehe die Zeichnung). H hat dieselben Kanten wie G auf der Eckenmenge S, zusätzlich alle Kanten zwischen S und T, aber keine Kanten zwischen Ecken in T. Also ist T eine unabhängige Menge in H, und wir sehen, dass H wieder keine p-Cliquen enthält. Sei nun d'_j der Grad von v_j in H. Für $v_j \in S$ haben wir sicherlich $d'_j \geq d_j$ nach Konstruktion von H, und für $v_j \in T$ folgt $d'_j = |S| = d_m \geq d_j$ nach Wahl von v_m. Wir schließen daraus $|E(H)| \geq |E|$, und dies bedeutet, dass es unter den Graphen mit maximaler Kantenzahl auch einen mit der Struktur von H geben muss. Nach Induktion hat der Graph, der auf der Eckenmenge S induziert wird, höchstens so viele Kanten wie ein geeigneter Turán-Graph $K_{n_1,\ldots,n_{p-2}}$ auf S. Also gilt $|E| \leq |E(H)| \leq E(K_{n_1,\ldots,n_{p-1}})$ mit $n_{p-1} = |T|$, und daraus folgt (1). □

Die nächsten beiden Beweise sind von anderer Natur: Sie verwenden ein Maximierungsargument bzw. Ideen aus der Wahrscheinlichkeitstheorie. Wir verdanken sie Theodore S. Motzkin und Ernst G. Straus bzw. Noga Alon und Joel Spencer.

Der Satz von Turán

■ **Dritter Beweis.** Wir betrachten eine *Wahrscheinlichkeitsverteilung* $\boldsymbol{w} = (w_1, \ldots, w_n)$ auf den Ecken, die jeder Ecke einen Wert $w_i \geq 0$ zuordnet, mit $\sum_{i=1}^{n} w_i = 1$. Wir werden versuchen, die folgende Funktion über alle Wahrscheinlichkeitsverteilungen zu maximieren:

$$f(\boldsymbol{w}) = \sum_{v_i v_j \in E} w_i w_j.$$

Sei nun $\boldsymbol{w}$ irgendeine Verteilung, und v_i, v_j zwei nicht-benachbarte Ecken mit positivem Gewicht w_i, w_j. Sei s_i die Summe der Gewichte aller Ecken, die zu v_i benachbart sind, und genauso s_j die Summe der Nachbargewichte von v_j, wobei wir $s_i \geq s_j$ annehmen dürfen. Jetzt bewegen wir das Gewicht von v_j nach v_i, so dass das neue Gewicht von v_i danach $w_i + w_j$ ist, während das Gewicht von v_j auf 0 fällt. Für die neue Gewichtsverteilung $\boldsymbol{w}'$ ist dann

$$f(\boldsymbol{w}') = f(\boldsymbol{w}) + w_j s_i - w_j s_j \geq f(\boldsymbol{w}).$$

„Gewichte bewegen"

Dies können wir wiederholen (wobei in jedem Schritt die Anzahl der Ecken mit positivem Gewicht um 1 kleiner wird), bis es keine nicht-adjazenten Ecken mit positivem Gewicht mehr gibt. Wenn unsere ursprüngliche Verteilung $\boldsymbol{w}$ optimal war, dann wird auch die zuletzt erhaltene Verteilung einen maximalen Funktionswert haben. Daraus schließen wir, dass es eine optimale Verteilung gibt, für die die positiven Gewichte alle in einer Clique auftreten. Sei dies eine k-Clique, so dass es also k Ecken mit positivem Gewicht gibt. Wenn es nun unter diesen zwei Ecken mit unterschiedlichen Gewichten $w_1 > w_2 > 0$ gibt, dann können wir ein ε mit $0 < \varepsilon < w_1 - w_2$ wählen, w_1 auf $w_1 - \varepsilon$ und w_2 auf $w_2 + \varepsilon$ verändern. Die neue Verteilung $\boldsymbol{w}'$, die wir so erhalten, erfüllt $f(\boldsymbol{w}') = f(\boldsymbol{w}) + \varepsilon(w_1 - w_2) - \varepsilon^2 > f(\boldsymbol{w})$, und wir schließen daraus, dass der Maximalwert von f nur dann angenommen werden kann, wenn wir Gewichte $w_i = \frac{1}{k}$ auf einer k-Clique haben, und $w_i = 0$ sonst. Da eine k-Clique $\frac{k(k-1)}{2}$ Kanten hat, erhalten wir

$$f(\boldsymbol{w}) = \frac{k(k-1)}{2} \frac{1}{k^2} = \frac{1}{2}\left(1 - \frac{1}{k}\right).$$

Dieser Ausdruck steigt aber mit k, also könnten wir bestenfalls $k = p - 1$ setzen (weil G ja keine p-Cliquen hat). Daraus schließen wir, dass

$$f(\boldsymbol{w}) \leq \frac{1}{2}\left(1 - \frac{1}{p-1}\right)$$

für *alle* Verteilungen $\boldsymbol{w}$ gilt. Insbesondere gilt diese Ungleichung für die *uniforme* Verteilung, die durch $w_i = \frac{1}{n}$ für alle i gegeben ist. Damit haben wir

$$\frac{|E|}{n^2} = f\left(w_i = \frac{1}{n}\right) \leq \frac{1}{2}\left(1 - \frac{1}{p-1}\right),$$

und das ist genau (1). □

■ **Vierter Beweis.** Diesmal verwenden wir Konzepte aus der Wahrscheinlichkeitstheorie. Sei G ein Graph auf der Eckenmenge $V = \{v_1, \ldots, v_n\}$. Wir bezeichnen den Grad von v_i mit d_i, und mit $\omega(G)$ die Anzahl der Ecken in einer größten Clique von G, die so genannte *Cliquenzahl* von G.

Behauptung. $\omega(G) \geq \sum_{i=1}^{n} \dfrac{1}{n - d_i}$.

Wir wählen eine zufällige Permutation $\pi_1 \pi_2 \ldots \pi_n$ der Eckenmenge V, wobei jede der $n!$ Permutationen mit derselben Wahrscheinlichkeit $\frac{1}{n!}$ auftreten soll. Für die gewählte Permutation konstruieren wir nun die folgende Menge C_π: Die Ecke π_i soll dann in C_π liegen, wenn sie zu allen Ecken π_j benachbart ist, die vor π_i auftreten ($j < i$). Nach Definition ist C_π eine Clique in G. Sei nun $X = |C_\pi|$ die zugehörige Zufallsvariable. Dann gilt $X = \sum_{i=1}^{n} X_i$, wobei X_i die charakteristische Zufallsvariable der Ecke v_i ist, die also den Wert $X_i = 1$ oder $X_i = 0$ annimmt, je nachdem ob $v_i \in C_\pi$ oder $v_i \notin C_\pi$ ist. Dabei gehört v_i zur Clique C_π bezüglich der Permutation $\pi_1 \pi_2 \ldots \pi_n$ dann und nur dann, wenn v_i *vor* all den $n - 1 - d_i$ Ecken auftritt, die nicht zu v_i benachbart sind, also genau dann, wenn v_i als *erste* Ecke der Menge auftritt, die durch v_i und seine $n - 1 - d_i$ Nichtnachbarn gebildet wird. Die Wahrscheinlichkeit dafür ist genau $\frac{1}{n - d_i}$, also gilt $EX_i = \frac{1}{n - d_i}$.

Aus der Linearität des Erwartungswerts (siehe Seite 93) erhalten wir daraus

$$E(|C_\pi|) = EX = \sum_{i=1}^{n} EX_i = \sum_{i=1}^{n} \frac{1}{n - d_i}.$$

Insbesondere muss es eine Clique von mindestens dieser Größe geben, und das war genau die Behauptung. Um daraus den Satz von Turán abzuleiten, verwenden wir die Cauchy-Schwarz-Ungleichung aus Kapitel 16,

$$\left(\sum_{i=1}^{n} a_i b_i \right)^2 \leq \left(\sum_{i=1}^{n} a_i^2 \right) \left(\sum_{n=1}^{n} b_i^2 \right).$$

Wir setzen $a_i = \frac{1}{\sqrt{n - d_i}}$ und $b_i = \sqrt{n - d_i}$, damit gilt also $a_i b_i = 1$, und folglich

$$n^2 \leq \left(\sum_{i=1}^{n} \frac{1}{n - d_i} \right) \left(\sum_{i=1}^{n} (n - d_i) \right) \leq \omega(G) \sum_{i=1}^{n} (n - d_i). \qquad (2)$$

An dieser Stelle verwenden wir jetzt die Voraussetzung $\omega(G) \leq p - 1$ des Satzes von Turán. Wenn man noch die Gleichung $\sum_{i=1}^{n} d_i = 2|E|$ aus dem Kapitel 21 über doppeltes Abzählen hinzunimmt, so liefert die Ungleichung (2)

$$n^2 \leq (p - 1)(n^2 - 2|E|),$$

und dies ist äquivalent zur Ungleichung des Turánschen Satzes. □

Der Satz von Turán

Und damit kommen wir schon zum letzten unserer Beweise, der vielleicht der schönste von allen ist. Sein Ursprung ist uns nicht ganz klar; wir haben ihn von Stephan Brandt, der ihn in Oberwolfach gehört hat. Möglicherweise ist er einfach „Allgemeinwissen" unter Graphentheoretikern. Er liefert ganz automatisch mit, dass die Turán-Graphen auch die einzigen Beispiele mit maximaler Kantenzahl sind. Allerdings kann man dieses stärkere Resultat auch aus dem ersten oder zweiten unserer Beweise ableiten.

■ **Fünfter Beweis.** Sei G ein Graph mit n Ecken ohne p-Clique und mit maximaler Anzahl von Kanten.

> **Behauptung.** G enthält keine drei Ecken u, v, w mit $vw \in E$, aber $uv \notin E$ und $uw \notin E$.

Wir nehmen an, dass dies nicht stimmt, und betrachten die folgenden beiden Fälle.

Fall 1: $d(u) < d(v)$ oder $d(u) < d(w)$.
Wir können annehmen, dass $d(u) < d(v)$ ist. Dann verdoppeln wir die Ecke v, das heißt, wir erzeugen eine neue Ecke v', die genau dieselben Nachbarn wie v hat (wobei vv' aber keine Kante ist), entfernen u, und lassen den Rest unverändert.
Der neue Graph G' hat wieder keine p-Clique, und für seine Kanten-Anzahl gilt

$$|E(G')| = |E(G)| + d(v) - d(u) > |E(G)|,$$

ein Widerspruch.

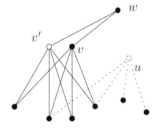

Fall 2: $d(u) \geq d(v)$ und $d(u) \geq d(w)$.
Hier verdoppeln wir u zwei Mal und entfernen v und w (wie in der Zeichnung am Rand). Der daraus entstehende Graph G' hat wieder keine p-Clique, und wir berechnen (wobei -1 von der Kante vw herrührt):

$$|E(G')| = |E(G)| + 2d(u) - (d(v) + d(w) - 1) > |E(G)|.$$

Also haben wir wieder einen Widerspruch.

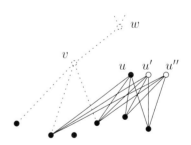

Die Behauptung, die wir damit gerade bewiesen haben, ist aber äquivalent zu der Aussage, dass

$$u \sim v :\iff uv \notin E(G)$$

eine Äquivalenzrelation definiert. Damit ist aber G ein vollständiger multipartiter Graph, $G = K_{n_1, \ldots, n_{p-1}}$, und wir haben fertig. □

Literatur

[1] M. AIGNER: *Turán's graph theorem,* Amer. Math. Monthly **102** (1995), 808-816.

[2] N. ALON & J. SPENCER: *The Probabilistic Method,* Wiley Interscience 1992.

[3] P. ERDŐS: *On the graph theorem of Turán (in Hungarian),* Math. Fiz. Lapok **21** (1970), 249-251.

[4] T. S. MOTZKIN & E. G. STRAUS: *Maxima for graphs and a new proof of a theorem of Turán,* Canad. J. Math. **17** (1965), 533-540.

[5] P. TURÁN: *On an extremal problem in graph theory,* Math. Fiz. Lapok **48** (1941), 436-452.

„Noch größere Gewichte zu bewegen"

Kommunikation ohne Fehler   Kapitel 30

Claude Shannon, der Begründer der Informationstheorie, stellte 1956 die folgende Frage:

> *Nehmen wir an, wir möchten Nachrichten über einen Kanal übertragen, auf dem einige Symbole verzerrt beim Empfänger ankommen können. Wie groß kann die Übertragungsrate maximal sein, wenn wir verlangen, dass der Empfänger die ursprüngliche Nachricht fehlerfrei rekonstruieren kann?*

Claude Shannon

Zunächst klären wir, was Shannon mit „Kanal" und „Übertragungsrate" gemeint hat. Wir arbeiten mit einer festen Menge V von Symbolen, und jede Nachricht ist einfach eine Folge von Symbolen aus der Menge V. Wir modellieren den Kanal als einen Graphen $G = (V, E)$, wobei V die Symbolmenge ist und E die Menge der Kanten zwischen fehleranfälligen Paaren von Symbolen, also Symbolen, die während der Übertragung verwechselt werden könnten. Wenn wir uns zum Beispiel am Telefon in Alltagssprache unterhalten, so würden wir vielleicht die Buchstaben B und P durch eine Kante verbinden, weil sie der Zuhörer vielleicht nicht sicher unterscheiden kann. Diesen Graphen G nennen wir den *Verwechslungsgraphen*.

Der Fünferkreis C_5 wird in unserer Diskussion eine prominente Rolle spielen. In diesem Beispiel könnten 1 und 2 verwechselt werden, aber 1 und 3 nicht, usw. Idealerweise würden wir gerne alle fünf Symbole zur Übermittlung verwenden. Aber da wir fehlerfrei kommunizieren wollen und sollen, können wir — wenn wir nur einzelne Symbole übertragen — von zwei Symbolen, die verwechselt werden könnten, immer nur eines verwenden. Damit können wir aus dem Fünferkreis nur zwei verschiedene Zeichen verwenden (eben zwei, die nicht durch eine Kante verbunden sind). In der Sprache der Informationstheorie heißt das, dass wir für den Fünferkreis eine Informationsrate von $\log_2 2 = 1$ erreichen (statt der maximalen Rate $\log_2 5 \approx 2{,}32$). Es ist klar, dass uns in diesem Modell nichts Besseres übrig bleibt, als Symbole aus einer maximalen unabhängigen Menge des Verwechslungsgraphen $G = (V, E)$ zu übertragen. Damit ist die Informationsrate, wenn wir einzelne Symbole übertragen, gleich $\log_2 \alpha(G)$, wobei $\alpha(G)$ die *Unabhängigkeitszahl* von G ist.

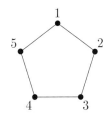

Es stellt sich aber heraus, dass wir die Informationsrate erhöhen können, wenn wir längere Wörter anstelle einzelner Symbole übertragen. Nehmen wir zum Beispiel an, dass wir Wörter der Länge 2 übertragen wollen. Die Wörter $u_1 u_2$ und $v_1 v_2$ können nur dann verwechselt werden, wenn eine der folgenden drei Möglichkeiten eintritt:

- $u_1 = v_1$, und u_2 kann mit v_2 verwechselt werden,
- $u_2 = v_2$, und u_1 kann mit v_1 verwechselt werden,
- $u_1 \neq v_1$ können verwechselt werden und $u_2 \neq v_2$ können verwechselt werden.

In der Sprache der Graphentheorie heißt das, dass wir das *Produkt* $G_1 \times G_2$ von zwei Graphen $G_1 = (V_1, E_1)$ und $G_2 = (V_2, E_2)$ betrachten. Die Eckenmenge von $G_1 \times G_2$ ist die Menge $V_1 \times V_2 = \{(u_1, u_2) : u_1 \in V_1, u_2 \in V_2\}$, wobei $(u_1, u_2) \neq (v_1, v_2)$ dann und nur dann durch eine Kante verbunden werden, wenn $u_i = v_i$ oder $u_i v_i \in E$ für $i = 1, 2$ gilt. Der Verwechslungsgraph für Wörter der Länge 2 ist also $G^2 = G \times G$, das Produkt des Verwechslungsgraphen G für einzelne Buchstaben mit sich selbst. Die Übertragungsrate *pro Zeichen* für Wörter der Länge 2 ist demnach

$$\frac{\log_2 \alpha(G^2)}{2} = \log_2 \sqrt{\alpha(G^2)}.$$

Wir können aber natürlich Wörter einer beliebigen Länge n verwenden. Der n-te Verwechslungsgraph $G^n = G \times G \times \ldots \times G$ hat die Eckenmenge $V^n = \{(u_1, \ldots, u_n) : u_i \in V\}$, wobei $(u_1, \ldots, u_n) \neq (v_1, \ldots v_n)$ durch eine Kante verbunden werden, wenn $u_i = v_i$ oder $u_i v_i \in E$ für alle i gilt. Die Übertragungsrate pro Symbol ist für Wörter der Länge n somit

$$\frac{\log_2 \alpha(G^n)}{n} = \log_2 \sqrt[n]{\alpha(G^n)}.$$

Was können wir über $\alpha(G^n)$ sagen? Zunächst machen wir eine einfache Beobachtung. Sei $U \subseteq V$ eine maximale unabhänge Menge in G, $|U| = \alpha$. Die α^n Ecken von G^n der Form $(u_1, \ldots, u_n)$ mit $u_i \in U$ für alle i bilden dann offensichtlich eine unabhängige Menge in G^n. Also gilt

$$\alpha(G^n) \geq \alpha(G)^n$$

und damit

$$\sqrt[n]{\alpha(G^n)} \geq \alpha(G);$$

das heißt, dass die Informationsrate pro Zeichen nicht kleiner wird, wenn wir längere Wörter anstatt einzelner Zeichen übertragen. Dies ist übrigens eine grundlegende Beobachtung der Kodierungstheorie: Durch Verschlüsselung von Zeichen in längeren Wörtern oder Ketten können wir fehlerfreie Kommunikation effizienter machen.

Wenn wir den Logarithmus ignorieren, so liefert uns dies Shannons grundlegende Definition: Die *Kapazität* eines Graphen G ist

$$\Theta(G) := \sup_{n \geq 1} \sqrt[n]{\alpha(G^n)},$$

und Shannons Problem war, $\Theta(G)$ zu berechnen und insbesondere die Bestimmung von $\Theta(C_5)$.

Betrachten wir also C_5. Bisher wissen wir $\alpha(C_5) = 2 \leq \Theta(C_5)$. Wenn wir uns den Fünferkreis mit der Beschriftung von vorhin ansehen oder das Produkt $C_5 \times C_5$ in der nebenstehenden Zeichnung, so sehen wir, dass die Menge $\{(1,1),(2,3),(3,5),(4,2),(5,4)\}$ eine unabhängige Menge in C_5^2 ist. Dies liefert uns $\alpha(C_5^2) \geq 5$. Weil eine unabhängige Menge aus zwei benachbarten Zeilen immer höchstens zwei Ecken auswählen kann, sehen wir leicht, dass $\alpha(C_5^2) = 5$ ist. Also haben wir durch Verwendung von Wörtern der Länge 2 die untere Schranke auf $\Theta(C_5) \geq \sqrt{5}$ verbessert.

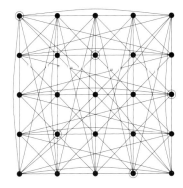

Der Graph $C_5 \times C_5$

Bisher haben wir noch gar keine oberen Schranken für die Kapazität. Dafür folgen wir wieder Shannons ursprünglichen Ideen. Zunächst brauchen wir das duale Konzept zu unabhängigen Mengen: Eine Teilmenge $C \subseteq V$ induziert eine *Clique*, wenn alle Paare von Ecken in C durch eine Kante verbunden sind. Also bildet jede Ecke selbst eine triviale Clique der Größe 1, die Kanten entsprechen den Cliquen der Größe 2, die Dreiecke sind Cliquen der Größe 3, usw. Sei $\mathcal{C}$ die Menge der Cliquen in G. Nun betrachten wir eine beliebige Wahrscheinlichkeitsverteilung $\boldsymbol{x} = (x_v : v \in V)$ auf der Menge der Ecken, das heißt $x_v \geq 0$ und $\sum_{v \in V} x_v = 1$. Jeder Verteilung $\boldsymbol{x}$ ordnen wir den „maximalen Wert einer Clique" zu,

$$\lambda(\boldsymbol{x}) = \max_{C \in \mathcal{C}} \sum_{v \in C} x_v,$$

und schließlich setzen wir

$$\lambda(G) = \min_{\boldsymbol{x}} \lambda(\boldsymbol{x}) = \min_{\boldsymbol{x}} \max_{C \in \mathcal{C}} \sum_{v \in C} x_v.$$

Vorsichtshalber hätten wir vielleicht inf statt min benutzen sollen, aber das Minimum existiert, weil $\lambda(\boldsymbol{x})$ eine stetige Funktion auf der kompakten Menge aller Wahrscheinlichkeitsverteilungen ist.

Nun betrachten wir eine unabhängige Menge $U \subseteq V$ von maximaler Größe $\alpha(G) = \alpha$. Diesem U entspricht eine Verteilung $\boldsymbol{x}_U = (x_v : v \in V)$, indem wir $x_v = \frac{1}{\alpha}$ definieren wenn $v \in U$ ist, und $x_v = 0$ sonst. Da jede Clique höchstens eine Ecke aus U enthält, schließen wir $\lambda(\boldsymbol{x}_U) = \frac{1}{\alpha}$, und damit nach Definition von $\lambda(G)$:

$$\lambda(G) \leq \frac{1}{\alpha(G)} \qquad \text{oder} \qquad \alpha(G) \leq \lambda(G)^{-1}.$$

Shannons Beobachtung war nun, dass $\lambda(G)^{-1}$ sogar eine obere Schranke für alle $\sqrt[n]{\alpha(G^n)}$ bildet, und deshalb auch für $\Theta(G)$. Um dies nachzuweisen, reicht es zu zeigen, dass für Graphen G, H

$$\lambda(G \times H) = \lambda(G)\lambda(H) \tag{1}$$

gilt, weil daraus $\lambda(G^n) = \lambda(G)^n$ folgt, und damit

$$\alpha(G^n) \leq \lambda(G^n)^{-1} = \lambda(G)^{-n}$$
$$\sqrt[n]{\alpha(G^n)} \leq \lambda(G)^{-1}.$$

Um Formel (1) zu beweisen, verwenden wir den Dualitätssatz der Linearen Programmierung (siehe [1]) und erhalten daraus

$$\lambda(G) \;=\; \min_{\boldsymbol{x}} \max_{C \in \mathcal{C}} \sum_{v \in C} x_v \;=\; \max_{\boldsymbol{y}} \min_{v \in V} \sum_{C \ni v} y_C, \qquad (2)$$

wobei auf der rechten Seite das Maximum über alle Wahrscheinlichkeitsverteilungen $\boldsymbol{y} = (y_C : C \in \mathcal{C})$ auf $\mathcal{C}$ gebildet wird.

Nun betrachten wir $G \times H$ und nehmen für $\boldsymbol{x}$ und $\boldsymbol{x}'$ Verteilungen, die die Minima $\lambda(\boldsymbol{x}) = \lambda(G)$ und $\lambda(\boldsymbol{x}') = \lambda(H)$ erreichen. Auf der Eckenmenge von $G \times H$ weisen wir der Ecke (u,v) jeweils den Wert $z_{(u,v)} = x_u x'_v$ zu. Wegen $\sum_{(u,v)} z_{(u,v)} = \sum_u x_u \sum_v x'_v = 1$ liefert dies eine Wahrscheinlichkeitsverteilung. Nun sind die maximalen Cliquen in $G \times H$ gerade von der Form $C \times D = \{(u,v) : u \in C, v \in D\}$, wobei C und D Cliquen in G bzw. H sind. Also erhalten wir

$$\begin{aligned}\lambda(G \times H) \;\leq\; \lambda(\boldsymbol{z}) \;&=\; \max_{C \times D} \sum_{(u,v) \in C \times D} z_{(u,v)} \\ &=\; \max_{C \times D} \sum_{u \in C} x_u \sum_{v \in D} x'_v \;=\; \lambda(G)\lambda(H)\end{aligned}$$

nach Definition von $\lambda(G \times H)$. Genauso kann man auch die umgekehrte Ungleichung $\lambda(G \times H) \geq \lambda(G)\lambda(H)$ zeigen, indem man den dualen Ausdruck für $\lambda(G)$ in (2) verwendet. Insgesamt haben wir also

$$\Theta(G) \;\leq\; \lambda(G)^{-1}$$

für alle Graphen G gezeigt.

Jetzt wollen wir diese Beobachtungen auf den Fünferkreis und allgemeiner auf den m-Kreis C_m anwenden. Die Gleichverteilung $(\frac{1}{m}, \ldots, \frac{1}{m})$ auf den Ecken liefert uns $\lambda(C_m) \leq \frac{2}{m}$, weil jede Clique höchstens zwei Ecken enthält ($m \geq 4$). Genauso erhalten wir, indem wir $\frac{1}{m}$ für die Kanten und 0 für die Ecken setzen, die untere Schranke $\lambda(C_m) \geq \frac{2}{m}$ aus dem dualen Ausdruck in (2). Wir schließen daraus $\lambda(C_m) = \frac{2}{m}$ und somit

$$\Theta(C_m) \;\leq\; \frac{m}{2}$$

für alle m. Wenn nun m gerade ist, dann gilt offenbar $\alpha(C_m) = \frac{m}{2}$ und damit auch $\Theta(C_m) = \frac{m}{2}$. Für ungerades m ist jedoch $\alpha(C_m) = \frac{m-1}{2}$. Für $m = 3$ ist C_3 und damit auch jedes Produkt C_3^n eine Clique, woraus wir $\alpha(C_3) = \Theta(C_3) = 1$ erhalten. Der erste interessante Fall ist also der Fünferkreis, für den wir bis jetzt

$$\sqrt{5} \;\leq\; \Theta(C_5) \;\leq\; \frac{5}{2} \qquad (3)$$

nachgewiesen haben.

Mit Hilfe seiner Methoden aus der Linearen Programmierung (und einigen anderen Ideen) gelang es Shannon, die Kapazität für viele Graphen zu berechnen, insbesondere für alle Graphen mit höchstens fünf Ecken — mit einer einzigen Ausnahme, dem Fünferkreis C_5, für den er über die Schranken in (3) nicht hinauskam.

Dies war der Stand der Dinge für mehr als zwanzig Jahre, bis László Lovász mit einem bemerkenswert einfachen Ansatz zeigen konnte, dass wirklich $\Theta(C_5) = \sqrt{5}$ gilt. Ein scheinbar sehr schwieriges kombinatorisches Problem fand damit eine unerwartete und besonders elegante Lösung.

Lovász' Kernidee war die Darstellung der Ecken v des Graphen durch reelle Vektoren der Länge 1, so dass zwei nicht-benachbarte Ecken in G immer orthogonalen Vektoren entsprechen. Wir wollen eine solche Menge von Vektoren eine *orthonormale Darstellung* von G nennen. Es ist klar, dass es eine solche Darstellung immer gibt: man nehme einfach die Einheitsvektoren $(1, 0, \ldots, 0)^T, (0, 1, 0, \ldots, 0)^T, \ldots, (0, 0, \ldots, 1)^T$ in Dimension $m = |V|$.

Für den Graphen C_5 erhalten wir eine orthonormale Darstellung im $\mathbb{R}^3$, indem wir einen „Schirm" mit fünf Speichen $v_1, \ldots, v_5$ von Einheitslänge betrachten. Nun öffnen wir diesen Schirm (mit der Spitze im Ursprung) bis zu dem Punkt, an dem die Winkel zwischen nicht-benachbarten Speichen genau 90° sind.

Lovász hat dann gezeigt, dass die Höhe h des Schirms, also der Abstand zwischen $\mathbf{0}$ und S, die obere Schranke

$$\Theta(C_5) \leq \frac{1}{h^2} \qquad (4)$$

liefert.

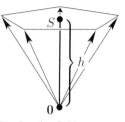

Der Lovász-Schirm

Eine einfache Rechnung ergibt $h^2 = \frac{1}{\sqrt{5}}$; wir präsentieren sie in einem Kasten auf der nächsten Seite. Daraus folgt aber $\Theta(C_5) \leq \sqrt{5}$, und damit $\Theta(C_5) = \sqrt{5}$.

Schauen wir uns jetzt an, wie Lovász die Ungleichung (4) bewiesen hat. (Seine Ergebnisse waren eigentlich viel allgemeiner.) Man betrachte das übliche *Skalarprodukt*

$$\langle \mathbf{x}, \mathbf{y} \rangle = x_1 y_1 + \ldots + x_s y_s$$

von zwei Vektoren $\mathbf{x} = (x_1, \ldots, x_s)$, $\mathbf{y} = (y_1, \ldots, y_s)$ im $\mathbb{R}^s$. Dann ist $|\mathbf{x}|^2 = \langle \mathbf{x}, \mathbf{x} \rangle = x_1^2 + \ldots + x_s^2$ das Quadrat der Länge $|\mathbf{x}|$ von $\mathbf{x}$, und der Winkel γ zwischen $\mathbf{x}$ und $\mathbf{y}$ ist durch

$$\cos \gamma = \frac{\langle \mathbf{x}, \mathbf{y} \rangle}{|\mathbf{x}||\mathbf{y}|}$$

gegeben. Also gilt $\langle \mathbf{x}, \mathbf{y} \rangle = 0$ dann und nur dann, wenn $\mathbf{x}$ und $\mathbf{y}$ orthogonal sind.

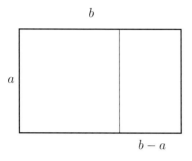

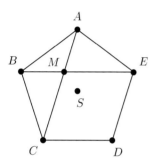

Fünfecke und der goldene Schnitt

Die Tradition der Ästethik besagt, dass ein Rechteck eine besonders „schöne" Form hat, wenn nach Abschneiden eines Quadrats der Seitenlänge a ein Rechteck übrig bleibt, das dasselbe Seitenverhältnis hat wie das ursprüngliche. Die Seitenlängen eines solchen Rechtecks müssen $\frac{b}{a} = \frac{a}{b-a}$ erfüllen. Wenn wir das Seitenverhältnis mit $\tau := \frac{b}{a}$ bezeichnen, so erhalten wir $\tau = \frac{1}{\tau-1}$ oder $\tau^2 - \tau - 1 = 0$. Lösung der quadratischen Gleichung liefert den *goldenen Schnitt* $\tau = \frac{1+\sqrt{5}}{2} \approx 1{,}6180$.

Nun betrachten wir ein regelmäßiges Fünfeck der Kantenlänge a, und bezeichnen mit d die Länge seiner Diagonalen. Schon Euklid (Buch XIII,8) wusste, dass $\frac{d}{a} = \tau$ ist, und dass der Schnittpunkt zweier Diagonalen die Diagonalen wieder im Verhältnis des goldenen Schnittes teilt.

Hier kommt der Beweis von Euklid selbst: Die gesamte Winkelsumme des Fünfecks ist 3π, der Winkel an jeder Ecke also gleich $\frac{3\pi}{5}$, und wir erhalten $\sphericalangle ABE = \frac{\pi}{5}$, weil ABE ein gleichschenkliges Dreieck ist. Daraus folgt aber $\sphericalangle AMB = \frac{3\pi}{5}$, also sind die Dreiecke ABC und AMB ähnlich. Das Viereck $CMED$ ist eine Raute, weil seine gegenüberliegenden Seiten parallel sind (wie man an den Winkeln sieht), und deshalb gilt $|MC| = a$ und damit $|AM| = d - a$. Aus der Ähnlichkeit von ABC und AMB erhalten wir schließlich

$$\frac{d}{a} = \frac{|AC|}{|AB|} = \frac{|AB|}{|AM|} = \frac{a}{d-a} = \frac{|MC|}{|MA|} = \tau.$$

Es geht aber noch weiter. Wir überlassen es dem Leser nachzuweisen, dass der Abstand s von einer Ecke zum Mittelpunkt S des Fünfecks durch $s^2 = \frac{d^2}{\tau+2}$ gegeben ist (dafür beobachte man, dass BS die Diagonale AC in einem rechten Winkel schneidet und halbiert).

Um unseren Ausflug in die Geometrie zu beenden, betrachten wir nun den Lovász-Schirm, der ja ein regelmäßiges Fünfeck aufspannt. Da nicht-benachbarte Speichen (der Länge 1) einen rechten Winkel bilden, liefert uns der Satz von Pythagoras $d = \sqrt{2}$ und damit $s^2 = \frac{2}{\tau+2} = \frac{4}{\sqrt{5}+5}$. Eine nochmalige Anwendung des Satzes von Pythagoras ergibt nun für die Höhe $h = |OS|$ das versprochene Resultat

$$h^2 = 1 - s^2 = \frac{1+\sqrt{5}}{\sqrt{5}+5} = \frac{1}{\sqrt{5}}.$$

Unser nächstes Ziel ist die obere Schranke
$$\Theta(G) \;\leq\; \sigma_T^{-1}$$
für die Shannon-Kapazität eines Graphen G, der eine besonders „schöne"
orthonormale Darstellung hat. Dafür sei $T = \{v^{(1)}, \ldots, v^{(m)}\}$ eine orthonormale Darstellung von G im $\mathbb{R}^s$, wobei $v^{(i)}$ der Ecke v_i entspricht. Wir
nehmen nun zusätzlich an, dass alle Vektoren $v^{(i)}$ mit dem Vektor
$$u \;:=\; \frac{1}{m}(v^{(1)} + \ldots + v^{(m)})$$
denselben Winkel ($\neq 90°$) einschließen, oder äquivalent dazu, dass das
innere Produkt $\langle v^{(i)}, u \rangle$ für alle i denselben Wert
$$\langle v^{(i)}, u \rangle \;=\; \sigma_T \;\neq\; 0$$
hat. Wir nennen diesen Wert σ_T die *Konstante* der Darstellung T. Für
den Lovász-Schirm, der den Fünferkreis C_5 darstellt, ist die Bedingung
$\langle v^{(i)}, u \rangle = \sigma_T$ sicherlich erfüllt, mit $u = \vec{OS}$.

Der Beweis der oberen Schranke vollzieht sich nun in drei Schritten.

(A) Für eine beliebige Wahrscheinlichkeitsverteilung $x = (x_1, \ldots, x_m)$
auf V setzen wir
$$\mu(x) \;:=\; |x_1 v^{(1)} + \ldots + x_m v^{(m)}|^2$$
und
$$\mu_T(G) \;:=\; \inf_x \mu(x).$$

Sei U eine größte unabhängige Menge in G mit $|U| = \alpha$. Für diese definie-
ren wir $x_U = (x_1, \ldots, x_m)$ mit $x_i = \frac{1}{\alpha}$ für $v_i \in U$ und $x_i = 0$ sonst. Da
alle Vektoren $v^{(i)}$ Einheitsvektoren sind, und für nicht-benachbarte Ecken
$\langle v^{(i)}, v^{(j)} \rangle = 0$ ist, schließen wir
$$\mu_T(G) \;\leq\; \mu(x_U) \;=\; \Big|\sum_{i=1}^m x_i v^{(i)}\Big|^2 \;=\; \sum_{i=1}^m x_i^2 \;=\; \alpha \frac{1}{\alpha^2} \;=\; \frac{1}{\alpha}.$$

Damit haben wir $\mu_T(G) \leq \alpha^{-1}$, also
$$\alpha(G) \;\leq\; \frac{1}{\mu_T(G)}.$$

(B) Als Nächstes berechnen wir $\mu_T(G)$. Wir brauchen dafür die Cauchy-
Schwarz-Ungleichung
$$\langle a, b \rangle^2 \;\leq\; |a|^2 \, |b|^2$$
für Vektoren $a, b \in \mathbb{R}^s$. Angewendet auf $a = x_1 v^{(1)} + \ldots + x_m v^{(m)}$ und
$b = u$ ergibt diese Ungleichung
$$\langle x_1 v^{(1)} + \ldots + x_m v^{(m)}, u \rangle^2 \;\leq\; \mu(x) \, |u|^2. \qquad (5)$$

Nach Annahme gilt $\langle v^{(i)}, u \rangle = \sigma_T$ für alle i, und damit

$$\langle x_1 v^{(1)} + \ldots + x_m v^{(m)}, u \rangle = (x_1 + \ldots + x_m)\sigma_T = \sigma_T$$

für *jede* Verteilung x. Insbesondere muss dies also für die Gleichverteilung $(\frac{1}{m}, \ldots, \frac{1}{m})$ gelten, und dies liefert $|u|^2 = \sigma_T$. Damit reduziert sich (5) auf

$$\sigma_T^2 \leq \mu(x)\sigma_T$$

für alle x, also

$$\mu_T(G) \geq \sigma_T.$$

Andererseits erhalten wir für $x = (\frac{1}{m}, \ldots, \frac{1}{m})$ aber

$$\mu_T(G) \leq \mu(x) = |\tfrac{1}{m}(v^{(1)} + \ldots + v^{(m)})|^2 = |u|^2 = \sigma_T,$$

und damit

$$\mu_T(G) = \sigma_T. \tag{6}$$

Insgesamt haben wir also bewiesen, dass die Ungleichung

$$\alpha(G) \leq \frac{1}{\sigma_T} \tag{7}$$

für *jede beliebige* orthonormale Darstellung T mit Konstante σ_T gilt.

(C) Um diese Ungleichung auf $\Theta(G)$ zu erweitern, verfahren wir wie folgt: Wir betrachten wieder das Produkt $G \times H$ von zwei Graphen. Nehmen wir an, dass G und H orthonormale Darstellungen R und S in $\mathbb{R}^r$ bzw. $\mathbb{R}^s$ haben, mit Konstanten σ_R bzw. σ_S. Sei $v = (v_1, \ldots, v_r)$ ein Vektor in R und $w = (w_1, \ldots, w_s)$ ein Vektor in S. Der Ecke in $G \times H$, die dem Paar (v, w) entspricht, ordnen wir dann den Vektor

$$vw^T := (v_1 w_1, \ldots, v_1 w_s, v_2 w_1, \ldots, v_2 w_s, \ldots, v_r w_1, \ldots, v_r w_s) \in \mathbb{R}^{rs}$$

zu. Man überprüft ganz leicht, dass $R \times S := \{vw^T : v \in R, w \in S\}$ eine orthonormale Darstellung von $G \times H$ mit Konstante $\sigma_R \sigma_S$ ist. Mit (6) liefert dies

$$\mu_{R \times S}(G \times H) = \mu_R(G)\mu_S(H).$$

Für $G^n = G \times \ldots \times G$ und die Darstellung T von G mit Konstante σ_T heißt das

$$\mu_{T^n}(G^n) = \mu_T(G)^n = \sigma_T^n,$$

und mit (7) folgt jetzt

$$\alpha(G^n) \leq \sigma_T^{-n}, \qquad \sqrt[n]{\alpha(G^n)} \leq \sigma_T^{-1}.$$

Damit haben wir aber den Beweis von Lovász abgeschlossen:

> **Satz.** *Für jede orthonormale Darstellung $T = \{v^{(1)}, \ldots, v^{(m)}\}$ eines Graphen G mit Konstante σ_T gilt*
>
> $$\Theta(G) \leq \frac{1}{\sigma_T}. \qquad (8)$$

"Schirme mit fünf Speichen"

Speziell für den Lovász-Schirm haben wir $u = (0, 0, h=\frac{1}{\sqrt[4]{5}})^T$ und damit $\sigma = \langle v^{(i)}, u \rangle = h^2 = \frac{1}{\sqrt{5}}$, also $\Theta(C_5) \leq \sqrt{5}$. Damit ist Shannons Problem gelöst.

Wir wollen die Diskussion noch ein Stück weiterführen. Aus (8) sehen wir, dass wir eine Darstellung von G mit einer möglichst großen Konstanten σ_T finden müssen, um eine möglichst gute obere Schranke für $\Theta(G)$ zu erhalten. Hier kommt eine Methode, die uns eine orthonormale Darstellung für *jeden* Graphen G liefert. Dazu ordnen wir $G = (V, E)$ die *Adjazenzmatrix* $A = (a_{ij})$ zu, die folgendermaßen definiert ist: Sei $V = \{v_1, \ldots, v_m\}$, dann setzen wir

$$a_{ij} := \begin{cases} 1 & \text{für } v_i v_j \in E, \\ 0 & \text{sonst.} \end{cases}$$

$$A = \begin{pmatrix} 0 & 1 & 0 & 0 & 1 \\ 1 & 0 & 1 & 0 & 0 \\ 0 & 1 & 0 & 1 & 0 \\ 0 & 0 & 1 & 0 & 1 \\ 1 & 0 & 0 & 1 & 0 \end{pmatrix}$$

Die Adjazenzmatrix von C_5

A ist eine reelle symmetrische Matrix mit Nullen in der Hauptdiagonalen. Jetzt brauchen wir zwei Resultate aus der Linearen Algebra. Das erste besagt, dass A als symmetrische $(m \times m)$-Matrix m reelle Eigenwerte $\lambda_1 \geq \lambda_2 \geq \ldots \geq \lambda_m$ hat (von denen einige gleich sein können), und dass die Summe der Eigenwerte gleich der Summe der Diagonaleinträge von A ist, also 0. Damit muss der kleinste Eigenwert negativ sein (außer in dem trivialen Fall, wenn G keine Kanten hat). Sei $p = |\lambda_m| = -\lambda_m$ der Absolutbetrag des kleinsten Eigenwertes; dann betrachten wir die Matrix

$$M := I + \frac{1}{p} A,$$

wobei I die $(m \times m)$-Einheitsmatrix bezeichnet. Dieses M hat die Eigenwerte $1 + \frac{\lambda_1}{p} \geq 1 + \frac{\lambda_2}{p} \geq \ldots \geq 1 + \frac{\lambda_m}{p} = 0$. Nun zitieren wir das zweite Resultat (den Hauptachsensatz der Linearen Algebra): Wenn $M = (m_{ij})$ eine reelle symmetrische Matrix mit nicht-negativen Eigenwerten ist, dann gibt es Vektoren $v^{(1)}, \ldots, v^{(m)} \in \mathbb{R}^s$ mit $s = \text{Rang}(M)$, so dass

$$m_{ij} = \langle v^{(i)}, v^{(j)} \rangle \qquad (1 \leq i, j \leq m)$$

ist. Insbesondere erhalten wir für $M = I + \frac{1}{p} A$

$$\langle v^{(i)}, v^{(j)} \rangle = \begin{cases} m_{ii} = 1 & \text{für } i = j, \\ \frac{1}{p} a_{ij} & \text{für } i \neq j. \end{cases}$$

Da nun $a_{ij} = 0$ ist für $v_i v_j \notin E$, sehen wir, dass die Vektoren $v^{(1)}, \ldots, v^{(m)}$ in der Tat eine orthonormale Darstellung von G bilden.

Diese Konstruktion wollen wir nun auf die m-Kreise C_m für ungerades $m \geq 5$ anwenden. Hier berechnet man ganz leicht, dass $p = |\lambda_{\min}| = 2\cos\frac{\pi}{m}$ ist (siehe den Kasten). Jede Zeile der Adjazenzmatrix enthält genau zwei Einsen, die Einträge einer Zeile der Matrix M summieren sich daher immer zu $1 + \frac{2}{p}$. Für die Darstellung $\{v^{(1)}, \ldots, v^{(m)}\}$ bedeutet dies

$$\langle v^{(i)}, v^{(1)} + \ldots + v^{(m)} \rangle \;=\; 1 + \tfrac{2}{p} \;=\; 1 + \frac{1}{\cos\frac{\pi}{m}},$$

und somit

$$\langle v^{(i)}, u \rangle \;=\; \frac{1}{m}(1 + (\cos\tfrac{\pi}{m})^{-1}) \;=\; \sigma$$

für alle i.

Die Eigenwerte von C_m

Sei A die Adjazenzmatrix des Kreises C_m. Um die Eigenwerte (und Eigenvektoren) zu beschreiben, verwenden wir die m-ten Einheitswurzeln. Diese sind $1, \zeta, \zeta^2, \ldots, \zeta^{m-1}$ für $\zeta = e^{\frac{2\pi i}{m}}$ — siehe den Kasten auf 29.

Sei nun $\lambda = \zeta^k$ eine dieser Wurzeln, dann behaupten wir, dass $(1, \lambda, \lambda^2, \ldots, \lambda^{m-1})^T$ ein Eigenvektor von A zum Eigenwert $\lambda + \lambda^{-1}$ ist. In der Tat rechnet man leicht nach:

$$A \begin{pmatrix} 1 \\ \lambda \\ \lambda^2 \\ \vdots \\ \lambda^{m-1} \end{pmatrix} = \begin{pmatrix} \lambda & + & \lambda^{m-1} \\ \lambda^2 & + & 1 \\ \lambda^3 & + & \lambda \\ & \vdots & \\ 1 & + & \lambda^{m-2} \end{pmatrix} = (\lambda + \lambda^{-1}) \begin{pmatrix} 1 \\ \lambda \\ \lambda^2 \\ \vdots \\ \lambda^{m-1} \end{pmatrix}.$$

Da nun die Vektoren $(1, \lambda, \ldots, \lambda^{m-1})$ linear unabhängig sind (sie bilden eine so genannte Vandermonde-Matrix), schließen wir, dass für ungerades m die reellen Zahlen

$$\begin{aligned} \zeta^k + \zeta^{-k} &= [(\cos(2k\pi/m) + i\sin(2k\pi/m)] \\ &\quad + [\cos(2k\pi/m) - i\sin(2k\pi/m)] \\ &= 2\cos(2k\pi/m) \qquad (0 \leq k \leq \tfrac{m-1}{2}) \end{aligned}$$

genau die Eigenwerte von A sind. Nun ist der Kosinus eine monoton fallende Funktion, und deshalb ist

$$2\cos\left(\frac{(m-1)\pi}{m}\right) \;=\; -2\cos\frac{\pi}{m}$$

der kleinste Eigenwert A.

Wir können deshalb unser Hauptresultat (8) anwenden und erhalten

$$\Theta(C_m) \leq \frac{m}{1 + (\cos \frac{\pi}{m})^{-1}} \qquad \text{für ungerades } m \geq 5. \qquad (9)$$

Wegen $\cos \frac{\pi}{m} < 1$ ist die Schranke (9) für jedes m besser als die Schranke $\Theta(C_m) \leq \frac{m}{2}$, die wir früher gefunden hatten. Insbesondere ist $\cos \frac{\pi}{5} = \frac{\tau}{2}$, wobei $\tau = \frac{\sqrt{5}+1}{2}$ der goldene Schnitt ist. Für $m = 5$ erhalten wir also wieder

$$\Theta(C_5) \leq \frac{5}{1 + \frac{4}{\sqrt{5}+1}} = \frac{5(\sqrt{5}+1)}{5 + \sqrt{5}} = \sqrt{5}.$$

Die orthonormale Darstellung, die die allgemeine Konstruktion liefert, ist für den Fünferkreis natürlich genau der „Lovász-Schirm".

Und was ist mit C_7, C_9 und den anderen ungeraden Kreisen? Durch Betrachtung von $\alpha(C_m^2)$, $\alpha(C_m^3)$ und anderen kleinen Potenzen kann die untere Schranke $\frac{m-1}{2} \leq \Theta(C_m)$ sicherlich verbessert werden, aber für kein ungerades $m \geq 7$ stimmen die besten bekannten unteren Schranken mit den oberen Schranken aus (8) überein. Zum Beispiel wissen wir für $m = 7$ nur

$$\sqrt[5]{343} \leq \Theta(C_7) \leq \frac{7}{1 + (\cos \frac{\pi}{7})^{-1}},$$

also

$$3{,}2141 \leq \Theta(C_7) \leq 3{,}3177.$$

Auch mehr als zwanzig Jahre nach Lovász' wunderbarem Beweis für

$$\Theta(C_5) = \sqrt{5}$$

bleiben diese Probleme offen, und man hält sie für sehr schwierig — aber diese Situation hatten wir ja schon mal.

Literatur

[1] V. CHVÁTAL: *Linear Programming,* Freeman, New York 1983.

[2] W. HAEMERS: *Eigenvalue methods,* in: "Packing and Covering in Combinatorics" (A. Schrijver, ed.), Math. Centre Tracts **106** (1979), 15-38.

[3] L. LOVÁSZ: *On the Shannon capacity of a graph,* IEEE Trans. Information Theory **25** (1979), 1-7.

[4] C. E. SHANNON: *The zero-error capacity of a noisy channel,* IRE Trans. Information Theory **3** (1956), 3-15.

Von Freunden und Politikern Kapitel 31

Es ist nicht bekannt, wer sich als erster das folgende Problem ausgedacht hat, oder wer ihm seine menschliche Note gegeben hat. Hier ist es:

> *Nehmen wir an, dass in einer Gruppe von Leuten je zwei Personen immer genau einen gemeinsamen Freund haben. Dann gibt es immer einen „Politiker", den alle zum Freund haben.*

„Das Lächeln eines Politikers"

In der mathematischen Literatur kennt man dies als den *Freundschaftssatz*. Bevor wir das Problem in Angriff nehmen, wollen wir es in graphentheoretische Sprache fassen. Wir interpretieren die Leute als die Eckenmenge V eines endlichen Graphen und verbinden zwei Ecken durch eine Kante, wenn die entsprechenden Personen Freunde sind. Wir nehmen dabei stillschweigend an, dass die Freundschaft immer gegenseitig ist, das heißt, wenn u ein Freund von v ist, dann ist auch v ein Freund von u, und weiter, dass niemand mit sich selbst befreundet ist. Damit nimmt der Satz die folgende Form an:

Satz. *Sei G ein endlicher einfacher Graph, in dem zwei Ecken immer genau einen gemeinsamen Nachbarn haben. Dann gibt es immer eine Ecke, die zu allen anderen Ecken benachbart ist.*

Zunächst sollten wir festhalten, dass es wirklich Graphen mit dieser Eigenschaft gibt; siehe die Abbildung, in der u den Politiker bezeichnet. Die „Windmühlengraphen" sind aber die einzigen Beispiele mit der gewünschten Eigenschaft. Man überlegt sich nämlich leicht, dass in der Gegenwart eines Politikers nur diese Graphen möglich sind.

Dann ist zu bemerken, dass der Satz wirklich nur für *endliche* Graphen stimmt. Man kann nämlich mit einem endlichen Graphen G_0 anfangen (beispielsweise mit einem Fünferkreis), in dem keine zwei Ecken mehr als einen gemeinsamen Nachbarn haben, und dann den folgenden Konstruktionsschritt wiederholen: Der Graph G_{k+1} entsteht aus G_k, indem man für jedes Paar von Ecken in G_k ohne gemeinsamen Nachbarn eine neue Ecke als gemeinsamen Nachbarn hinzufügt. So entsteht iterativ ein unendlicher Freundschaftsgraph ohne Politiker.

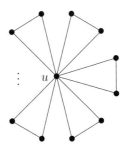

Ein Windmühlengraph

Es gibt mehrere Beweise des Freundschaftsatzes, aber der erste Beweis, von Paul Erdős, Alfred Rényi und Vera Sós, ist doch etwas Besonderes.

■ **Beweis.** Nehmen wir an, die Behauptung wäre falsch, und G wäre ein Gegenbeispiel, das heißt keine Ecke von G ist mit allen anderen Ecken

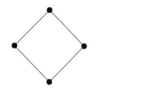

benachbart. Die Überlegung, die daraus einen Widerspruch ableitet, hat zwei Teile: der erste ist Kombinatorik, der zweite ist Lineare Algebra.

(1) Wir behaupten, dass G ein regulärer Graph ist, dass also $d(u) = d(v)$ für alle $u, v \in V$ gilt. Dafür wollen wir festhalten, dass die Bedingung des Satzes impliziert, dass es in G keine Kreise der Länge 4 geben kann. Dies wollen wir die C_4-*Bedingung* nennen.

Zunächst weisen wir nach, dass nicht-adjazente Ecken u und v immer den gleichen Grad $d(u) = d(v)$ haben. Sei $d(u) = k$, wobei $w_1, \ldots, w_k$ die Nachbarn von u sind. Genau eine der Ecken w_i ist benachbart zu v, und wir dürfen annehmen, dass dies w_2 ist. Weiterhin ist dieses w_2 dann zu genau einer anderen Ecke w_i benachbart, und wir können annehmen, dass dies w_1 ist, dass wir also die Situation in der nebenstehenden Zeichnung vorliegen haben. Die Ecke v hat mit w_1 den gemeinsamen Nachbarn w_2, und mit w_i ($i \geq 2$) einen gemeinsamen Nachbarn z_i ($i \geq 2$). Wegen der C_4-Bedingung müssen alle diese z_i verschieden sein. Wir schließen daraus $d(v) \geq k = d(u)$. Weil wir diese Überlegung mit vertauschten u und v wiederholen können, muss also $d(u) = d(v) = k$ gelten.

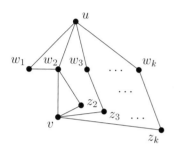

Um den Beweis von **(1)** abzuschließen, beobachten wir, dass jede Ecke außer w_2 entweder zu u oder zu v nicht-adjazent ist und deshalb auch Grad k haben muss, nach dem, was wir schon bewiesen haben. Aber auch w_2 hat einen nicht-Nachbarn (wegen $d(w_2) < n-1$), also auch Grad k, und damit ist G k-regulär.

Wenn wir die Grade der k Nachbarn von u aufsummieren, so erhalten wir k^2. Nun hat jede Ecke im Graphen (außer u) genau einen gemeinsamen Nachbarn mit u. Wir haben also jede Ecke genau einmal gezählt, außer der Ecke u, die insgesamt k-mal gezählt wurde. Also ist die gesamte Eckenzahl des Graphen G gleich

$$n = k^2 - k + 1. \tag{1}$$

(2) Der Rest des Beweises ist eine wunderbare Anwendung von Standard-Resultaten der Linearen Algebra. Zunächst einmal muss k größer als 2 sein, denn für $k \leq 2$ sind nach (1) nur die Graphen $G = K_1$ und $G = K_3$ möglich, und diese sind beide spezielle Windmühlengraphen. Nun betrachten wir die Adjazenzmatrix $A = (a_{ij})$, die wie auf Seite 225 definiert wird. Nach Teil **(1)** enthält jede Zeile dieser Matrix genau k Einsen, und nach der Bedingung des Satzes gibt es für beliebige zwei Zeilen immer genau eine Spalte, in der beide eine 1 haben. Weiterhin besteht die Hauptdiagonale aus Nullen. Also haben wir

$$A^2 = \begin{pmatrix} k & 1 & \cdots & 1 \\ 1 & k & & 1 \\ \vdots & & \ddots & \vdots \\ 1 & \cdots & 1 & k \end{pmatrix} = (k-1)I + J,$$

wobei I die Einheitsmatrix ist und die Matrix J aus lauter Einsen besteht. Man sieht nun sofort, dass J die Eigenwerte n (mit der Vielfachheit 1) und 0 (mit Vielfachheit $n-1$) hat. Daraus folgt, dass A^2 die Eigenwerte $k-1+n=k^2$ (von Vielfachheit 1) und $k-1$ (von Vielfachheit $n-1$) hat. Nun ist A symmetrisch, also auch diagonalisierbar, und die Eigenwerte von A^2 sind die Quadrate der Eigenwerte von A. Wir schließen daraus, dass A die Eigenwerte k (mit Vielfachheit 1, zum Eigenvektor $(1,\ldots,1)^T$) und $\pm\sqrt{k-1}$ hat. Nehmen wir nun an, dass r der Eigenwerte gleich $\sqrt{k-1}$ und s von ihnen gleich $-\sqrt{k-1}$ sind, mit $r+s=n-1$. Damit sind wir aber praktisch am Ziel. Da die Summe der Eigenwerte von A gleich der Spur ist (und die ist 0), erhalten wir

$$k + r\sqrt{k-1} - s\sqrt{k-1} \;=\; 0.$$

Insbesondere ist also $r \neq s$ und

$$\sqrt{k-1} \;=\; \frac{k}{s-r}.$$

Daraus folgt, dass $\sqrt{k-1}$ eine ganze Zahl h ist (wenn $\sqrt{m}$ rational ist, dann muss es eine ganze Zahl sein!), und wir erhalten

$$h(s-r) \;=\; k \;=\; h^2+1.$$

Damit teilt h aber sowohl h^2+1 als auch h^2, also gilt $h=1$ und $k=2$, und diesen Fall hatten wir schon ausgeschlossen. Damit sind wir bei einem Widerspruch angekommen, und der Beweis ist vollständig. □

Das ist aber noch nicht das Ende der Geschichte. Wir können den Freundschaftssatz auch folgendermaßen formulieren: Sei G ein Graph mit der Eigenschaft, dass es zwischen zwei Ecken immer genau einen Weg der Länge 2 gibt. Dann muss G ein Windmühlengraph sein. Aber was ist, wenn wir Wege einer größeren Länge als 2 betrachten? Eine Vermutung von Anton Kotzig besagte, dass die entsprechende Situation unmöglich ist

Kotzigs Vermutung. *Sei $\ell > 2$. Dann gibt es keinen endlichen Graph, in dem es zwischen zwei Ecken immer genau einen Weg der Länge ℓ gibt.*

Kotzig selbst hat seine Vermutung für $\ell \leq 8$ verifiziert. Mit einem sehr trickreichen Abzählargument haben Xing und Hu das Problem für $\ell \geq 12$ erledigt, und die verbliebenen Fälle haben kürzlich Yang, Lin, Wang und Li bewiesen. Aus Kotzigs Vermutung ist also ein Satz geworden.

Literatur

[1] P. ERDŐS, A. RÉNYI & V. SÓS: *On a problem of graph theory*, Studia Sci. Math. **1** (1966), 215-235.

[2] A. KOTZIG: *Regularly k-path connected graphs*, Congressus Numerantium **40** (1983), 137-141.

[3] K. XING & B. HU: *On Kotzig's conjecture for graphs with a regular path-connectedness*, Discrete Math. **135** (1994), 387-393.

[4] Y. YANG, J. LIN, C. WANG & V. LI: *On Kotzig's conjecture concerning graphs with a unique regular path-connectivity*, Discrete Math. **211** (2000), 287-298.

Die Probabilistische Methode

Kapitel 32

Wir haben dieses Buch mit den ersten Aufsätzen von Paul Erdős in der Zahlentheorie begonnen. Wir schließen es nun mit dem Beitrag zur Mathematik, der wohl sein größtes Vermächtnis bleiben wird — der *Probabilistischen Methode*, die er gemeinsam mit Alfred Rényi entwickelt hat. In ihrer einfachsten Form besagt sie:

> *Wenn auf einer Menge von Objekten die Wahrscheinlichkeit, dass ein Objekt eine bestimmte Eigenschaft nicht hat, kleiner als 1 ist, dann muss es ein Objekt mit der Eigenschaft geben.*

Wir haben damit also ein *Existenzresultat*. Es mag sehr schwer sein (und das ist es auch oft), ein solches Objekt wirklich zu finden, aber wir wissen, dass es existiert. Hier präsentieren wir drei Beispiele der Probabilistischen Methode (mit ansteigendem Schwierigkeitsgrad), die alle drei von Erdős stammen, und schließen dann mit einer besonders eleganten, brandneuen Anwendung.

Als Aufwärmübung betrachten wir eine Familie $\mathcal{F}$ von Teilmengen A_i derselben Größe $d \geq 2$ einer endlichen Grundmenge X. Wir sagen, dass $\mathcal{F}$ *2-färbbar* ist, wenn es eine Färbung der Grundmenge X mit zwei Farben gibt, so dass in jeder Teilmenge A_i beide Farben auftreten. Es ist ganz offensichtlich, dass man nicht jede Mengenfamilie so färben kann. So könnte $\mathcal{F}$ zum Beispiel aus *allen* Teilmengen der Größe d einer $(2d-1)$-Menge X bestehen. Dann ist es ganz egal, wie wir X 2-färben, es gibt immer d Elemente, die dieselbe Farbe bekommen. Andererseits ist aber auch klar, dass jede Teilfamilie einer 2-färbbaren Familie von d-Mengen selbst wieder 2-färbbar ist. Also interessiert uns die *kleinste* Anzahl $m = m(d)$, für die es eine Familie von m Mengen gibt, die nicht 2-färbbar ist. Anders gesagt, ist $m(d)$ die größte Zahl, die garantiert, dass *jede* Familie mit weniger als $m(d)$ Mengen 2-färbbar ist.

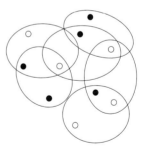

Eine 2-gefärbte Familie von 3-Mengen

Satz 1. *Jede Familie mit höchstens 2^{d-1} d-Mengen ist 2-färbbar, das heißt $m(d) > 2^{d-1}$.*

■ **Beweis.** Sei $\mathcal{F}$ eine Familie von d-Mengen, die aus höchstens 2^{d-1} Mengen besteht. Wie färben X zufällig mit zwei Farben, wobei alle Färbungen gleich wahrscheinlich sein sollen. Für jede Menge $A \in \mathcal{F}$ sei E_A das Ereignis, dass die Elemente von A alle dieselbe Farbe bekommen. Da es genau zwei solche Färbungen gibt, ist

$$\text{Prob}(E_A) \;=\; \left(\tfrac{1}{2}\right)^{d-1}.$$

Also gilt mit $m = |\mathcal{F}| \leq 2^{d-1}$ (wobei die Ereignisse E_A nicht disjunkt sind!)

$$\text{Prob}(\bigcup_{A \in \mathcal{F}} E_A) \;<\; \sum_{A \in \mathcal{F}} \text{Prob}(E_A) \;=\; m\left(\tfrac{1}{2}\right)^{d-1} \;\leq\; 1.$$

Wir schließen daraus, dass es eine 2-Färbung von X ohne einfarbige d-Mengen aus $\mathcal{F}$ geben muss, und dies ist genau unsere 2-Färbungsbedingung. □

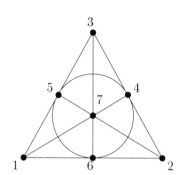

Eine obere Schranke für $m(d)$ von der Größenordnung $d^2 2^d$ wurde ebenfalls von Erdős erzielt, wieder mit Hilfe der Probabilistischen Methode, wobei er dieses Mal zufällige Mengen und eine feste Färbung verwendete. An exakten Werten kennt man nur die ersten zwei: $m(2) = 3$ und $m(3) = 7$. Dabei wird $m(2) = 3$ natürlich vom Graphen K_3 realisiert, während die Fano-Konfiguration $m(3) \leq 7$ liefert. Hier besteht $\mathcal{F}$ aus den sieben 3-Mengen der Abbildung (inklusive dem Kreis $\{4,5,6\}$). Der Leser hat vielleicht Spaß daran zu zeigen, dass man für dieses $\mathcal{F}$ tatsächlich drei Farben braucht. Um zu zeigen, dass wirklich alle Familien aus sechs 3-Mengen 2-färbbar sind, und damit $m(3) = 7$ nachzuweisen, braucht es etwas mehr Arbeit und Ausdauer.

Das nächste Beispiel ist der Klassiker schlechthin unter den Anwendungen der Probabilistischen Methode: Ramsey-Zahlen. Wir betrachten den vollständigen Graphen K_N auf N Ecken. Wir sagen, dass K_N die Eigenschaft (m,n) hat, wenn, ganz egal wie wir die Kanten von K_N rot oder blau färben, es immer einen vollständigen Untergraphen auf m Ecken gibt, für den alle Kanten rot gefärbt sind, oder einen vollständigen Untergraphen auf n Ecken, für den alle Kanten blau gefärbt sind. Wenn nun K_N diese Eigenschaft (m,n) hat, dann gilt dasselbe natürlich auch für jedes K_s mit $s \geq N$. Damit können wir, wie im ersten Beispiel, wieder nach der *kleinsten* Zahl N mit dieser Eigenschaft fragen (wenn es überhaupt eine gibt) — und dies ist die *Ramsey-Zahl* $R(m,n)$.

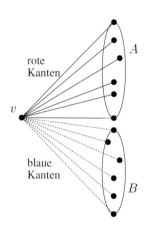

Zunächst einmal ist natürlich $R(m,2) = m$, weil entweder alle Kanten von K_m rot sind oder es eine blaue Kante gibt, also einen blauen K_2. Aus Symmetriegründen gilt damit $R(2,n) = n$. Nehmen wir nun an, dass $R(m-1,n)$ und $R(m,n-1)$ beide existieren. Wir zeigen, dass dann $R(m,n)$ existiert, mit

$$R(m,n) \;\leq\; R(m-1,n) + R(m,n-1). \qquad (1)$$

Dafür setzen wir $N := R(m-1,n) + R(m,n-1)$ und betrachten eine beliebige rot-blau-Färbung des K_N. Für eine Ecke v sei A die Menge der Ecken, die mit v durch eine rote Kante verbunden sind, und B die Menge der Ecken mit einer blauen Verbindungskante zu v.

Die Probabilistische Methode

Wegen $|A| + |B| = N - 1$ gilt nun entweder $|A| \geq R(m-1, n)$ oder $|B| \geq R(m, n-1)$. Nehmen wir an, dass $|A| \geq R(m-1, n)$ gilt, der andere Fall ist analog. Dann gibt es nach Definition von $R(m-1, n)$ entweder in A eine Teilmenge A_R der Größe $m-1$, deren Kanten alle rot gefärbt sind, was zusammen mit v einen roten K_m liefert, oder es gibt eine Teilmenge A_B der Größe n, für die alle Kanten blau gefärbt sind. Wir schließen daraus, dass K_N die (m, n)-Eigenschaft hat, und damit folgt die Behauptung (1). Kombination von (1) mit den Startwerten $R(m, 2) = m$ und $R(2, n) = n$ führt zu der bekannten Rekursion für Binomalkoeffizienten, und damit zu

$$R(m,n) \leq \binom{m+n-2}{m-1}.$$

Insbesondere erhalten wir

$$R(k,k) \leq \binom{2k-2}{k-1} = \binom{2k-3}{k-1} + \binom{2k-3}{k-2} \leq 2^{2k-3}. \quad (2)$$

Was uns nun wirklich interessiert ist eine *untere* Schranke für $R(k, k)$. Das heißt, wir müssen beweisen, dass es für ein möglichst großes $N < R(k, k)$ eine Färbung der Kanten *gibt*, für die kein roter oder blauer K_k auftritt. Und an dieser Stelle schlägt die Probabilistische Methode zu.

Satz 2. *Für alle $k \geq 2$ gilt die folgende untere Schranke für die Ramsey-Zahlen:*

$$R(k,k) \geq 2^{\frac{k}{2}}.$$

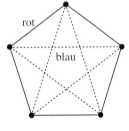

■ **Beweis.** Wir wissen schon, dass $R(2, 2) = 2$ ist. Aus der Abschätzung (2) folgt $R(3, 3) \leq 6$, und die Färbung des Fünfecks auf dem Rand zeigt, dass wir tatsächlich $R(3, 3) = 6$ haben.

Damit sei ab jetzt $k \geq 4$. Wir nehmen an, dass $N < 2^{\frac{k}{2}}$ ist, und betrachten alle möglichen rot-blau-Färbungen, wobei wir jede Kante unabhängig rot oder blau färben, jeweils mit Wahrscheinlichkeit $\frac{1}{2}$. Damit sind alle Färbungen gleich wahrscheinlich mit Wahrscheinlichkeit $2^{-\binom{n}{2}}$. Sei nun A eine Eckenmenge der Größe k. Die Wahrscheinlichkeit des Ereignisses A_R, dass die Kanten in A alle rot gefärbt werden, ist dann $2^{-\binom{k}{2}}$. Daraus folgt, dass die Wahrscheinlichkeit p_R, dass *irgendeine* k-Menge vollständig rot gefärbt wird, durch

$$p_R = \text{Prob}\Big(\bigcup_{|A|=k} A_R\Big) \leq \sum_{|A|=k} \text{Prob}(A_R) = \binom{N}{k} 2^{-\binom{k}{2}}$$

beschränkt ist.

Mit $N < 2^{\frac{k}{2}}$ und $k \geq 4$, und unter Verwendung von $\binom{N}{k} \leq \frac{N^k}{2^{k-1}}$ für $k \geq 2$ (siehe Seite 13) erhalten wir dafür die Abschätzung

$$\binom{N}{k} 2^{-\binom{k}{2}} \leq \frac{N^k}{2^{k-1}} 2^{-\binom{k}{2}} < 2^{\frac{k^2}{2} - \binom{k}{2} - k + 1} = 2^{-\frac{k}{2}+1} \leq \frac{1}{2}.$$

Also gilt $p_R < \frac{1}{2}$, und aus Symmetriegründen ebenso $p_B < \frac{1}{2}$ für die Wahrscheinlichkeit dafür, dass es irgendwelche k Ecken gibt, zwischen denen alle Kanten blau gefärbt werden. Wir schließen daraus $p_R + p_B < 1$ für $N < 2^{\frac{k}{2}}$, also *muss* es eine Färbung ohne roten oder blauen K_k geben. Das heißt, K_N hat nicht die Eigenschaft (k,k). □

Es besteht natürlich immer noch eine ganz ordentliche Lücke zwischen der oberen und der unteren Schranke für $R(k,k)$. Diese Lücke besteht aber weiter: So einfach und „naiv" der Erdős-Beweis der unteren Schranke auch erscheinen mag, so hat dennoch in den mehr als fünfzig Jahren seit seiner Veröffentlichung niemand eine untere Schranke mit einem besseren Exponenten beweisen können. Mehr noch, für kein festes $\varepsilon > 0$ hat man eine untere Schranke der Form $R(k,k) > 2^{(\frac{1}{2}+\varepsilon)k}$ oder eine obere Schranke der Form $R(k,k) < 2^{(2-\varepsilon)k}$ nachweisen können.

Unser drittes Resultat ist eine weitere sehr schöne Illustration der Probabilistischen Methode. Wir betrachten einen Graphen G auf n Ecken mit hoher chromatischer Zahl $\chi(G)$, für den also jede korrekte Färbung zwingend viele verschiedene Farben verwendet. Dann könnte man annehmen, dass G auch einen großen vollständigen Untergraphen enthalten muss. Aber dies ist bei Weitem nicht richtig. Schon in den 40er Jahren hat Blanche Descartes Graphen mit beliebig großer chromatischer Zahl und ohne Dreiecke konstruiert, also Graphen, für die jeder Kreis mindestens die Länge 4 hat; für eine ähnliche Konstruktionen siehe den Kasten rechts.

In diesen Beispielen gab es jedoch immer viele Kreise der Länge 4. Kann man das noch verbessern? Könnte man fordern, dass es überhaupt keine kleinen Kreise gibt und trotzdem beliebig hohe chromatische Zahl? Die Antwort ist Ja! Um das zu quantifizieren, bezeichnen wir die Länge eines kürzesten Kreises in G als die *Taillenweite* $\gamma(G)$ von G; dann gilt der folgende Satz, den Paul Erdős als erster bewiesen hat.

Satz 3. *Für jedes $k \geq 2$ gibt es einen Graphen G mit chromatischer Zahl $\chi(G) > k$ und Taillenweite $\gamma(G) > k$.*

Die Strategie dafür ist ähnlich zu den vorangegangenen Beweisen: Wir betrachten einen gewissen Wahrscheinlichkeitsraum auf Graphen und zeigen dann, dass die Wahrscheinlichkeit für $\chi(G) \leq k$ kleiner als $\frac{1}{2}$ ist, und ebenso, dass die Wahrscheinlichkeit für $\gamma(G) \leq k$ kleiner als $\frac{1}{2}$ ist. Damit folgt dann, dass Graphen mit den gewünschten Eigenschaften existieren.

■ **Beweis.** Sei $V = \{v_1, \ldots, v_n\}$ die Eckenmenge, und p eine feste Zahl zwischen 0 und 1, die wir erst später (mit Bedacht) festlegen werden. Der Wahrscheinlichkeitsraum $\mathcal{G}(n,p)$ besteht aus allen Graphen mit Eckenmenge V, wobei die einzelnen Kanten unabhängig voneinander jeweils mit Wahrscheinlichkeit p auftreten. Mit anderen Worten, wir betrachten ein Bernoulli-Experiment, bei dem jede einzelne Kante mit Wahrscheinlichkeit p zum Zug kommt. Beispielsweise ist die Wahrscheinlichkeit dafür,

Die Probabilistische Methode

den vollständigen Graphen K_n zu erhalten, genau $\text{Prob}(K_n) = p^{\binom{n}{2}}$. Allgemeiner gilt $\text{Prob}(H) = p^m(1-p)^{\binom{n}{2}-m}$, wenn der Graph H genau m Kanten hat.

Zunächst betrachten wir die chromatische Zahl $\chi(G)$. Mit $\alpha = \alpha(G)$ bezeichnen wir die *Unabhängigkeitszahl*, also die größte Kardinalität einer unabhängigen Menge in G. Weil für jede Färbung mit $\chi = \chi(G)$ Farben jede Farbklasse unabhängig sein muss (und damit Größe $\leq \alpha$ hat), gilt auf jeden Fall $\chi\alpha \geq n$. Wenn also α klein ist im Vergleich zu n, dann muss χ groß sein; darauf arbeiten wir also hin.

Sei nun $2 \leq r \leq n$. Die Wahrscheinlichkeit, dass eine feste r-Menge in V unabhängig ist, ist $(1-p)^{\binom{r}{2}}$, und mit demselben Argument wie in Satz 2 schließen wir daraus

$$\begin{aligned}\text{Prob}(\alpha \geq r) &\leq \binom{n}{r}(1-p)^{\binom{r}{2}} \\ &\leq n^r(1-p)^{\binom{r}{2}} = (n(1-p)^{\frac{r-1}{2}})^r \leq (ne^{-p(r-1)/2})^r,\end{aligned}$$

weil $1 - p \leq e^{-p}$ für alle p gilt.

Dreiecksfreie Graphen mit hoher chromatischer Zahl

Hier ist eine Folge von dreiecksfreien Graphen $G_3, G_4, \ldots$ mit

$$\chi(G_n) = n.$$

Wir beginnen mit $G_3 = C_5$, dem 5-Kreis; also ist $\chi(G_3) = 3$. Nehmen wir nun an, dass wir den Graphen G_n mit der Eckenmenge V schon konstruiert haben. Der neue Graph G_{n+1} hat dann die Eckenmenge $V \cup V' \cup \{z\}$, wobei die Ecken $v' \in V'$ bijektiv den Ecken $v \in V$ zugeordnet sind und z eine weitere Ecke bezeichnet. Der Graph G_{n+1} hat drei Arten von Kanten: Erstens nehmen wir alle Kanten aus G_n; zweitens wird jede Ecke v' mit genau den Nachbarn von v in G_n verbunden; und drittens verbinden wir z mit allen Ecken $v' \in V'$. Damit erhalten wir aus $G_3 = C_5$ als G_4 den so genannten *Mycielski-Graphen*.

Der Graph G_{n+1} ist offenbar wieder dreiecksfrei. Um $\chi(G_{n+1}) = n + 1$ zu beweisen, verwenden wir Induktion über n. Wir betrachten eine beliebige n-Färbung von G_n, und darin eine Farbklasse C. Dann muss es eine Ecke $v \in C$ geben, die mit mindestens einer Ecke aus jeder weiteren Farbklasse verbunden ist; sonst könnten wir die Ecken in C entsprechend auf die $n - 1$ anderen Farbklassen aufteilen, was zu $\chi(G_n) \leq n - 1$ führen würde. Aber damit ist klar, dass v' (die Ecke in V', die dem betrachteten v entspricht) in dieser n-Färbung dieselbe Farbe zugewiesen bekommt wie v. Also treten alle n Farben auch in V' auf, und wir brauchen eine neue Farbe für z.

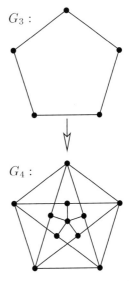

Konstruktion des Mycielski-Graphen

Für ein gegebenes festes $k > 0$ wählen wir nun $p := n^{-\frac{k}{k+1}}$ und wollen damit zeigen, dass für hinreichend große n

$$\text{Prob}\left(\alpha \geq \frac{n}{2k}\right) < \frac{1}{2} \qquad (3)$$

ist. Weil die Funktion $n^{\frac{1}{k+1}}$ schneller wächst als $\log n$, gilt $n^{\frac{1}{k+1}} \geq 6k \log n$ für hinreichend große n, und damit $p \geq 6k \frac{\log n}{n}$. Für $r := \lceil \frac{n}{2k} \rceil$ liefert dies $pr \geq 3 \log n$, und damit

$$ne^{-p(r-1)/2} = ne^{-\frac{pr}{2}} e^{\frac{p}{2}} \leq ne^{-\frac{3}{2}\log n} e^{\frac{1}{2}} = n^{-\frac{1}{2}} e^{\frac{1}{2}} = \left(\frac{e}{n}\right)^{\frac{1}{2}},$$

und dies konvergiert gegen 0, wenn n gegen Unendlich geht. Also gilt (3) für alle $n \geq n_1$.

Jetzt kümmern wir uns um den zweiten Parameter $\gamma(G)$. Wir wollen zeigen, dass es nicht zu viele Kreise gibt, deren Länge höchstens k ist. Sei $3 \leq i \leq k$, und $A \subseteq V$ eine feste i-Menge. Die Anzahl der möglichen i-Kreise auf A ist gerade die Anzahl der zyklischen Permutationen von A, geteilt durch 2 (weil wir den Kreis in beiden Richtungen durchlaufen können), und damit gleich $\frac{(i-1)!}{2}$. Die Gesamtzahl der möglichen i-Kreise ist damit $\binom{n}{i} \frac{(i-1)!}{2}$, und jeder solche Kreis tritt mit Wahrscheinlichkeit p^i auf. Sei X nun die Zufallsvariable, die die Kreise der Länge höchstens k zählt. Um X abzuschätzen, verwenden wir zwei einfache aber elegante Hilfsmittel. Das erste ist die Linearität des Erwartungswerts, und das zweite ist die Markov-Ungleichung für nicht-negative Zufallsvariable, also

$$\text{Prob}(X \geq a) \leq \frac{EX}{a},$$

wobei EX den Erwartungswert von X bezeichnet. Im Anhang zu Kapitel 13 wurden beide Hilfsmittel diskutiert.

Sei X_C die charakteristische Zufallsvariable eines Kreises C der Länge i. Das heißt, wir setzen $X_C = 1$ oder 0, je nachdem, ob C in dem Graphen auftritt oder nicht; also $EX_C = p^i$. Da X die Anzahl aller Kreise der Länge $\leq k$ zählt, gilt $X = \sum X_C$, also

$$EX = \sum_{i=3}^{k} \binom{n}{i} \frac{(i-1)!}{2} p^i \leq \frac{1}{2} \sum_{i=3}^{k} n^i p^i \leq \frac{1}{2}(k-2)n^k p^k,$$

wobei die erste Gleichung wegen der Linearität des Erwartungswerts gilt, und die letzte Ungleichung aus $np = n^{\frac{1}{k+1}} \geq 1$ folgt. Nun wenden wir die Markov-Ungleichung mit $a = \frac{n}{2}$ an und erhalten

$$\text{Prob}(X \geq \tfrac{n}{2}) \leq \frac{EX}{n/2} \leq (k-2)\frac{(np)^k}{n} = (k-2)n^{-\frac{1}{k+1}}.$$

Hier geht die rechte Seite gegen 0, wenn n gegen Unendlich geht, so dass wir $p(X \geq \frac{n}{2}) < \frac{1}{2}$ für $n \geq n_2$ haben.

Die Probabilistische Methode

Nun sind wir aber auf der Zielgeraden. Unsere Analyse zeigt, dass es für $n \geq \max(n_1, n_2)$ einen Graphen H mit n Ecken gibt, der $\alpha(H) < \frac{n}{2k}$ erfüllt und weniger als $\frac{n}{2}$ Kreise der Länge $\leq k$ hat. Nun entfernen wir aus jedem dieser Kreise eine Ecke und bezeichnen mit G den daraus resultierenden Graphen. Für ihn gilt offenbar $\gamma(G) > k$: die Eigenschaft, große Taillenweite zu haben, bleibt offensichtlich beim Entfernen von Ecken erhalten. Da G mehr als $\frac{n}{2}$ Ecken hat und $\alpha(G) \leq \alpha(H) < \frac{n}{2k}$ erfüllt, haben wir

$$\chi(G) \;\geq\; \frac{n/2}{\alpha(G)} \;\geq\; \frac{n}{2\alpha(H)} \;>\; \frac{n}{n/k} \;=\; k,$$

und damit ist der Beweis zu Ende. $\square$

Man kennt auch explizite Konstruktionen für (extrem große) Graphen von hoher Taillenweite und chromatischer Zahl. (Im Gegensatz dazu weiß man nicht, wie man rot-blau-Färbungen ohne große einfarbige Cliquen konstruieren soll, deren Existenz ja durch Satz 2 gesichert ist.) Bemerkenswert an dem Erdős-Beweis ist aber immer noch, dass er die Existenz relativ kleiner Graphen mit hoher chromatischer Zahl und Taillenweite liefert.

Wir beenden unsere Exkursion in die Welt des Zufalls mit einem wichtigen Resultat aus der geometrischen Graphentheorie (die wieder auf Paul Erdős zurückgeht) und für das der Beweis aus dem BUCH noch ganz frisch ist.

Wir betrachten einen einfachen Graphen $G = G(V, E)$ mit n Ecken und m Kanten. Wir wollen G nach Art der ebenen Graphen in die Ebene zeichnen. Dabei wissen wir aber aus Kapitel 10 — als Folge der Eulerschen Formel — dass ein ebener Graph G höchstens $3n - 6$ Kanten haben kann. Wenn also m größer als $3n - 6$ ist, dann muss es Kreuzungen von Kanten geben. Die *Kreuzungszahl* $\text{kr}(G)$ ist dann ganz natürlich definiert: sie ist die kleinste Anzahl von Kreuzungen, die für eine Zeichnung von G möglich ist. Also gilt $\text{kr}(G) = 0$ dann und nur dann, wenn G eben ist.

Für eine solche minimale Zeichnung gilt:

- Keine Kante kann sich selber kreuzen.
- Kanten mit gemeinsamer Endecke können sich nicht kreuzen.
- Zwei Kanten können sich nicht mehrmals kreuzen.

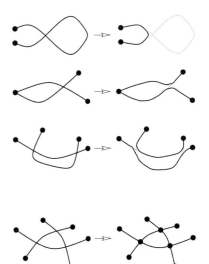

All dies folgt, weil wir in jedem der drei Fälle mit Hilfe der auf dem Rand dargestellten Operationen eine Zeichnung desselben Graphen mit weniger Kreuzungen konstruieren können. Damit dürfen wir ab jetzt annehmen, dass die betrachteten Zeichnungen die drei Bedingungen erfüllen.

Sei nun G in die Ebene $\mathbb{R}^2$ mit $\text{kr}(G)$ Kreuzungen gezeichnet. Wir können sofort eine untere Schranke für die Anzahl der Kreuzungen angeben. Dafür betrachten wir den folgenden Graphen H: Die Ecken von H sind die Ecken von G plus die Kreuzungspunkte, und die Kanten von H sind die Stücke der Originalkanten zwischen ursprünglichen Ecken und Kreuzungspunkten. Der so erhaltene Graph H ist eben und einfach (dies folgt aus unseren drei Annahmen!). Die Anzahl seiner Ecken ist $n + \text{kr}(G)$ und die Anzahl der

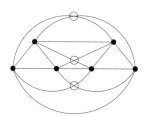

Eine Zeichnung von K_6 mit 3 Kreuzungen

Kanten ist $m + 2\mathrm{kr}(G)$, weil jede neue Ecke Grad 4 hat. Die Schranke für die maximale Anzahl von Kanten für einen ebenen Graphen liefert uns also

$$m + 2\,\mathrm{kr}(G) \leq 3(n + \mathrm{kr}(G)) - 6,$$

das heißt

$$\mathrm{kr}(G) \geq m - 3n + 6. \qquad (4)$$

Für den vollständigen Graphen K_6 ergibt dies beispielsweise

$$\mathrm{kr}(K_6) \geq 15 - 18 + 6 = 3,$$

und in der Tat gibt es eine Einbettung mit nur 3 Kreuzungen.

Die Schranke (4) ist ganz brauchbar, wenn m nur linear mit n wächst, aber wenn m im Vergleich zu n größer wird, dann verändert sich das Bild wie folgt.

Satz 4. *Sei G ein einfacher Graph mit n Ecken und m Kanten, wobei $m \geq 4n$ gelten soll. Dann ist*

$$\mathrm{kr}(G) \geq \frac{1}{64} \frac{m^3}{n^2}.$$

Dieses Resultat, das *Kreuzungslemma*, hat eine interessante Geschichte. Es wurde von Erdős und Guy 1973 vermutet (wobei statt $\frac{1}{64}$ nur eine Konstante $c > 0$ gefordert wurde). Die ersten Beweise gaben Leighton 1982 (mit $\frac{1}{100}$ statt $\frac{1}{64}$) und unabhängig davon Ajtai, Chvátal, Newborn und Szemerédi. Das Kreuzungslemma war aber nicht sehr bekannt und wurde von vielen noch lange nach den ursprünglichen Beweisen für eine offene Vermutung gehalten. Das änderte sich schlagartig, als László Székely es 1997 in einem wunderschönen Aufsatz auf mehrere ganz unterschiedliche schwierige geometrische Extremalprobleme anwendete.

Der Beweis, den wir hier präsentieren, entstand im Email-Austausch zwischen Bernard Chazelle, Micha Sharir und Emo Welzl und gehört ganz ohne Zweifel in das BUCH.

■ **Beweis.** Wir betrachten eine minimale Einbettung von G und bezeichnen mit p eine Zahl zwischen 0 und 1 (die erst später festgelegt wird). Nun erzeugen wir einen Untergraphen von G, indem wir die einzelnen Ecken von G jeweils unabhängig voneinander mit Wahrscheinlichkeit p auswählen; den so erhaltenen induzierten Untergraphen bezeichnen wir mit G_p.

Seien n_p, m_p, X_p die Zufallsvariablen, die die Anzahl der Ecken, Kanten und Kreuzungen in G_p zählen. Nun gilt $\mathrm{kr}(G) - m + 3n \geq 0$ nach (4) für *jeden* Graphen, also auch für den Erwartungswert

$$E(X_p - m_p + 3n_p) \geq 0.$$

Die einzelnen Erwartungswerte $E(n_p)$, $E(m_p)$ und $E(X_p)$ können wir aber auch einzeln bestimmen: Offenbar gilt $E(n_p) = pn$. Weiterhin ist

$E(m_p) = p^2 m$, weil eine Kante in G_p dann und nur dann auftritt, wenn auch ihre beiden Ecken in G_p liegen. Und schließlich ist $E(X_p) = p^4 \text{kr}(G)$, weil eine Kreuzung nur dann in G_p liegt, wenn alle ihre 4 (unterschiedlichen!) beteiligten Ecken im Untergraphen G_p liegen.

Die Linearität des Erwartungswerts liefert nun

$$0 \leq E(X_p) - E(m_p) + 3E(n_p) = p^4 \text{kr}(G) - p^2 m + 3pn,$$

das heißt

$$\text{kr}(G) \geq \frac{p^2 m - 3pn}{p^4} = \frac{m}{p^2} - \frac{3n}{p^3}. \quad (5)$$

Und jetzt kommt der Clou: Wir setzen $p = \frac{4n}{m}$ (und das ist höchstens 1 nach unserer Annahme), und (5) liefert

$$\text{kr}(G) \geq \frac{1}{64} \left[\frac{4m}{(n/m)^2} - \frac{3n}{(n/m)^3} \right] = \frac{1}{64} \frac{m^3}{n^2},$$

und wir sind fertig. □

Paul Erdős hätte sich über diesen Beweis gefreut.

Literatur

[1] M. AJTAI, V. CHVÁTAL, M. NEWBORN & E. SZEMERÉDI: *Crossing-free subgraphs,* Annals of Discrete Math. **12** (1982), 9-12.

[2] N. ALON & J. SPENCER: *The Probabilistic Method,* Second edition, Wiley-Interscience 2000.

[3] P. ERDŐS: *Some remarks on the theory of graphs,* Bulletin Amer. Math. Soc. **53** (1947), 292-294.

[4] P. ERDŐS: *Graph theory and probability,* Canadian J. Math. **11** (1959), 34-38.

[5] P. ERDŐS: *On a combinatorial problem I,* Nordisk Math. Tidskrift **11** (1963), 5-10.

[6] P. ERDŐS & R. K. GUY: *Crossing number problems,* Amer. Math. Monthly **80** (1973), 52-58.

[7] P. ERDŐS & A. RÉNYI: *On the evolution of random graphs,* Magyar Tud. Akad. Mat. Kut. Int. Közl. **5** (1960), 17-61.

[8] T. LEIGHTON: *Complexity Issues in VLSI,* MIT Press, Cambridge MA 1983.

[9] L. A. SZÉKELY: *Crossing numbers and hard Erdős problems in discrete geometry,* Combinatorics, Probability, and Computing **6** (1997), 353-358.

Über die Abbildungen

Es ist für uns ein Privileg und ein großes Vergnügen, diesen Band mit wunderbaren Originalzeichnungen von Karl Heinrich Hofmann (Darmstadt) illustrieren zu können. Herzlichen Dank!

Die regulären Polyeder auf Seite 68 und das Faltmodell einer flexiblen Sphäre auf Seite 78 sind von WAF Ruppert (Vienna).

Jürgen Richter-Gebert hat zwei Abbildungen auf den Seiten 70 und 71 beigesteuert.

Seite 207 zeigt eine Außenansicht und einen Grundriss des Weisman Art Museums in Minneapolis. Das Foto der Westfassade des Gebäudes ist von Chris Faust. Der Grundriss gehört zur Dolly Fiterman Riverview Gallery hinter dieser Fassade.

Die Portraits von Bertrand, Cantor, Erdős, Euler, Fermat, Hermite, Herglotz, Hilbert, Pólya, Littlewood, Turán and Sylvester sind aus dem Fotoarchiv des Mathematisches Forschungsinstituts Oberwolfach, mit Genehmigung. (Herzlichen Dank an Annette Disch!)

Das Bildnis von Hermite ist aus dem ersten Band seiner gesammelten Werke. Das Portrait von Buffon stammt aus dem MacTutor History of Mathematics-Archiv.

Das Portrait von Cayley haben wir dem „Photoalbum für Weierstraß" (herausgegeben von Reinhard Bölling, Vieweg 1994) entnommen, mit Genehmigung der Kunstbibliothek, Staatliche Museen zu Berlin, Preussischer Kulturbesitz.

Das Cauchy-Portrait geben wir hier mit Genehmigung aus den Sammlungen der École Polytechnique in Paris wieder. Das Portraitfoto von Claude Shannon stammt aus der Sammlung des MIT-Museums.

Das Bild von Fermat stammt aus dem Band von Stefan Hildebrandt und Anthony Tromba: *The Parsimonious Universe. Shape and Form in the Natural World*, Springer-Verlag, New York 1996.

Das Portrait von Ernst Witt kommt aus Band 426 (1992) des Journals für die Reine und Angewandte Mathematik, mit Genehmigung des Verlages Walter de Gruyter. Es wurde ungefähr 1941 aufgenommen.

Das Foto von Karol Borsuk hat Isaac Namioka 1967 aufgenommen; wir drucken es hier mit seiner freundlichen Genehmigung.

Wir danken Dr. Peter Sperner (Braunschweig) für das Portrait seines Vaters.

Herzlichen Dank an Noga Alon für das Portrait von A. Nilli!

Stichwortverzeichnis

abzählbar, 105
Additionstheoreme, 143
adjazente Ecken, 59
Adjazenzmatrix, 225
Antikette, 165
arithmetisches Mittel, 119
Aus-Grad, 195
azyklischer gerichteter Graph, 172

Baum, 60
benachbarte Ecken, 59
Bernoulli-Zahlen, 145
Bertrandsches Postulat, 7
berührende Simplexe, 81
bezeichnete Bäume, 177
Binet-Cauchy-Formel, 174, 179
Binomialdeterminante, 175
Binomialkoeffizient, 15
bipartiter Graph, 60, 196
Borsuk-Vermutung, 95
Brouwers Fixpunktsatz, 162
Buffons Nadel-Problem, 147

Cauchy-Schwarz-Ungleichung, 119
Cauchys Arm-Lemma, 76
Cauchys Starrheitssatz, 75
Cayleys Formel, 177
Clique, 60, 211, 219
Cliquenzahl, 214
C_4-Bedingung, 230

Dehn-Hadwiger-Satz, 49
Dehn-Invarianten, 49
Determinanten, 171
Diederwinkel, 49
Dimension, 108
Dimension von Graphen, 154
Dinitz-Problem, 193
dreiecksfreier Graph, 237
Dualgraph, 67, 203

durchschnittliche Teilerzahl, 157
Durchschnittsgrad, 68

ebener Graph, 67, 204
Ecke eines Graphen, 59
Ecke eines Polyeders, 53
eckendisjunkte Wegesysteme, 172
Eckengrad, 68, 158, 195
Ein-Grad, 195
einfacher Graph, 59
Einheits-d-Würfel, 52
Einheitswurzeln, 29
elementares Polygon, 72
endliche Mengen, 165
endlicher Körper, 28
Erdős-Ko-Rado-Satz, 166
ergänzungsgleiche Polyeder, 47
Erwartungswert, 92
Eulers Polyederformel, 67
Evans-Vermutung, 186

Facette, 53
fast-orthogonale Vektoren, 96
fast-triangulierter Graph, 204
Fermat-Zahlen, 3
Fixpunkt, 162
Freundschaftssatz, 229

geometrische Reihe, 33
geometrisches Mittel, 119
geordnete Menge, 114
gerade Funktion, 145
gerichtete Graphen, 171, 195
Gessel-Viennot-Lemma, 171
gewichtete gerichtete Graphen, 171
Gitterbasis, 72
Gitterwege, 171
goldener Schnitt, 222
Grad einer Ecke, 68, 158
Graph, 59

Graph eines Polytops, 53
Graphenfärbung, 203

harmonische Zahlen, 11
harmonisches Mittel, 119
Heiratssatz, 168
Herglotz-Trick, 141
Hilberts drittes Problem, 47

induzierter Untergraph, 60, 195
initiale Ordinalzahl, 116
Involution, 22
inzident, 59
Inzidenzmatrix, 57, 157, 179
Irrationale Zahlen, 33
isomorphe Graphen, 59

Jacobi-Determinante, 37

Kanal, 217
Kante eines Graphen, 59
Kante eines Polyeders, 53
Kantengraph, 199
Kapazität, 218
Kardinalzahl, 105
Kegelschnitt, 160
Kern, 195
Ketten, 165
Klassenformel, 28
Koeffizientenvergleich, 40
kombinatorisch äquivalent, 53
komplexe Polynome, 127
kongruent, 53
Kontinuum, 108
konvexe Ecke, 209
konvexes Polytop, 52
Kosinuspolynom, 132
Kreise, 59
Kreuzungslemma, 240
Kreuzungszahl, 239
kritische Familie, 169

Lateinisches Quadrat, 185, 193
Lateinisches Rechteck, 187
Linearität des Erwartungswerts, 93, 148
listen-chromatische Zahl, 194, 204
Listenfärbung, 194, 204
Littlewood-Offord-Problem, 137

Lovász-Schirm, 221

Mächtigkeit, 115
Markov-Ungleichung, 93
Matching, 196
Matrix vom Rang 1, 97
Matrix-Baum-Theorem, 179
Mersenne-Zahlen, 4
Minkowski-Symmetrisierung, 90
monotone Teilfolgen, 154
Museumswächter-Satz, 208
Mycielski-Graph, 237

Nadeln, 147

Ordinalzahl, 114
Ordnung eines Gruppenelements, 4
orthonormale Darstellung, 221

periodische Funktion, 142
planarer Graph, 67
platonische Körper, 68
Polyeder, 47, 52
Polygon, 52
Polynome mit reellen Nullstellen,
    121, 130
Polytope, 87
Primkörper, 20
Primzahlen, 3, 7
Primzahlsatz, 10
Probabilistische Methode, 233
Produkt von Graphen, 218
projektive Ebene, 160
Punktkonfiguration, 61

$\mathbb{Q}$-lineare Funktion, 48
Quadrate, 20

Ramsey-Zahl, 234
Riemannsche Zeta-Funktion, 42

Satz von Lagrange, 4
Satz von Legendre, 9
Satz von Lovász, 225
Satz von Pick, 72
Satz von Schroeder-Bernstein, 109
Satz von Sylvester, 15
Satz von Sylvester-Gallai, 55
Satz von Tschebyschev, 128

Stichwortverzeichnis

Satz von Turán, 211
Schiefkörper, 27
Schirm, 221
Schlingen, 59
Schnittfamilie, 166
Schönhardt-Polyeder, 208
Schubfachprinzip, 153
Seite, 53
Simplex, 52
Skalarprodukt, 91, 96, 221
Sperners Lemma, 162
Sperners Satz, 165
Spiegelbild, 53
stabiles Matching, 196
Steigungen, 61
Stern, 58
Stirlingsche Formel, 12
stumpfe Winkel, 87
stumpfen Winkel, 87
Summen von zwei Quadraten, 19
Sylvester-Gallai-Satz, 70
System von verschiedenen Vertretern, 168

Taillenweite, 236
tangentiales Dreieck, 122
tangentiales Rechteck, 122
transzendente Zahlen, 33
Tschebyschev-Polynome, 135
Turán-Graphen, 211

Übertragungsrate, 217
unabhängige Menge, 60, 194
Unabhängigkeitszahl, 217, 237
Ungleichungen, 119
unimodal, 12
Untergraph, 60

verfeinernde Kette, 182
Verwechslungsgraph, 217
vielfache Kanten, 59
Vier-Farben-Satz, 203
vollständige bipartite Graphen, 59
vollständige Graphen, 59
Volumen, 79

Wahrscheinlichkeitsraum, 92
Wahrscheinlichkeitsverteilung, 213
Wald, 60

Wege, 59
Wege-Matrix, 171
Windmühlengraphen, 229
wohlgeordnet, 115
Wohlordnungssatz, 115
Würfel, 52
Wurzelwald, 181

Zentralisator, 27
zentralsymmetrisch, 54
Zentrum, 27
zerlegungsgleiche Polyeder, 47
Zufallsvariable, 92
zusammenhängend, 60
Zwei-Quadrate-Satz, 19
Zweifaches Abzählen, 156
2-färbbares Mengensystem, 233

Druck und Bindung: Appl Druck GmbH & Co KG, Wemding